高等学校新工科课改系列教材

信息检索与科技写作

左　磊　杨盼盼　闫茂德　编著

西安电子科技大学出版社

内 容 简 介

本书全面介绍了信息检索的概念与方法、国内外主流文献信息与特种信息的检索平台，并在此基础上，进一步介绍了学术性科技论文、本科毕业设计(论文)、硕士学位论文和其他类型的科技文献的写作基础与相关知识。

本书共 9 章，内容包括信息检索与科技写作概述、图书馆信息资源检索、网络信息检索与在线检索工具、中文文献检索平台及其检索方法、外文文献检索平台及其检索方法、特种信息资源检索、科技论文基础知识、学术规范与科技论文写作以及其他类型的科技文献写作。本书内容丰富，实例详细，可帮助读者在繁杂的网络资源中高效地检索到自己想要的信息并加以利用，提高读者的信息检索能力、科技写作能力，有效促进研究成果的传播与交流。

本书可作为高等学校理、工、农、医类高年级本科生和研究生的教材，也可供相关科研工作者和工程技术人员学习参考。

图书在版编目(CIP)数据

信息检索与科技写作 / 左磊，杨盼盼，闫茂德编著. 一西安：西安电子科技大学出版社，2023.1

ISBN 978-7-5606-6692-1

Ⅰ. ①信… Ⅱ. ①左… ②杨… ③闫… Ⅲ. ①信息检索 ②科学技术—应用文—写作
Ⅳ. ①G254.9②H152.3

中国版本图书馆 CIP 数据核字(2022)第 205033 号

策　　划　刘玉芳
责任编辑　刘玉芳
出版发行　西安电子科技大学出版社(西安市太白南路 2 号)
电　　话　(029)88202421　88201467　　　　邮　　编　710071
网　　址　www.xduph.com　　　　　　　电子邮箱　xdupfxb001@163.com
经　　销　新华书店
印刷单位　咸阳华盛印务有限责任公司
版　　次　2023 年 1 月第 1 版　2023 年 1 月第 1 次印刷
开　　本　787 毫米×1092 毫米　1/16　印 张　15.5
字　　数　365 千字
印　　数　1～3000 册
定　　价　45.00 元

ISBN 978-7-5606-6692-1 / G

XDUP 6994001-1

如有印装问题可调换

前　言

当前社会信息技术迅猛发展，极大地促进了人类社会发展的数字化与智能化，使每个人都能自由地游弋于信息海洋之中。然而信息数量的激增、信息形式的多样化以及信息质量的个性化差异，导致人们在享受信息福利的同时不得不面对信息爆炸、信息过载等诸多困惑与烦恼。因此，快捷精准地检索目标信息，规范完整地表述自己的观点和想法，已成为当代社会青年与科研人员必须具备的能力。

信息检索的本质目标在于搜索与选择、交流与学习，即通过查询历史成果与文献资料来寻求答案或者激发灵感。读者对信息的需求类型决定了信息检索的工具与方式，如新闻与娱乐信息一般通过报纸或综合类门户网站进行检索，科技期刊文献可通过文献数据库进行查询，专利与标准类的信息可以从专业的发布机构网站进行搜索，因此，读者在信息检索的过程中应首先明确自己的信息需求。信息检索同样是分析与调整信息需求，促进与激发信息联想，总结与概括信息意义的过程。只有不断深入调整自己的信息意识与检索技能，将自己在学习、工作、生活与科研过程中遇到的各种问题融入信息检索的过程中，才能体会与领悟信息检索的魅力与意义，并不断提高自己的信息素养。

科技写作的主要功能是记录、总结科研成果，是促进科研工作完成与交流的工具，是信息检索结果深入分析与发展后的科技体现，是促进与激发信息检索的源头，因此，科技写作是科研工作者必备的基本素质。高等学校的学生作为学校培养的高级专门人才，只有掌握科技写作的技巧和规范，才能在学位论文的写作和科研工作中发挥其应有的作用。然而，目前许多学生非常欠缺这一技能，不知如何用论文的形式表达自己的科研成果，甚至不清楚自己毕业设计的写作过程与要求，经常出现论文表达晦涩难懂、可读性不强及不符合规范的问题，因此，对高等学校学生展开科技写作的相关教育是非常必要的。

为了实现"信息检索与科技写作"的教学目标，本书以培养大学生与研究生的信息检索能力与科技写作水平来构思与设计相应的章节结构，力求达到科学性、系统性和实用性的要求。本书通过较多的应用实例，对信息的检索方法和步骤进行详细的介绍，并给出了检索结果的获取途径。在科技写作部分，通过详细剖析写作案例的特征，清晰阐述科技写作的技巧与方法，增强学生对科技写作的兴趣，从而提高其综合科研能力。

本书共 9 章，其中第 1～3 章由闫茂德教授编写，第 4～6 章由杨盼盼副教授编写，第 7～9 章由左磊副教授编写，全书由左磊副教授统稿。

由于编者水平有限，书中疏漏和不足之处在所难免，敬请广大读者批评指正。

编　者

古城·西安　长安大学

2022 年 8 月

目　录

第一章　信息检索与科技写作概述

信息检索与科技写作是当代大学生与科研人员必不可少的能力，他们不仅需要在浩如烟海的文献中甄别出对自己有用的文献，还要能够将自己的研究成果以文字的形式展示出来。

本章首先介绍文献信息系统与信息检索的含义、类型和基本原则等，然后展示科技写作的特点、历史回顾和作者应具备的素质，最后给出信息检索与科技写作的关系，让读者对信息检索与科技写作形成初步的整体认知。

1.1　文献信息系统概述

文献信息系统是文献信息部门通过组织联合与协调工作，构成的文献信息生产、传递、整理、应用的有机整体。建立这种系统的根本目的是使文献信息部门协调统一，避免不必要的重复工作和资源浪费，提供高效的文献信息服务。

1.1.1　知识、信息、情报和文献

知识、信息和情报是与文献密切相关的几个概念，下面简要说明它们各自的含义及相互之间的关系。

1. 知识

"知识"是指人类在改造客观世界的实践中所获得的认识和经验的总结。"知识"至今也没有一个统一而明确的界定，但知识的价值判断标准在于实用性，通常以能否让人类创造新物质，得到力量和权利等为标准。《辞海(第六版)》中对"知识"的解释为"人类认识的成果或结晶"。知识包括经验知识和理论知识，经验知识是知识的初级形态，理论知识是知识的高级形态。人的知识是后天在社会实践中形成的，是对现实的反映。换言之，知识是人类在改造客观世界实践中所获得的认识和经验的总和。

在信息化时代，随着信息内涵和外延的不断扩大，"知识"已逐渐被理解为人类大脑对各类信息的总结、归纳与升华。

2. 信息

当前社会已进入信息化时代，"信息"一词已不再陌生。在我国，"信息"一词早在唐代就已经出现在了文人墨客的诗集中，不过当时"信息"是指音讯、消息。而当今的"信息"被赋予了更加广泛的意义，不仅指音讯、消息、通信系统传输和处理的对象，还泛指

人类社会传播的一切内容。然而，就"信息"的具体定义来说，直到今日科学界也未能给出一个关于"信息"的准确定义。自20世纪40年代以来，有关"信息"定义的讨论就没有停止过，主要原因是不同领域的学者对"信息"一词有不同的理解与定义。

在信息与计算科学领域中，信息论的创始人香农认为：信息是能够用来消除不确定性的东西。在电子领域中，科学家普遍认为"信息"是电子线路中传输的以信号作为载体的内容。在哲学领域中，学者们认为"信息"是对客观世界中各种事物的运动状态和变化的反映，是客观事物之间相互联系和作用的表征，表现的是客观事物运动状态和变化的实质内容。

总而言之，不论"信息"的定义是什么，它都是人类的一种宝贵财富，在人类日常生活中发挥着必不可少的作用，在不同领域中彰显着独特的价值。

3. 情报

《现代汉语词典》中的"情报"(Intelligence)特指战时关于敌情的报告。通常所说的情报是指通过一定的载体传递给特定用户，用以解决科研、生产、经营中具体问题的特定知识和信息。情报是知识的有序化与激活，杂乱无章的信息显然不是情报，再重要的信息也必须经过传递才有可能成为情报。

随着战争的减少，社会经济活动成为人类活动的主体，"情报"的概念也相应地发生了变化，从原来的军事领域逐渐向整个社会经济活动领域延伸，如图书馆学、情报学、档案学等领域。

总而言之，不论在哪个领域中，情报的本质都是人们通过对信息进行选择、筛选与总结进而升华出的一种社会信息，是一种为了满足人们日常生产生活所进行的智力、智慧和知识创造活动，或者说情报本身就是一种具体信息的存在形式。

4. 文献

文献通常指记录知识的一切载体。在《现代汉语词典》中，文献意为"有历史价值或参考价值的图书资料"。由上述两种解释可知，文献通常包含三个要素：知识、记录和载体。其中，知识构成了文献的内容，是文献的本质特征；记录是指记录文献所用的技术手段；载体则是文献的载体形态。文献的载体形态随着技术的进步不断演化，从古代甲骨文、壁刻、泥板、竹筒、帛书，到今天的纸质图书、期刊和各类电子出版物。

5. 知识与信息、情报、文献之间的关系

在人类社会中，无时无刻不在进行着各类生产实践活动，知识正是来源于人类进行生产实践活动时的经验积累。当知识在人的大脑中积累到一定程度，并逐渐形成一个体系后，就形成了信息。信息就如同一张由知识编织成的大网，交织着无数人类智慧的结晶，在这张大网中选定一个特定的绳结就产生了情报，换言之，情报就是特定的信息。知识、信息、情报的关系如图1-1所示。

劳动 ——总结→ 知识 ——汇集→ 信息 ——特殊化→ 情报

图1-1　知识、信息、情报的关系

一个人大脑中的知识、信息与情报若想打破时间与空间的障碍在世间交流与传承，就需要借助名为"文献"的载体，因此可以说文献即为知识、信息与情报的具现化。文献的载体功能如图1-2所示。

图1-2　文献的载体功能

1.1.2　文献的属性、现象与本质

文献是记录知识的一切载体，具有信息、物质和社会三个基本属性，具备存储知识、传递和交流信息的功能。由于文献的种类繁多，各具特色，所以不同类型文献所记载的信息内容也各有侧重。文献的现象和本质是对立的，也是统一的。

1. 文献的属性

文献的属性是指文献作为客观存在物所具备的区别于他物(非文献)的各种特性的总和，具体包括以下三个方面：

(1) 信息属性。这是文献的本质属性。任何文献都记录或传递一定的信息与知识。离开知识和信息，文献便不复存在。传递信息、记录知识是文献的基本功能，人类的知识财富正是依靠文献才得以保存和传播的。

(2) 物质属性。文献所表达的知识、信息内容必须借助一定的信息符号，依附于一定的物质载体，才能长期保存和传递。

(3) 社会属性。文献是人类社会发展到一定历史阶段的产物，并随着人类社会的发展而发展，反过来又对人类社会的发展起着重要的促进作用。

2. 文献的现象

文献的现象是指文献的外部形态，是人们可以通过感官而感知的文献表面特征和外部联系。现代文献具有品种繁多，数量剧增，所载信息量大、时效性强、老化速度快以及呈现形式多样化等特征。人们对文献现象进行科学的抽象和概括，可以把握文献的本质和规律。目前，已形成了洛特卡定律(Lotka's Law)、齐普夫定律(Zipf's Law)、布拉德福定律(Bradford's Law)、文献指数增长规律、文献老化规律、文献引用规律六大基本规律，其中影响最为深远的是文献老化规律和文献引用规律。

(1) 文献老化规律。该规律是指科技文献在发表后，随着时间的推移，会逐渐失去作为科技情报源的价值，利用率愈来愈低，甚至完全被淘汰。文献老化规律用数学表达式可表示为

$$C(t) = k\mathrm{e}^{-at}$$

其中，$C(t)$ 表示发表了 t 年的文献被引证次数；k 是常数，随着学科不同而变化；a 为老化率。

目前，关于文献老化规律的研究仍是一个热门课题，它的价值在于可以指导文献信息源的选择与采集，评价馆藏老化程度与文献价值等。

(2) 文献引用规律。该规律是指科技文献由于在创作时相互引用而产生的必然联系。文献引用关系分析是研究文献引用规律的基础，除了文献间的直接引用关系之外，引证关系的分析、引文量的分析同样发挥着十分重要的作用。目前，引文分析使用的最主要的工具是科睿唯安(Clarivate Analytics)的 SCI(或 SCIE)、SSCI 引文索引工具。它们的副产品《期刊引证报告》(JCR)、《基本科学指标》(ESI)等已成为期刊评价、分析和科研管理最重要的工具。文献引用规律的研究有着广泛的应用价值，对于文献老化研究、期刊评价、科学评价、科技预测和人才评价等均有十分重要的意义。

3. 文献的本质

文献的本质与文献的现象是对立统一的，是事物的内部联系，是同类文献的现象中根本的东西。文献的本质存在于文献的实践过程中，并随着人们对文献认识的不断深入而呈现出多层次的结构，即一级本质——记录信息的人工载体；二级本质——信息交流的中介；三级本质——人类认识世界、改造世界的观念工具。文献的三级本质决定了文献所传递的信息是人对客观世界的反映，但反映客观事物本质的能力是有限的，甚至是错误的，这种"歪曲""失真"的程度取决于人们的认识水平、立场观点、思考方法和时代因素的差异。随着科技水平的发展，文献所传递的信息会不断被修改，并始终处于趋于完善的过程中。

1.1.3 文献信息的类型和特征

文献信息的形式多种多样，人们为了便于检索和利用，对其进行了归类和划分。对于传统文献来说，常见分类的标准主要有载体(外在)形式、加工层次、内容的公开程度等。

1. 按照文献的载体形式分类

按照文献的载体形式不同，可以将文献划分为印刷型、缩微型、声像型、电子型和网络信息型。

(1) 印刷型：一种以纸介质为载体，以印刷方式为记录手段的文献类型。它技术含量低，个人使用方便，是最常用的一种文献类型，至今仍占据着文献的主导形式。印刷型文献的主要优点是便于随身携带、阅览和传播等；其缺点是信息密度较低、容量较小、体积巨大且占用了很多的存储空间、不容易长期保存。同时由于造纸所需要的原材料变得越来越少，所以纸张产品的价值也变得更高。

(2) 缩微型：一种以感光材料或图像为媒介，以缩微照相技术为记录手段而发展起来的文献类型，包括缩微平片、缩微胶卷和缩微卡片等。它的优点是体积小、成本低、存放信息密度高，便于收藏、保存和传递。它的缺点是必须要借助缩微式阅读器才能进行浏览，使用不方便。

(3) 声像型：一种非文字形式的文献，又称视听资料或声像资料。它以感光材料和磁性材料为存储介质，借助特殊的设备，使用声、光、电、磁等技术，将信息表现为声音、图像、影视和动画等形式，给人以直观、形象的感受。它包括唱片、录音带、幻灯片、电影电视片、录像带、激光唱盘、多媒体学习工具等。这类文献的存储量大，内容直观，可真实有效地帮助人们认识和分析稀有事物或罕见的自然现象，同时还对科学研究起着重要的作用。

(4) 电子型：它的前身被称为机读型。它采用高科技手段，将电子格式的信息存储在磁盘、磁带、光盘等媒体中。电子型文献不仅具有存储密度高、存取速度快的特点，而且具有电子加工、编辑、出版、传送等功能。

(5) 网络信息型：网络文献信息作为信息时代的产物，是一种新兴的文献存在形式。网络文献信息又称虚拟文献信息，是以数字化形式记录，以多媒体形式表达，存储在网络计算机的磁介质、光介质以及各类通信介质上，并通过计算机网络进行传递的文献信息集合。网络信息型文献与声像型文献、电子型文献之间最大的不同在于，网络信息型文献利用互联网进行信息传输，而其余二者没有利用互联网。与传统的文献相比，其特点是内容多、限制少、多媒体化。

2. 按照加工层次(文献深度)分类

按加工层次不同，可将文献划分为零次文献、一次文献、二次文献、三次文献四个等级。

(1) 零次文献：未经出版发行的或未进入社会交流的最原始的文献，如私人笔记、手稿、考察记录、试验记录、原始统计数字、技术档案等。零次文献的内容新颖，但具有不成熟、不公开交流、难以获得等缺点。

(2) 一次文献：指以作者本人的生产与科研工作成果为依据而创作的原始文献，如专著、期刊论文、科技报告、会议论文、专利文献、学位论文等。一次文献的内容真实、具体、参考使用价值高，但具有分散、数量庞大、查阅不便等缺点。

(3) 二次文献：指将大量分散、零乱、无序的一次文献进行整理、浓缩、提炼，并按照一定的逻辑顺序和科学体系加以编排存储，使之系统化，便于检索利用的文献。二次文献具有明显的汇集性、系统性和可检索性。它汇集的不是一次文献本身，而是在某个特定范围内的一次文献线索。它的重要性在于减少查找一次文献所花费的时间。二次文献是科技工作者检索文献最常使用的工具。

(4) 三次文献：也称参考性文献，是指利用二次文献的线索，系统地检索出一批相关文献，并对其内容进行分析、研究和评述而编写出来的文献。按照三次文献的使用范围，它可再分为：① 文献型(又称综述研究型或知识浓缩型)，如综述、述评、专著等；② 参考工具型，如字典、词典、数据手册、百科全书等。

总体来说，从零次文献、一次文献、二次文献到三次文献，实际上是将文献由无序到有序，由广泛到精简的加工整理过程。零次文献是人类知识的一部分，一般作为一次文献的素材使用；一次文献是基础，是检索的主要对象；二次文献是检索一次文献的工具；三次文献是一次文献、二次文献的浓缩和延伸，且具有一次文献的创造性特征。

3. 按内容的公开程度分类

按照内容的公开程度，可将文献划分为白色文献、黑色文献和灰色文献。

(1) 白色文献：指一切正式出版并在社会上公开流通和传播的文献，包括图书、报纸、期刊和杂志等。

(2) 黑色文献：指含有未被破译、辨识信息的文献或处于保密状态、不愿被公布的文献，如军事情报资料、保密技术资料、个人隐私材料等。

(3) 灰色文献：也称半出版文献，指介于白色文献与黑色文献之间、没有国际标准书号 ISBN、国际标准刊号 ISSN 和国内统一刊号 CN 等出版号的半公开文献，包括：

① 不公开、不刊登的会议文献；

② 不公开出版的政府文献、学位论文；

③ 不公开发行的科技报告；

④ 技术档案；

⑤ 工作文件；

⑥ 不对外发行的产品资料；

⑦ 企业文件；

⑧ 内部刊物，即内部征订或部分赠阅、交换的连续或非连续出版物；

⑨ 未刊稿，包括手稿、译稿和学术往来函件；

⑩ 贸易文献，包括产品说明书和市场信息机构印发的动态性资料。

1.1.4 文献信息服务

传统的文献信息服务包括文献借阅、文献检索、文献复制、文献传递、文献宣传报道、文献综述以及文献收录引用查证等服务，其中最重要的服务是文献检索服务。

文献检索服务是从文献集合中识别和获取所需文献的过程。即根据用户的信息需求，利用一定的检索工具，按照一定的检索策略筛选符合用户需求的文献资料，并提供给用户的过程。目前，随着互联网的飞速发展，目录型、题录型等传统检索工具正逐步被计算机检索取代，具体表现在现代文献检索服务工作越来越多地依赖于知网、万方等大型综合数据库。然而无论检索方式如何变化，文献检索的本质及其在科研工作中的重要地位始终没有发生变化。

1.2 信息检索概述

当今社会，人们的生活、学习和工作都离不开信息的查找和利用，掌握信息检索的方法和技巧，能使人们快速、精准、全面地获取所需信息，尤其是在科学研究中，只有大量地收集、整理、分析和利用信息，才能"站在巨人的肩膀上"，取得高水平的研究成果，推动人类社会文明的进步。

1.2.1 信息检索的含义

信息检索(Information Retrieval)是指从馆藏目录、数据库等信息集合中迅速准确地查找出用户所需信息的全过程。信息检索有狭义与广义之分：狭义的信息检索是指用户依据一定的方法，从已经组织好的大量相关文献集合中，查找并获取相关文献。这里的文献集合，不是通常所指的文献本身，而是指关于文献的信息或线索。如果要获取文献中所记录的信息，还要依据检索的文献全文线索获取原文。广义的信息检索除了狭义信息检索的相关内容外，还包括信息的存储。信息的存储是将大量无序的文献信息集中起来，根据信息源的外表特征和内容特征，经过整理、分类、浓缩、标引等处理，使其系统化、有序化，并按一定的技术要求建成一个具有检索功能的工具或检索系统，供人们检索和利用。

1.2.2 信息检索的类型

根据检索的手段，信息检索可分为手工检索和机器检索；根据检索的时间跨度可分为定题检索和回溯检索；根据检索(查找)对象的类型可分为全文检索、超文本检索、超媒体检索；根据检索对象的性质可分为文献检索、数据检索、事实检索和概念检索。本节主要根据检索对象的性质介绍信息检索。

(1) 文献检索(Document Retrieval)：文献检索检索到的是文献线索或文献全文，它回答的是诸如"关于铁路大桥有哪些文献"之类的问题。文献线索包括文献的题目、著者、来源或出处、文摘等。文献线索检索指从一个文献集合中找出专门文献的活动、方法与程序，是利用检索系统/工具查找文献线索，获取情报信息的过程。文献检索的本质是文献需求与文献集合的匹配。例如，"关于自动控制系统有哪些参考文献？"就需要我们根据课题要求，按照一定的检索标识(如主题词、分类号等)，从所收藏的文献中检索出所需的文献。

(2) 数据检索(Data Retrieval)：是以数据为检索对象，从已收藏的数据资料中查找出特定数据的过程。例如，查找晶体管的发明时间、现代控制理论的奠基人等。

(3) 事实检索(Fact Retrieval)：是通过对存储文献中已有的基本事实，或对数据进行处理(逻辑推理)后得出新的(即未直接存入文献或所藏文献中没有的)事实过程。例如，晶体管中额定工作电压在 10 V 以上的有哪些。

(4) 概念检索(Concept Retrieval)：是查找特定概念的含义、作用、原理或使用范围等解释性内容或说明的过程。

上述四种检索方式在日常科研、学习中最为常用。熟练掌握各种信息检索方法有助于用户在最短的时间内快速、准确地找到对自己有用的文献，也是每一名科研工作者必备的技能。

1.2.3 信息检索的基本原理

信息检索的基本原理是将检索提问标识与存储在检索系统中的信息标引标识进行比较，若两者一致或信息标引标识包含着检索提问标识，则具有该标识的信息就从检索系统中输出，输出的信息就是检索到的信息。

图 1-3 为广义检索中信息存储与检索的两个过程。在信息存储过程中，管理员将杂乱的原始信息，通过分析、归纳的方式提炼信息特征，存储到基于检索语言的数据库中，并在存储时采用特定的标识对信息进行标注。对于信息检索过程，用户输入检索课题后，检索系统通过检索提问的方式，按照特定的检索语言与数据库中的检索标识进行对比，进而

在检索工具中输出用户所需的信息。如果信息存储与检索这两个流程不能完全相符，所有的信息检索便会失去基础，检索若得不到必要的信息，存储也会丧失意义。

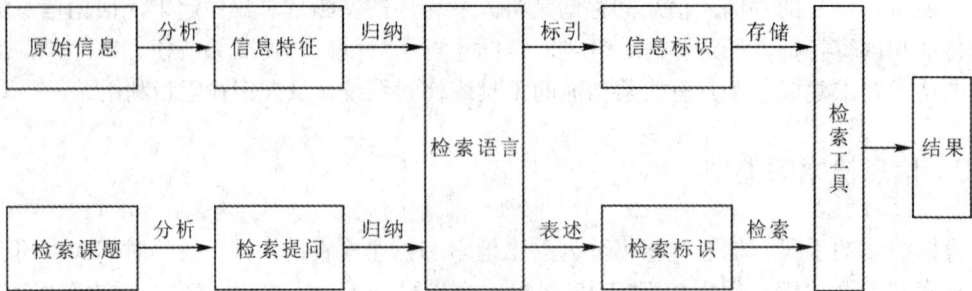

图 1-3　广义信息检索与存储过程

1.2.4　信息检索系统的构成

任何类型的检索系统都必须具备四大要素：检索文档、检索设备、系统规则、作用于系统的人。

(1) 检索文档。检索文档就是经过序列化处理并附有检索标识的信息集合。例如，手工检索系统使用的检索文档是由卡片式目录、文摘、索引所构成的系统；计算机检索系统使用的是存储在磁性或光性介质上的目录、文摘、索引或全文以及多媒体信息所构成的数据库。

(2) 检索设备。检索设备是用以存储信息和检索标识，并实现信息和检索标识与用户需求特征比较、匹配和传递的设备，即检索所需的硬件环境。检索设备在手工检索系统中指印刷型检索工具；在计算机检索系统中指各种类型的主机、终端、计算机外围设备和网络通信传输设备。

(3) 系统规则。系统规则是用以规范信息采集分析、标引著录、组织管理、检索与传输等过程的各项标准体系，例如检索语言、著录规则、检索系统构成与管理、信息传输与控制标准、输出标准等规则。

(4) 作用于系统的人。作用于系统的人包括信息用户，信息采集分析、标引员，系统管理与维护员，检索服务人员等。

1.2.5　信息检索教育的目标

信息素养(Information Literacy)又称信息素质，是信息检索教育的目标，指人们对信息的适应与处理能力，是人们信息检索能力的最终体现。信息素养一词最早提出于 20 世纪70 年代，解释为："利用大量的信息工具及主要信息源使问题得到解答的技能"。直到 1989年，美国图书馆协会对其进行了完善，定义为："具备较高信息素养的人，是一个有能力觉察信息需求时机并且能够检索、评价以及高效地利用所需信息的人，是一个知道如何学习的人。他们知道如何学习的原因在于他们掌握了知识的组织机理，知晓如何发现信息以及利用信息。他们是有能力终身学习的人，是有能力为所有的任务与决策提供信息支持的人。"目前，该定义已在世界范围内得到广泛认同。

1. 信息素养的基本构成

信息素养的基本构成具体包括信息知识、信息意识、信息能力和信息伦理四个方面。

(1) 信息知识。信息知识是指一切与信息有关的基础理论和基本方法，是人类在实践中对信息科学领域的认识成果和系统总结。信息知识包括信息科学领域相关的概念、原理、技术、方法、原则、意义等，是信息素养的重要组成部分。

(2) 信息意识。信息意识是指客观存在的信息在人们头脑中的能动反映，表现为人们对所关心事物信息的敏感力、观察力、分析判断力及对信息的创造力。在日常生活中，信息意识主要表现在以下几点：

① 能够充分认识到信息的重要性，懂得及时获取并利用信息解决问题；

② 善于对信息进行分析与总结；

③ 渴求获取信息，善于利用社会问题获取所需信息；

④ 拥有通过收集到的信息来强化自己的学习技巧和能力的思维方式。

(3) 信息能力。信息能力指获取、理解、利用信息的能力，具体包括信息识别能力、信息检索能力、信息获取能力、信息评价能力、信息管理能力、信息应用能力、知识重构能力等。信息能力首先要求人们能够及时发现问题并利用各类检索工具查找相关信息。其次，信息能力要求人们在查找到相关信息后，有能力甄选出自己所需的信息，并对该信息在存储层面进行处理、转换、管理。最后，信息能力要求人们能够将查找到的信息与现实问题相结合，并将信息转化为经验，提高自己的技能水平。

(4) 信息伦理。信息伦理是指涉及信息开发、信息传播、信息的管理和利用等方面的伦理要求、伦理准则、伦理规约，以及在此基础上形成的新型伦理关系。要求人们在日常使用、传播信息时能够遵纪守法、扬善抑恶。

信息素养基本构成要素相辅相成、缺一不可，其中信息意识是信息素养的先导，信息知识是信息素养的基础，信息能力是信息素养的核心，信息伦理是信息素养的保障，四种元素共同构成了一个完整、统一的思想整体。

2. 信息素养的标准

伴随着时代发展的大潮流，教育领域开始探索如何利用信息技术构建一种全新的教学模式，旨在全面提高大学生的信息素养。因此，作为一种适应现代信息社会的综合能力和基本素质，信息素养不应该只是一个概念，更需要规范的、具体的评估标准。

为使信息素养的评定规范化与具体化，北京高教学会图书馆工作研究会出台了《北京地区高校信息素质能力指标体系》。这个指标体系从信息意识、信息知识、信息能力、信息伦理四个角度给出大学生信息素养的要求，重点强调培养大学生的信息意识。该指标体系符合当前我国高校大学生信息教育不全面、不充分的现状，对今后信息技术教育具有一定的指导价值。该指标体系有七个一级指标，为评估大学生的信息素养提供了理论框架，具体如下：

维度一：具备信息素质的学生能够了解信息以及信息素质能力在现代社会中的作用与价值。

维度二：具备信息素质的学生能够确定所需信息的性质与范围。

维度三：具备信息素质的学生能够有效地获取所需要的信息。

维度四：具备信息素质的学生能够正确地评价信息及其信息源，并能把所选的信息融入自身的知识体系中，重建新的知识结构。

维度五：具备信息素质的学生能够有效地管理、组织与交流信息。

维度六：具备信息素质的学生作为个人或群体的一员能够有效地利用信息来完成一个具体的任务。

维度七：具备信息素质的学生应了解与信息检索相关的法律、伦理和社会经济等方面的问题，能够合理、合法地检索和利用信息。

1.3　科技写作概述

科技论文作为人类知识的载体，对于科学技术的传播、交流有着重要的意义。科技写作水平的高低将对科学技术的传播、改进、传承产生巨大的影响。一篇优秀的科技论文，其选题得当、结构鲜明、重点突出，读者能够快速掌握文章的核心内容，进而学习到新的知识。如果写作水平差，那么读者可能需要花费更多时间去理解这篇文章，导致读者直接放弃阅读，这显然不利于科技的传播。因此，作为一名大学生，掌握科技论文的写作方法是一项必不可少的技能。

1.3.1　科技写作的特点

科技写作是应用写作的一个分支，它以科学技术为主要内容，将科学技术的成果以书面的形式记录在各种文稿、手稿、资料和出版物中，以实现科学技术文献信息的产生、存储、交流、传播和普及的一种创作活动。科技写作除了在科技期刊上发表原创研究成果外，还包括综述论文、评论性论文、基金申请书、会议论文、口头报告、海报展示等其他类型的科技交流。在科技发展迅猛的 21 世纪，各类科技作品已经成为了交流科学思想、分享科研经验、提高自身科技能力的主要途径。正如前人所言："语言是人类最重要的交际工具"。因此，能够运用准确、凝练的语言完成科技文献撰写是一项重要的技能。科技写作的语言具有如下特点。

1. 周密准确

科技作品的语言是否周密、准确，关系到科技写作的成败。所谓周密，是指一篇文章中各个句子之间逻辑关系严谨。当句与句之间逻辑关系正确了，由众多句子构成的语言逻辑自然也就正确了。语言的周密又取决于作者的思维是否严谨，如果作者在撰写文章时思维混乱，可能会导致文章中的句子颠三倒四，跳跃性过大，这势必造成读者阅读困难，自然也就谈不上语言周密了。此外，语言周密还取决于作者是否正确认识了客观事物的本质与规律。如果认识不正确，那么反映到文字上，也势必是错误的。语言准确主要体现在用词是否准确，取决于作者对待科学是否具有客观、严谨的态度。

例如，说明课题研究的重要性时，不能把"比较重要"一词写成"极其重要"；不要一味地使用"填补空白""国际水平""国内首创""重大创新"等字眼；在评价前人的经验和工作时，切勿轻率过激。总之，客观事物都具有不同的属性、范围、程度、关联等，要准确表述这些问题是有一定难度的，但作为一名科研工作者，应该始终坚持"为求一字稳，耐得半宵寒"的态度。

2. 明朗规范

语言明朗是指文章语言表达明确，易于理解，使对该领域不熟悉的人也能读懂此篇文章。除此之外，语言明朗还体现在代词使用正确、无歧义。代词主要用来替换一些专有名词，使用得当能够节省笔墨，增强文章可读性，否则将会导致文章指代不明，产生歧义。语言规范主要是指撰写论文时使用的语法正确，用词符合国家标准，少用或不用非正式词语。

3. 平实简要

所谓平实就是自然朴素不求粉饰，做到"文约而旨丰、文简而理周"。要想做到语言简要，首先需要确保能够正确认识客观事物，只有对客观事物足够熟悉，才能用简单的语言概括其主要特征。其次，要重视文学底蕴的培养，拥有好的文学底蕴在撰写文章时可以做到语言生动、有内涵，极大提升读者的阅读体验。最后，应该学会删繁就简，在修改文章时能够做到在不改变原文大意的前提下，删除多余语言，使文章特征鲜明、重点突出。

总之，科技作品中的语言必须做到周密准确、明朗规范和平实简要，这样才能在恰当表述事物本质特征及客观规律的同时，确保语言生动、有内涵，使读者在阅读时不至于感到枯燥乏味。一个优秀的科技工作者，同时也应当是一个语言学家。语言是写作的工具，要把科研成果准确、鲜明、生动地表达出来，就必须熟练地掌握科技写作的语言特点。提高写作水平不是一朝一夕的事，而是一个通过长期浏览各类科技文献、撰写科技文章，在潜移默化中不断提高的过程，是每一个人只要用心就能做到的。

1.3.2　科技写作的历史回顾

科技写作的本质是实现知识的交流与传播。古往今来，人类一直交流和传播知识，其方式随着科技的进步不断升级。从口头交流到文字记录，从任意格式到格式统一，这些进步无一不促进了知识的传播与人类文明的进步。

1. 早期历史

史前人类虽然能够进行口头交流，但由于没有通过媒介将信息记录下来，知识在产生后很快就被遗失，人类文明进步缓慢。洞穴壁画、兽骨刻画和石刻文字等都是人类为后代留下记录的最早尝试，这种传播原始信息的线条和图画是最早的科技写作作品，刻制这种图画就是最早的科技写作活动。

在人类文明史上，最伟大的科技发明是印刷术。随着印刷术的出现，大大加快了纸质信息的传播，使得信息的传播速度呈几何式增长。两个最早的科技期刊——法国《学术报(Journal des Scavans)》和英国《伦敦皇家学会哲学学报(Philosophical Transactions of the Royal Society of London)》于1665年开始创办并发行。此后，期刊成为科技传播与交流的主要途径。

2. 电子时代

早前的科技工作者都是用纸和笔来进行论文创作的，创作完成后通过打字机打印出论文原稿。随着信息技术、网络技术的发展，科技写作与发表的过程发生了巨变。各种文字处理软件、图形编辑软件、数字照相技术和互联网的出现大大便利了科技写作的各个环节。科技工作者们直接在电脑上进行论文创作，投稿人与编辑之间通过电子邮件或在线投稿系统进行沟通，审稿人在线评审，投稿人线上改稿。总之，电子时代的到来使论文从发表到见刊的时间大大缩减，使得知识的传播与交流效率获得空前提高。

3. IMRAD 的起源与发展

IMRAD 是引言、方法、结果和讨论(Introduction，Methods，Results and Discussion)的缩写。它们分别回答了"论文的研究内容是什么""作者是如何研究这个问题的""作者的研究结果如何"以及"这些研究结果的意义"这四个问题。这种格式的论文既帮助了投稿人撰写论文，也为期刊的编辑与审稿人提供了有力的援助。

早期期刊发表的科技论文都是描述性论文，它们往往按照简单的时间顺序排列。比如，对某个现象或者实验验证进行"先这样、然后那样"的表述，这种论文写作风格对于当时的科技报道而言是恰当的，如通信行业期刊、医学病理报告、地质调查报告等。

19 世纪后半叶，科学技术变得日趋复杂，方法论的地位日渐提高。路易斯·巴斯德是法国著名的微生物学家与化学家，为了纠正支持自然发生理论的学者们，在论文中尽可能详尽地描述了他的实验过程，读者在研究过后能按照他的步骤重现实验结果。自此以后，可重复性就成为科学研究的一条基本原则，巴斯德采用的论文写作方法也催生了高度结构化的 IMRAD 格式。

尽管 IMRAD 格式占据了主流地位，作者、编辑和读者常常都遇到 IMRAD 格式，但也会遇到 IRDAM、IMRADC、IMRMRMRD 和 ILMRAD 等其他格式。本书的后续章节以 IMRAD 格式对科技论文写作进行阐述和讨论。

1.3.3 科技写作作者应具备的素质

科技写作与科研成果并非一回事，而是相辅相成的关系。一部优秀的科技作品，主要是通过文字对科研成果进行描述、总结、升华得到的。如果没有科研成果，科技写作也就失去了根基，自然也就不存在了。科技写作不仅要在结构、内容、形式、规范上符合要求，还需要具备概念明确、语言精练、结构严谨、层次清楚、逻辑性好等特点，这样才能使读者在阅读时不会感到枯燥乏味，对科学思想的交流起到积极作用。因此，科技写作作者应具备以下基本素质。

(1) 全面且扎实的专业知识。全面是指除了掌握本专业的知识外，还应对其他学科知识有所了解；扎实是指熟练掌握专业知识的基本概念、基本原理、基本观点，这样才能在某一具体问题上提出自己的独到见解。全面是基础，扎实是根本，全面才能枝繁叶茂，扎实才能根深蒂固，两者在科技论文中相辅相成，相互促进，这是进行科技写作应具备的文化素质。

(2) 强大的文字功底。在撰写一篇科技论文时，作者除了必须掌握语法、修辞、逻辑等基本的语言文字知识和表达本领外，还应通过大量撰写科技论文，在实战中熟悉科技语体的词汇特征、句型特征、结构特点等知识，逐步提高自己的文字功底。

(3) 强烈的社会责任感。这是撰写科技论文必备的思想素质。论文写作是一项具有较强创造性的工作，需要始终保持实事求是、严肃认真的科学态度，并对生活有较强的感悟力和敏锐的洞察力。

1.4 信息检索与科技写作的关系

事物之间的联系具有普遍性，信息检索与科技写作作为科研工作中两大必不可少的工具，二者相互联系，相互依存，其关系如图 1-4 所示。

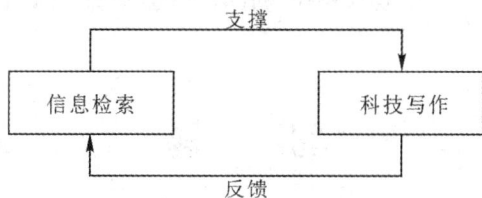

图 1-4 信息检索与科技写作的关系

信息检索的本质是按条件查询相关的科技文献，信息检索的形式是各类检索工具，信息检索的对象是不同类型的科技作品；科技写作的形式是不同类型的文献。因此，一方面，信息检索为科研人员提供了前人的经验与成果，加深了科研人员的思考深度，激发了科研人员的创作灵感，支撑科研人员的科技写作。另一方面，优秀的科技写作成果被收录入各大期刊、数据库后，又会作为信息检索的内容提供给科技工作者。信息检索对科技写作的影响具体表现为以下几点：

(1) 发现创新性的研究思路。通过信息检索，科研人员可以掌握当前最新的科技发展趋势，进而分析得到创新性研究课题；科研人员也可以迅速获取前人的科研成果，通过对其进行深入分析、研究，进而找到被人们忽视的点；科研人员还可以了解其他领域的科技成果，若发现客观研究条件满足要求，则可对过去无法完成的课题进行研究。

(2) 挖掘开拓性的研究课题。开拓性研究课题是指对前人已经研究过的课题进行再次研究，旨在对已存观点进行深化与完善，赋予其新的社会意义，或者对其进行批驳、修改。通过信息检索不仅能够获取过去较热门的科研课题，还可通过统计学原理对检索结果进行分析，找到有反复研究意义的课题。

(3) 提供开创性的论证角度。论证角度新颖是指从新的角度和科研高度、使用新的研究方法或不同的论证框架，对一个已被研究过的课题再次进行研究。科研人员在信息检索的过程中可以获取大量他人的实验方法、论证框架，最重要的是可以大量汲取他人的研究思想，当这些东西积累到一定程度时，找到新颖的论证角度就是水到渠成的事。

(4) 寻觅创新性的研究材料。撰写一篇具有创新性的论文不仅对论文选题与观点有严格的要求，对文中选用的实验材料同样也有要求。事物是在不断发展变化的，因此任何材料都有新旧之分。一个新的材料在论文中会让人眼前一亮，更重要的是它可以使论文中的新方法、新观点更具有说服力。信息检索同样是获取新材料的主要途径。研究人员可以通过检索各类学术期刊、科技文献广泛涉猎新的研究内容，获取新的研究材料。

本 章 小 结

本章首先介绍了文献信息系统的概念，具体介绍了文献信息系统中包含的信息、知识、文献和情报等元素。随后介绍了信息检索的相关概念，包括信息检索的含义、类型以及信息检索的基本原则，并给出了信息检索教育的最终目标——信息素养。此外，从科技写作的角度出发，介绍了科技写作的内涵、发展历史以及科技写作作者应具备的基本素质。在此基础上，进一步分析了信息检索与科技写作之间的逻辑关系，使读者能更清晰地明确本书的逻辑结构。

习 题

1. 简述信息、知识、情报和文献之间的关系。
2. 信息素养是什么？信息素养具体包含哪些要素，各要素之间有什么关系？
3. 信息检索的类型有哪些？
4. 简述信息检索的基本原理。
5. 简要说明科技写作的特点。
6. 说明科技写作发展的历史阶段。
7. 简述信息检索与科技写作之间的关系。

第二章 图书馆信息资源检索

图书馆承担着收集、加工、整理、管理文献图书资源以供人阅览参考的业务，是具有保存和传递人类知识与文化功能的重要场所。图书馆馆藏着丰富的文化信息知识，人们可以从图书馆获取文献资源、社会知识、信息资料。利用图书馆查找资料和检索信息，已成为当代大学生的必备能力。

本章首先介绍了图书馆的产生与发展历史，并对图书馆的功能、分类和所能提供的服务进行了介绍。在此基础上，本章系统介绍了图书馆图书的分类方法和图书馆藏书排架方法，并用实例讲解了如何利用图书馆检索相关信息。最后，对数字图书馆进行了介绍，并详细阐述了其基本功能和使用方法。

2.1 图书馆概述

人类社会的发展与进步，离不开经验和知识的积累，而这些经验和知识的整理和保存随着时间的推移变得愈发困难，图书馆的出现对人类知识的保存与传承起到了至关重要的作用。

2.1.1 图书馆的产生与发展

图书馆的产生是建立在文字与图书的基础上的。文字与图书的出现，标志着人类进入了文明时代。文字是语言的记录，它可以帮助人们记录必要的信息。当文字出现后，人们便有意将一些经验和知识记录下来以供利用，便形成了早期的图书。当大量的图书出现以后，就出现了如何整理、保存、利用这些图书的问题，图书馆应运而生，并随着人类社会的发展得到了快速的提升。

1. 图书馆的产生

考古学家在古巴比伦王朝的一座寺庙废墟附近出土了大批泥板文献，是目前已知最早的图书馆遗迹。图 2-1 为古巴比伦数学泥板(复制品)，目前收藏于清华大学科学博物馆。亚述巴尼拔图书馆是已发掘的古文明遗迹中，保存最完整、规模最宏大、书籍最齐全的图书馆。作为皇家图书馆，亚述巴尼拔图书馆拥有各类文献一万种，泥板文献 3 万多块。图 2-2 为大英博物馆复原的亚述巴尼拔图书馆。

我国的古代图书馆自殷商时期形成，距今已 3500 多年。到了周朝，有了藏书机构——藏室。老子是中国历史上第一位图书馆馆长，即"守藏室之史"。商周到秦朝是中国图书馆的起源时期。到了汉代，随着统一的多民族封建国家的成立，我国开始大规模地收集、整理图书，官方藏书空前丰富，为此还修建了藏书的馆舍——天禄阁。我国最早的藏书目录《七略》也是在这一时期编成的。除了历代王朝的皇家藏书楼，还有不少民间藏书楼，一般由一些思想家、学问家所建立，他们收集不同种类的图书，建立了自己的藏书楼。

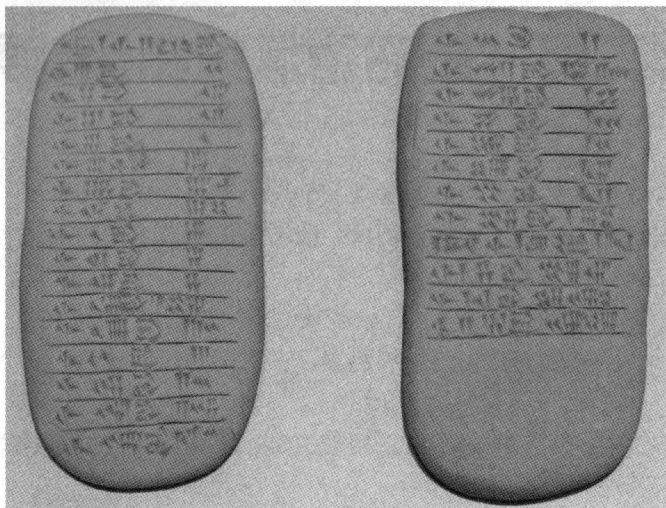

图 2-1　古巴比伦数学泥板(复制品)

图 2-2　亚述巴尼拔图书馆(大英博物馆复原)

2. 图书馆的发展

图书馆的发展可分为古代图书馆、近代图书馆和现代图书馆三个阶段，它们是不可分割、循序渐进的。

(1) 古代图书馆。

古代图书馆起始于奴隶社会，在封建社会发展成熟。我国从秦始皇统一中国到鸦片战争之前这一阶段所建立的藏书机构都属于古代图书馆。国外将 17 世纪中叶第一次工业革命以前所建立的图书馆称为古代图书馆。古代图书馆的特征如下：

① 主要以藏书为主，为统治阶级所占有并为统治阶级所用。

② 知识记录材料以纸张为主，文献存储结构由集中式向分散式转变，特别是在我国，

形成一种社会藏书事业。

③ 图书处于相对封闭状态。图书馆主要用来保存手稿、文化典籍和分类编目，避免大量的文化典籍丢失。

(2) 近代图书馆。

随着资本主义的出现，资产阶级教育的普及和文化启蒙运动均促进了图书馆的发展。公共图书馆的出现成为近代图书馆的标志，图书馆从以保存典籍为目的的古代图书馆，转变为以传递知识和信息为目的的近代图书馆。在文艺复兴与资产阶级革命之后，近代图书馆在欧洲、美洲发展迅速。而在亚非地区，由于封建主义与外国侵略者的剥削，我国图书馆演变过程较为缓慢，整体发展较为落后。我国的近代图书馆是西方思想传入后的产物。1902 年，徐树兰仿照西方图书馆的模式建立了一座新型图书馆—古越藏书楼。虽然名称上沿用了旧时的称呼，但其形式上大有改变。古越藏书楼可以公开借阅，具备了近代图书馆的雏形。近代图书馆的特征如下：

① 从封闭走向社会化，开始向公众开放，促进了科学文化传播。

② 社会文献的存储结构由早期的分散走向了图书馆的联合，形成了统一的图书馆体系。

③ 逐渐形成了从采访、分类、编目到阅读、宣传、外借等一整套科学的工作方法，图书馆学研究也随之产生，成为科学体系中的组成部分。

(3) 现代图书馆。

随着科学技术快速发展，学科内容相互渗透，知识价值日渐提升，以社会化协作和信息化服务为主的现代图书馆应运而生。现代图书馆的藏书建设又名文献资源建设，是指众多文献情报机构对现有文献资源的规划和协作，形成比较完备的收藏，并将其作为集体资源，共同享用，建立起一定范围内的文献资源保障体制。现代图书馆的主要特征如下：

① 注重"存取"而非"拥有"。目前我国大多图书馆通过加入国际合作来提升图书馆的服务能力。

② 倡导走向社区和家庭。通过进一步深化服务机制，使用户获取知识和信息的途径多样化、人性化，成为社区文化的一部分。

③ 在传统图书馆的基础上增加了社会文献信息流整序和传递文献功能。

④ 通过新技术和业务外包等方式来降低信息处理的成本，使资源共享和文献传递等功能能够深入社会各个方面。

2.1.2　图书馆的功能

根据图书馆的历史发展，可以将图书馆的功能作用总结为两点：① 保护人类知识和文化遗产；② 促进知识的传播和利用。若要达到以上功能，图书馆需系统地收集文献，组织管理，使读者从文献实体、书目信息和文化知识三个方面来获取知识。具体工作包括：

(1) 收集文献资源。根据读者需求确定馆藏建设方针，通过订购、捐赠、交换等形式获得馆藏资源。

(2) 组织与管理所收集的馆藏文献。通过编目活动，将文献有序化，并提供检索工具。

(3) 通过借阅、检索、咨询、培训等活动促进文献的利用。

如今，在计算机技术和网络环境的支持下，现代图书馆的采访、编目、流通等工作已经实现了自动化。馆藏资源由印刷型转变为数字化和虚拟化资源。书刊借阅服务拓展为网络环境下的文献信息服务。

数字图书馆作为未来的发展方向，它以知识单元为基础，把图书、期刊、图片、多媒体资料、数据库、网页等各类信息资源有机地组织起来，以动态分布的方式为读者提供个性化服务，营造一个更加便于发现和发掘新知识的信息环境。

2.1.3 图书馆的类型

不同类型的图书馆有不同的特点，科学制定各类图书馆的任务方针、发展策略，有利于对图书馆事业进行全面规划和统筹安排。在我国，图书馆的划分标准有以下几种：

(1) 依据图书馆的管理体制划分，有文化系统图书馆、教育系统图书馆、科学研究系统图书馆、公会系统图书馆、共青团系统图书馆、军事系统图书馆等。

(2) 按馆藏文献的范围划分，有综合性图书馆、专业性图书馆等。

(3) 按用户群划分，有儿童图书馆、盲人图书馆、少数民族图书馆等。

(4) 按图书载体划分，有传统图书馆、数字图书馆、移动图书馆、真人图书馆等。

2.1.4 图书馆的服务

图书馆由于其性质、任务、读者不同，所提供的服务也不同，具体包括：流通服务、信息服务、宣传服务、教育服务以及查新服务。

(1) **流通服务**。流通服务是最基本、最直接、最常用的服务。流通服务的形式各有不同，如外借、阅览、馆际互借等，其中外借服务和阅览服务是流通服务中最重要的两种形式。外借服务是对外服务，指读者在借还书处办理借阅手续，借取图书。阅览服务是指图书馆组织读者在图书馆内设立专门的阅览室，可为读者提供安静的阅读环境。相对于外借服务，阅览服务的借阅期短，利用率高，文献图书可以得到有效的利用。

(2) **信息服务**。图书馆除了常见的流通服务外，还积极开展其他多种形式的文献信息服务，如参考咨询服务、情报调研服务等。参考咨询服务是图书馆信息部门为使读者能更有效地利用图书馆，安排一定的人力组成参考咨询机构，针对读者遇到的有关文献信息方面的问题，利用各种文献信息资料和检索工具提供解决问题的一种服务形式。情报调研服务是指图书馆根据学校的教学、科研计划开展的一系列提供信息与文献资料的服务，它是从传统的参考咨询服务中深化出来的。情报调研服务包括情报检索、定题服务、文献编译、文献书目编制等内容。

(3) **宣传服务**。宣传服务是指图书馆宣传、介绍书刊文献资料和图书馆服务的一种服务形式。它在提高书刊利用率的同时，极大地丰富和发展了校园文化。宣传服务主要有新到书刊展览报道、书刊专题展览、学术报告活动、图书评论活动等多种方式。目前很多大学图书馆开展的读书节活动，将图书馆的宣传服务推上了一个新的台阶。

(4) **教育服务**。教育服务是指图书馆开展的旨在提高读者信息意识和检索技能的教育活动。图书馆通过开展新生入馆教育、讲授文献检索与利用课程、举办不同层次的培训班或讲座等多种教育服务，增强读者的信息意识和获取、利用文献信息的能力，为今后的终身学习打下基础。

(5) **查新服务**。科技查新简称查新，是指查新机构根据查新委托人提供的有关科研材料，通过系统全面的文献检索，查证其课题、研究内容或科研成果是否具有新颖性，并给出佐证资料的文献调研工作。查新可为科研立项、成果鉴定、评估、验收、奖励、专利申请等提供客观的评价标准，也可为科技人员的科研工作提供快捷、丰富、可靠的信息。

2.1.5 图书馆的馆藏

图书馆的馆藏资源是指图书馆所能提供的文献资源的总和，是图书馆赖以存在的物质基础，也是满足读者需求的根本保证。图书馆馆藏是与一定时期的文献生产和使用方式紧密联系的，现代图书馆的馆藏多为混合型馆藏，即纸质馆藏和数字馆藏资源并存、本地文献资源和远程文献资源无缝集成，有通过购买获得的仅有使用权的数据库，也有具有所有权的自建数据库，故也称为复合型图书馆。

馆藏资源主要由三部分构成：印刷型资源、音像型资源、网络数据库。其中，印刷型资源按出版类型可以分为图书、期刊、报纸、会议录、学位论文、专利、标准、非公开刊物等；音像型资源为录音带、录像带、多媒体光盘，此外还有缩微胶片等其他载体类型的资源；网络数据库可以按数据库类型与按数据类的所有权两种分类方法进行分类。

馆藏资源按数据库类型可以分为：馆藏目录、资源门户系统、文摘数据库、电子图书、电子期刊、电子报纸、学位论文全文库、事实数据库、电子政府出版物。

馆藏资源按数据库的所有权可以分为：

(1) 租用的文献数据库，可以查看其资源。

(2) 具有所有权的自建库，如本校的学位论文库。

(3) 实体入馆的电子文献，如图书的随书附盘。

(4) 网上的免费学术资源，如开放的电子期刊。

2.2 图书馆文献信息的组织与检索

图书馆收藏的文献资源众多，在无序的文献资源中找到所需的资源是十分困难的。此时，便需将各类文献集合成一个系统，用合适的方法来对各种文献资源进行分类管理，方便读者使用。目前主要使用的图书分类法、图书馆藏书排架法以及图书馆文献信息检索能够有效帮助读者查找相关文献。

2.2.1 图书的分类法

图书分类是根据图书内容的学科属性及其他特征，将图书馆藏书系统加以组织的方法。图书的分类有四种作用：① 编制分类目录；② 组织分类排架；③ 进行分类统计；④ 揭示书刊学科属性。目前，著名的图书分类法有《中国图书馆分类法》《国际十进分类法》《美国国会图书馆分类法》等。

1.《中国图书馆分类法》

《中国图书馆分类法》简称《中图法》，由政府部门编制出版，是我国图书馆使用最广泛的具有代表性的大型综合性分类法，其基本结构如图 2-3 所示。

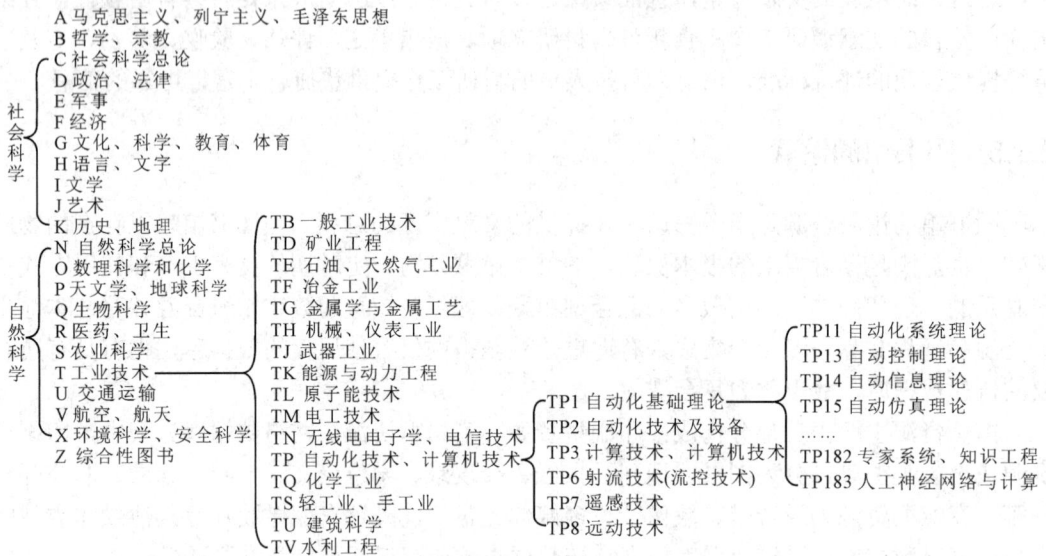

社会科学
A 马克思主义、列宁主义、毛泽东思想
B 哲学、宗教
C 社会科学总论
D 政治、法律
E 军事
F 经济
G 文化、科学、教育、体育
H 语言、文字
I 文学
J 艺术
K 历史、地理

自然科学
N 自然科学总论
O 数理科学和化学
P 天文学、地球科学
Q 生物科学
R 医药、卫生
S 农业科学
T 工业技术
U 交通运输
V 航空、航天
X 环境科学、安全科学
Z 综合性图书

TB 一般工业技术
TD 矿业工程
TE 石油、天然气工业
TF 冶金工业
TG 金属学与金属工艺
TH 机械、仪表工业
TJ 武器工业
TK 能源与动力工程
TL 原子能技术
TM 电工技术
TN 无线电电子学、电信技术
TP 自动化技术、计算机技术
TQ 化学工业
TS 轻工业、手工业
TU 建筑科学
TV 水利工程

TP1 自动化基础理论
TP2 自动化技术及设备
TP3 计算技术、计算机技术
TP6 射流技术(流控技术)
TP7 遥感技术
TP8 远动技术

TP11 自动化系统理论
TP13 自动控制理论
TP14 自动信息理论
TP15 自动仿真理论
……
TP182 专家系统、知识工程
TP183 人工神经网络与计算

图 2-3 《中国图书馆分类法》基本结构图

从图 2-3 可以看出，《中图法》采用层级分类方式，其基本组织结构如下：

(1) 基本部类：对所有图书最基本的分类，为划分类目提供基础。分别为：① 马克思主义、列宁主义、毛泽东思想；② 哲学、宗教；③ 社会科学；④ 自然科学；⑤ 综合性图书五大部类。

(2) 基本大类：共有 22 个基本大类，构成分类表的第一级类目。

(3) 简表：由基本大类及其直接展开的一、二类目所形成的类目表组成。

(4) 详表：由简表展开的各种不同登记的类目所组成的类目表，是文献分类的真正依据。

《中图法》的标记符号将汉语拼音字母与阿拉伯数字结合使用，用一个字母代表一个大类，字母后的数字代表大类以下的类目，字母的顺序代表了大类的顺序，数字的编号使用小数制。

2.《国际十进分类法》

《国际十进分类法》称为通用十进制分类法，简写为 UDC。它是国际常用的科技文献分类法，对国外图书情报界影响深远。《国际十进分类法》包罗万象，并且具有普遍适应性的分类体系，涵盖所有知识领域，是当今分类法中最详细的分类体系。

目前，UDC 的各种版本已有 21 种语言文本，详表有 15～21 万类目，其中科技部分最详细，类目总数达 11 万之多，比较适应现代科技文献高度专门化的特点。

UDC 将所有知识划分为 10 大门类，在每一个大类下，按照从一般到特殊的原则逐级细分，细分程度视需要而定，没有一定的级数，并预留有空位，以便将来使用。UDC 分类法采用阿拉伯数字标记制。第一级类目(十大类)记以一位数号码，二级类目记以二位数号码，三级类目记以三位数号码，以此类推。在大多数情况下，分类号的长短反映类目之间的从属关系，其基本结构如图 2-4 所示。

0 综合性图书、图书馆学、目录学
1 哲学、伦理学、心理学
2 宗教、神学
3 社会科学、法律
4 语言学
5 自然科学
6 应用科学、医学、科技
7 艺术、娱乐、体育
8 文学
9 地理、历史、传记

60 生物科技
61 医学
62 工程学、科技总论
63 农学及相关科学与技术、林业学、农事、野生动物研究
64 家庭经济、家政学、家务
65 通信与运输行业、会计、工商管理、公共关系
66 化学技术、化工及相关工业
67 各种工业、贸易与手工艺
68 成品与组装的工业、手工艺与贸易
69 城建、建筑材料、建筑实践与过程

62
工
程
和
技
术
科
学

620 材料测试、工业用材料、发电站、能源经济
621 机械工程总论、核技术、电气工程、机器
622 采矿
623 军事工程
624 土木结构工程总论
625 陆地运输的土木工程、铁道及公路工程
626/627 水力工程建设、水结构
628 公共卫生工程、水、卫生、照明工程
629 交通工具

621.1 热机总论，蒸汽的产生、散布和使用，蒸汽机，锅炉
621.2 水能、水电、液压机
621.3 电气工程
621.4 热机（除蒸汽机）
……
621.8 机械零件、驱动力工程、材料处理、附件、润滑
621.9 碎屑加工、打磨、手锤、冲压

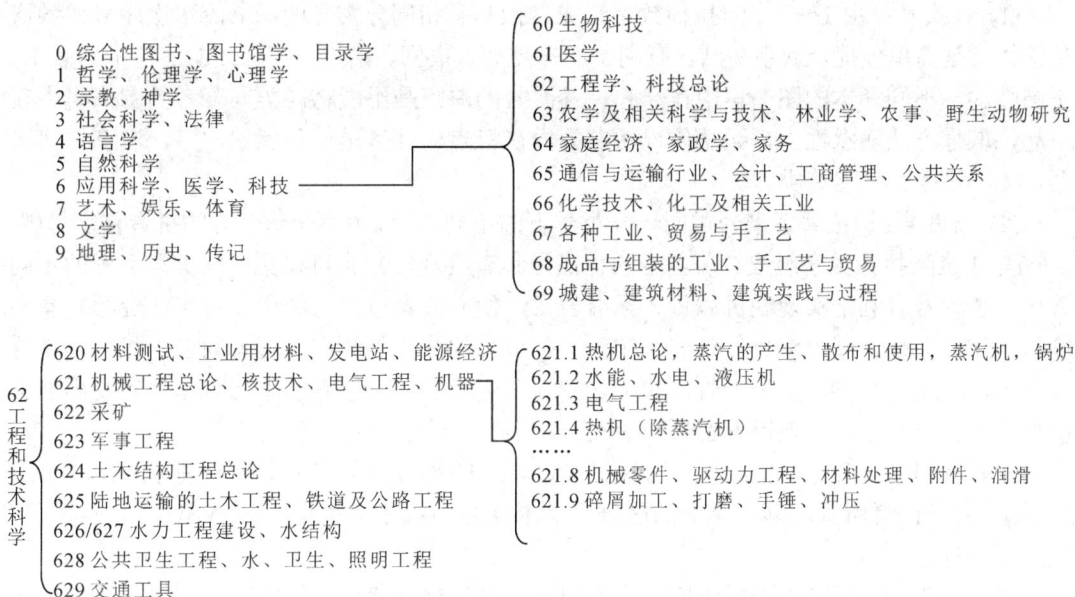

图 2-4　《国际十进分类法》基本结构图

3.《美国国会图书馆分类法》

《美国国会图书馆分类法》(Library of Congress Classification，LCC)是由美国国会图书馆馆长根据本馆藏书编制的综合性等级提出的列举式分类法。LCC 共分为 20 大类，分类号由字母和数字组成，其中第 1、2 位为字母，代表主类或副类，数字编号使用整数制。该分类法内容详细，实用性强，适用于综合性图书馆和专业图书馆。LCC 分类号在英美等国的编目资料、美国国会图书馆发行的印刷卡片和部分国家的机读目录中都有记录。LCC 的具体分类如下：

A 综合性著作；B 哲学、宗教；C 历史：辅助科学；D 历史：世界史；E-F 历史：美洲史；G 地理、人类学；H 社会科学；J 政治学；K 法律；L 教育；M 音乐；N 美术；P 语言、文学；Q 科学；R 医学；S 农业、畜牧业；T 技术；U 军事科学；V 海军科学；Z 书目及图书馆学。

2.2.2　图书馆藏书排架法

图书馆藏书排架法是指按规定的方法，将馆藏文献资源科学、系统、合理、有序地排列在书架上，使每一种文献在书库及书架中都有固定的位置，让图书馆工作人员和读者均能按照这个方法准确方便地找到图书及归架。这种排架方法是在分类法的基础上完成的。

在图书馆借阅图书时，可以发现每一本图书的书脊上会有一串编号，称作索书号。在图书的分类排列体系中，索书号确定了图书在书架的排列位置，故也称排列号。索书号由分类号和书次号两部分组成，分类号和书次号之间以空格或 "/" 分割。分类号代表文献内容的学科属性，它可以把同类图书集中排放在一起。书次号将同一学科的图书再次分类，是图书排放顺序的依据。书次号又分为以下两种：

(1) 种次号：由 1～3 个阿拉伯数字组成，指具有相同分类号的图书流水次序号。种次号的优点是简单便捷，数字简洁，有利于图书排架、借阅、清点、统计，能够将不同版本、不同卷次、不同译本的图书集中在一起。种次号的缺点是不能将同类同著者的图书集中在一起，取号方法随意性大，无法体现图书的内在特点，并且是一种偶然次序，没有规律可循，无法延续和深化分类。

(2) 著者号：即按著者来分类同一分类号下的不同图书，由第一责任者的拼音首字母(限 1 个)与 3 位阿拉伯数字组成。著者号的优点是具有直观性，且可以集中同类同著者的不同著作。著者号有利于实现联机编目、标准著录，便于读者检索与利用，可实现资源共享和编目工作社会化，减少编目人员的工作量。著者号的缺点是会出现著者同名、相同著者号等情况，不能完全实现一书一号。对于这些同名著者和同一著者的不同著作，需要再加种次号进行区分，这也就使得著者号繁杂冗长，不利于图书的排架和借还。

在具有相同著者号的情况下，可通过加以特定的符号对某些类型图书进行区分，如：

① 同一作者所著的同一类书的区分。在书次号中用"/"标记，从入藏的第二种著作起进行区分。

【例 2.2.1】 冯博琴教授所编写的不同计算机教材，其分类号如下：

《C 语言学习指南》TP312/17

《FORTRAN 语言学习指南》TP312/240

《Turbo C++》TP312/FBQ

② 一本著作不同译注本的区分。在书次号中用数字进行区分。

【例 2.2.2】 维纳著的《控制论：或关于在动物和机器中控制和通信的科学》，不同译者的分类号如下：

控制论：或关于在动物和机器中控制和通信的科学/(美) 维纳著

控制论：或关于在动物和机器中控制和通信的科学/(美) 维纳著 郝季仁译 O231/C130

控制论：或关于在动物和机器中控制和通信的科学/(美) 维纳著 洪帆译 O231/C133

③ 同一著作不同版本的区分。通过添加时代号"="加以区分。

【例 2.2.3】 《中图法》第 1～4 版，其分类号分别为

$$G254.122/Z657$$
$$G254.122/Z657 = 2$$
$$G254.122/Z657 = 3$$
$$G254.122/Z657 = 4$$

【例 2.2.4】 以《中图法》为依据，介绍图书馆藏书的排架法。假设所借书籍是《卡尔曼滤波器及其应用基础》，则归类步骤如下：

一级类目：T 工业技术

二级类目：TN 无线电电子学、电信技术

三级类目：TN7 基本电子电路

四级类目：TN713 滤波器、滤波技术

由此可见，《卡尔曼滤波器及其应用基础》的分类号为 TN713。由于不同图书馆所使用的分类号方法不同，书次号不是一个固定的数字。如读者在长安大学的图书馆进行查找，可以查到该图书的索书号为 TN713/C35。

2.2.3 图书馆文献信息检索

当了解了图书的分类法与图书的排架法后，便可以通过图书类别来查找相应的图书。OPAC(Online Public Access Catalog)系统是一种基于网络的图书馆馆藏资源联机检索系统，自 20 世纪 70 年代以来一直充当着图书馆自动化系统的用户窗口，在图书馆的信息服务中处于重要地位。

OPAC 系统是一种可以揭示图书馆所收藏书籍、报刊等文献资料的工具。由于馆藏资源是混合馆藏，故图书馆的馆藏目录系统通常由两个子目录系统构成，一个是用来揭示纸质型的馆藏资料；另一个则是用来揭示数字化的馆藏资源，如电子图书、电子期刊，以及各类数据库。目前，大多数图书馆将这两个子系统加以整合，通过一个统一的检索页面向读者提供图书馆服务。

OPAC 系统一般设置题名、责任者、主题词、分类号、索书号、ISBN/ISSN 号、出版社等字段，输入检索词就可以进行检索。此外，OPAC 系统还提供多种条件检索，如出版年份、语种、资料类型等。OPAC 系统将检索到的基本信息显示出来，单击某个书名就能显示详细的书名信息和馆藏流通借阅信息。同时，大多数的 OPAC 系统也支持读者自己执行某些流通功能，如续借与馆际互借等。读者还可以查看自己的流通记录，查询所借图书的期限，明晰相关违章制度。

下面以长安大学的 OPAC 检索系统为例，介绍如何对图书馆图书进行查阅。

步骤一：登录长安大学图书馆首页(http://lib.chd.edu.cn)，如图 2-5 所示。

图 2-5 长安大学图书馆首页

步骤二：选择"纸书馆藏目录"，点击"检索"按钮进入长安大学图书馆书目检索系统，如图 2-6 所示。

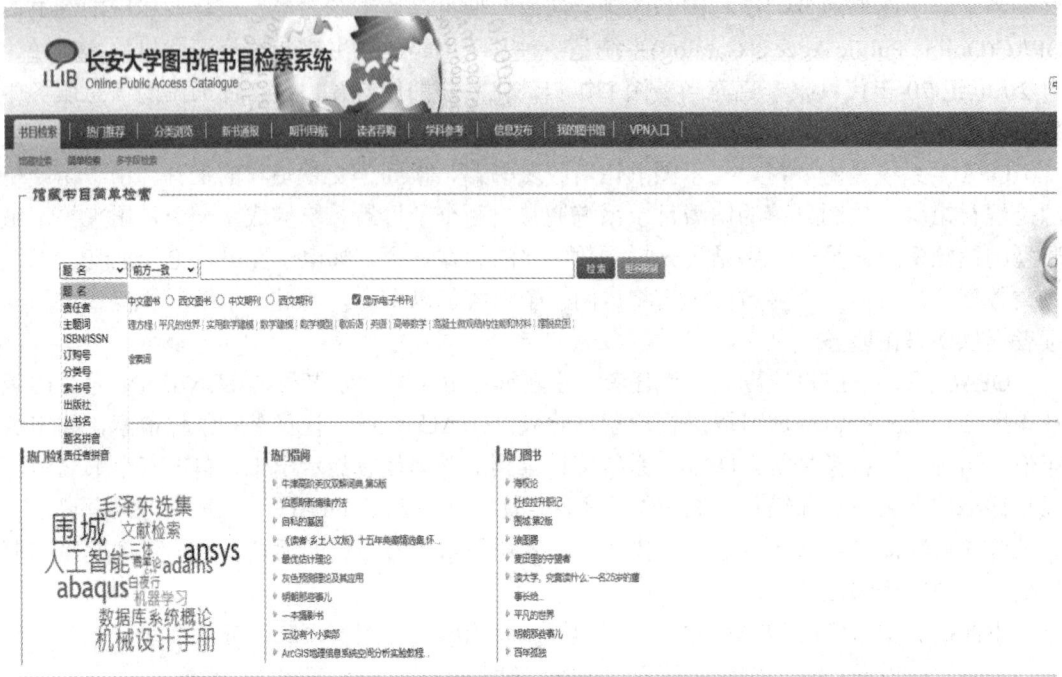

图 2-6　长安大学图书馆书目检索系统

步骤三：选择合适的检索方式，并输入关键字。检索条件一般包括题名、责任者、主题词、ISBN/ISSN、订购号、分类号、索书号、出版社、丛书名、题名拼音、责任者拼音等。读者也可以使用多字段检索，设置检索条目的数量、语种、文献种类等条件来缩小检索范围。多字段检索界面如图 2-7 所示。

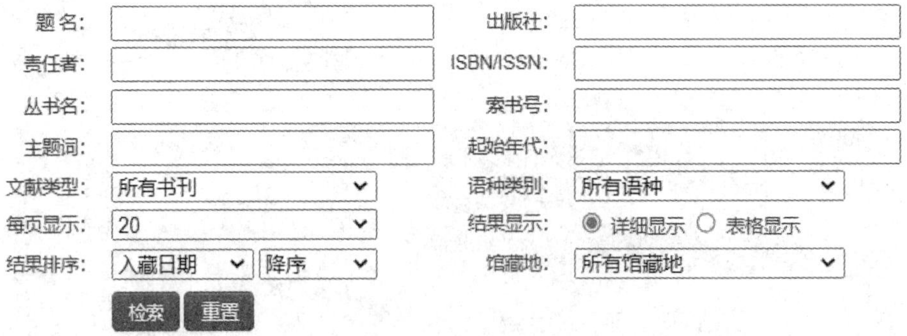

图 2-7　多字段检索界面

步骤四：浏览检索结果。如在检索栏输入"数字电子技术"，将出现如图 2-8 所示的检索结果。同时，检索系统提供二次检索，读者可以通过检索结果左侧的限制条件，进一步筛选检索结果。

图 2-8　长安大学图书馆书目检索结果

步骤五：查看图书的详细记录。在列表界面单击某条记录的序号或题名，即可打开该图书的相关信息，如图 2-9 所示，主要包括该图书的题名、责任者、摘要、图书馆藏地点等相关信息。在该页面，读者可以进行预约申请、委托申请等服务。同时，长安大学图书馆购买了许多数字图书馆的资源库，在该页面的下方可以看到检索图书的相关电子图书，单击即可进入网页进行查看。

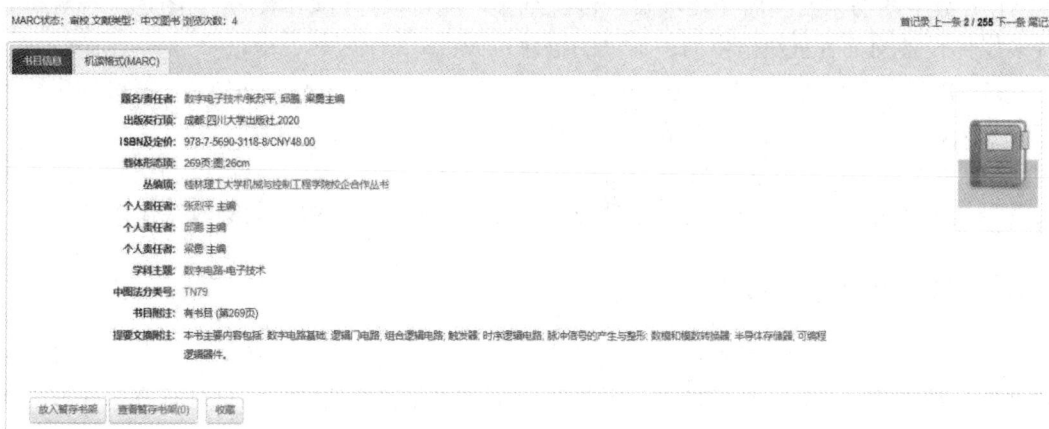

图 2-9　图书检索结果界面

需要注意的是，图书馆书目检索系统主要用于检索图书，对于期刊只支持刊名和 ISSN 检索，且不支持期刊中论文题名检索。学位论文的检索方式与图书的相同。会议论文可以通过会议录名称和 ISBN 检索，但图书馆书目检索系统不支持会议论文题名检索。音像资料、报纸一般只能按名称检索。

一般来说，馆藏联机目录记录了一个图书馆的所有馆藏，但有些电子书刊并没有被自动记录在目录内。读者如果要全面地查找文献信息，除了图书馆藏的检索目录以外，还必须对图书馆的电子数据库进行搜索。

2.3 数字图书馆

随着信息技术的发展，各类文献信息越来越多，图书的数量也在不断地增加，传统图书馆已经不能完全满足文化信息的存储与传播需求，数字图书馆应运而生。数字图书馆能够应用计算机技术，将各类信息数字化，使读者能够通过网络访问数字图书馆，解决了信息存储和传播地域的问题。

2.3.1 数字图书馆的概念与特征

信息化社会产生了数字图书馆，数字图书馆是当今图书馆事业发展的必然选择，是我国图书馆事业发展的新起点。数字图书馆包含了各类文献的数字化信息资源，拥有全新的科学技术、高效的信息化服务、各类便捷的数字化资源。数字图书馆借鉴了实体图书馆的资源组织形式，运用信息化技术来存取各类图书资源，通过知识分类和准确的检索手段对图书资源进行整理和分类，使人们能够随时随地获取资源。

数字图书馆的特征可以概括为以下四点：

(1) 数字图书馆通过网络将不同地区、不同单位的资源进行整合，将不同类型的信息资源通过一定的标准加以分类、存储，使得用户对资源的使用超越了时间和空间的限制，促成了资源的高度共享。

(2) 数字图书馆的存储介质不限于传统纸张，还可以通过如声、光、图片、视频等各种多媒体设备向读者呈现出生动、形象的信息资源。

(3) 数字图书馆可实现跨平台的资源共享，只要读者输入某个关键字，就可找出所有与之相关的内容，不必费力逐个查找。

(4) 数字图书馆改变了传统图书馆被动获取信息的方式，它可以通过网络随时随地发布各种文献信息，通过发布信息、主动引导等方式，使读者获得有效的数字化信息服务。

2.3.2 数字图书馆的功能

数字图书馆不仅拥有传统图书馆向社会提供服务的功能，同时还是一个集成了硬件和软件的开放式集成平台。数字图书馆通过现代化技术将大量的文献信息进行数字化整合，并在线上提供网络服务，方便用户获取信息。

1. 信息数字化和信息搜集

信息数字化和信息搜集是数字图书馆的基本功能。原有存储在物理介质上的文本、图像、声音、视频等信息转化成的数字信息，是数字图书馆信息资源的重要来源。如今，随着电子出版物在信息资源中的占比越来越大，如何搜集各类电子出版物、商业数据库公司提供的信息成为数字图书馆的重要使命。

2. 信息的获取和创建

信息的获取和创建是数字图书馆的一个重要功能。数字图书馆可以将来源不同的信息存储到图书馆内，提供输入设备的标准化接口，并对所有的输入信息资源进行识别，较传统图书馆更加便捷。

3．信息的存储和管理

数字图书馆的信息资源不计其数，存储的信息可以是文本、声音、图形和图像的数字化信息。为了便于存储和保存，数字图书馆采用了一系列信息资源管理方式，例如加强数字资料的备份，防止意外事故对信息资源的完整性和稳定性产生影响。

4．多样化的信息服务

数字图书馆提供多样化的信息服务，其基本信息服务功能包括：

(1) 信息检索服务。网络环境下的信息检索服务包括结构化信息检索、全文检索等。

(2) 参考咨询服务。参考咨询服务指以网络为基础，以人力资源为媒介，通过不同形式为用户提供信息服务。服务形式有：常见问题解答、非实时和实时在线参考咨询、同步浏览页面咨询。

(3) 电子信息服务。能够提供电子文献资源和数字化信息，连接外部信息源。

(4) 网络服务。用户通过图书馆的通信服务器和服务工作站与其他网络连接，除了一般的通信服务外，还提供有关资料数据库的查阅服务。

5．数字化信息传播

数字化信息传播不仅是数字图书馆的重要功能，也是数字图书馆提供各种服务所需的必要条件。当今数字图书馆依靠互联网实现了数字化信息的高效传播。

6．信息安全和权限管理

数字图书馆也带来了信息传播过程中的安全问题以及信息资源知识产权问题。网络访问和数字化存取有泄露信息的风险，这就需要设置管理权限，在为用户提供服务的同时，保证权利人应得的利益以及广大用户的利益，更好地促进信息资源的共享和快速传播，推动科学文化事业的发展。数字图书馆的解决方案一般采用以下方法：

(1) 版权保护。

(2) 水印技术。

(3) 指纹特征鉴别。

(4) 加密和收费服务。

7．互联网资源

互联网资源已成为数字图书馆最大的信息资源。目前，数字图书馆链接互联网资源的途径主要有：

(1) 查询和链接互联网动态信息，如新闻、论坛、留言等。

(2) 链接联机信息检索系统，如 Dialog、STN、CAS、DataStar、ORBIT 等。

(3) 链接各种图书馆和书目服务机构，如 OCLC、RLIN、WLN、LC 等。

(4) 链接各种电子报刊数字库系统，如 CARL 的 Uncover 系统。

(5) 链接网上各种专业和特色数据库系统，如 Elsevier 的 ScienceDirect 全文数据库。

8．网络服务功能

数字图书馆还具有网络服务功能。数字图书馆的许多活动都是在网络上进行的，信息服务和资源建设以后将会成为数字图书馆的主要服务形式。

9. 电子出版物资源的利用

在数字图书馆中，电子出版物占有重要地位，是数字图书馆资源的重要来源。电子出版物数据库有索引型、全文型和多媒体型，其中后两者将是今后电子出版物的主流形式。为此，应建立电子出版物数据库与数字图书馆的连接渠道，以实现数字图书馆与电子出版物的连接存储。

2.3.3 数字图书馆的使用

目前国内比较著名的数字图书馆主要有：超星汇雅数字图书馆、大学数字图书馆馆际合作计划(CADAL)、书香中国数字图书馆、中国国土资源知识库等。

1. 超星汇雅数字图书馆

超星汇雅数字图书馆成立于 1993 年，是世界上最大的中文数字图书馆，其数字图书资源内容覆盖所有学科，收录年限从 1977 年至今，是国家"863"计划中国数字图书馆示范工程项目。

2. 大学数字图书馆馆际合作计划

大学数字图书馆(China Academic Digital Associative Library，CADAL)馆际合作计划由高等学校中英文图书数字化国际合作计划演变而来。CADAL 项目完成了两期，其中一期(2001—2006)建设完成了 100 万册图书数字化。第二期(2007—2012)新增了 150 万册图书数字化，构建了完善的项目标准规范体系，其服务网络分布全国。CADAL 项目实现了从单纯的数据收集向技术与服务的升级转变。2013 年以后，CADAL 项目进入运维保障期，继续在资源、服务、技术、对外交流合作等方面推进工作。

3. 书香中国数字图书馆

书香中国数字图书馆隶属于北京中文在线数字出版股份有限公司，是一个可供读者阅读正版电子图书、有声听书的互联网数字图书馆。书香中国数字图书馆拥有超过十万册的数字图书，超过三万集的有声图书，真正达到和实现了数字图书的全面分享。

4. 中国国土资源知识库

中国国土资源知识库是面向国土资源系统领域的知识服务平台，由于其科学技术含量高，具有海量的国土、地质等专业的图书资源，因而在国土资源领域内拥有很大优势。中国国土资源知识库的信息形式有四大类：电子书、图片、条目数据及音视频，其学科领域覆盖了土地管理、地质调查、矿产地质等 8 个子库，共收录了国土、地质专业的图书共计5000 余本，能够为读者提供全面专业的国土资源知识服务。

本 章 小 结

本章主要介绍图书馆信息资源的检索服务。首先，从图书馆的起源进行介绍，阐述了国内外目前已知最早的图书馆，并对图书的三个发展阶段进行了介绍。随后，介绍了图书馆的功能与分类，讲述了图书馆常见的功能与不同划分方法下图书馆的分类策略，并且介绍了图书馆的常见服务。在此基础上，介绍了几种常见的图书分类法和图书馆藏书的排架方式。最后，介绍了数字图书馆的相关含义、特征与功能，并介绍了常见的数字图书馆及其使用方法。

习　　题

1. 什么是图书馆？图书馆的发展经历了几个阶段？

2. 图书馆有什么功能，能够提供哪些服务？

3. 图书馆是如何进行分类的，分类的依据有哪些？

4. 什么是图书分类法？一般的图书分类法有哪些？

5. 《中国图书馆分类法》共有几个基本大类？分别给出与自然科学、应用科学技术相关的基本大类。

6. 通过考察学校图书馆各类文献在书架上的排列组织方式，试给出几种常见的排架方式，并比较它们的优缺点。

7. 什么是馆藏目录，它的作用是什么？

8. 请对《自动控制原理》《模拟电子技术》这两本书进行归类。

9. 数字图书馆的概念是什么？

10. 数字图书馆有哪些功能，与传统图书馆相比有何不同？

第三章　网络信息检索与在线检索工具

随着计算机技术和互联网技术的迅猛发展，计算机网络在现代信息社会中的作用越来越重要，人们可以通过互联网获得数据、图片、文本、科技文献等信息，也可以进行信息的保存和整理。在信息社会，检索、保存和利用网络信息资源，是科研工作者必须具备的基本素质。本章首先介绍网络信息资源的基本概念，并就其特点、分类和常见载体形式进行阐述，其次介绍网络信息检索的特点和方法，最后给出了目前常用的网络信息在线检索工具。

3.1　网络信息资源概述

网络信息资源与传统信息资源不同。传统信息资源以纸本为主，如图书、期刊、报纸、论文，主体是文献资源。而网络信息资源在数量、结构、载体形态、内涵、传递手段、传播范围等方面都与传统信息资源有所区别，赋予了网络信息资源新的概念。

3.1.1　网络信息资源的概念

网络信息资源也称虚拟信息资源，是互联网时代的产物。网络信息资源以数字化形式记录，以多媒体形式表达，存储在网络计算机磁介质、光介质以及各类通信介质上，并通过计算机网络进行传递。资源提供方基于 Http、Ftp、Telnet、Ed2k、Thunder 等协议对外提供信息服务，用户利用计算机、智能手机等网络终端设备对这些信息进行获取或下载。

3.1.2　网络信息资源的特点

传统信息资源的载体体积较大且不易携带，会受地域空间的影响，导致信息在短时间内无法共享。现代网络信息资源则突破了信息检索的区域性和局限性，极大地增加了检索范围，优化了检索途径。与传统信息资源相比，网络信息资源包括以下特点。

1. 网络信息资源具有开放性、共享性

网络信息资源的共享，使得人们获取信息的方式不再受时空和地理位置差异的影响。每个信息服务机构都是全球性网络结构上的一个站点，是网络结构中的网络信息中心和知识中心，能够促进信息资源的全社会共享，具有开放性和共享性。开放、平等、协作、分享是互联网精神的核心。以互联网为依托的网络信息资源获取成本低，用户可以高度共享，时空范围得到延展，并且绝大部分网络信息资源是免费的，即使是收费的资源，其获取成本也比从其他渠道低得多。

2. 网络信息资源检索的便捷性

网络环境下信息的传递和反馈快速灵敏，具有动态性和实时性等特点。信息在网络中的流动性非常迅速，无线电和卫星通信技术的充分运用，使得上传到网上的任何信息资源，只需要短短的数秒钟就能传递到世界的每一个角落。通过超文本链接构成的立体网状文献链，网络信息资源检索可以把不同国家、不同地区、各类服务器、各种网页的不同文献通过网络节点链接在一起，使用户在浩如烟海的信息资源中能够快速准确地获取所需信息。同时，网络以二进制代码统一了文献的记录格式和记录符号，通过软件自动翻译化解了世界各国不同语言间的交流问题，相比于传统文献，网络信息资源查找简单便捷，易于操作。

3. 网络信息资源建设的高效性

网络信息资源的高效性并不是指高速度，而是指用户所需要的知识信息对自己从事的活动具有较高价值，即有较高的学术价值和实用价值，它的价值性给用户提供了方便，带来了效益，同时也为科研、教学提供素材和参考。了解科技的发展动向，便于人们及时掌握学术水平的发展及动态。许多国家为了接入互联网不惜花费巨大，其主要原因就是网络信息具有很强的实用价值，能给人们带来较大的经济效益。

4. 网络信息资源的时效性强、交互功能强

网络信息资源从本质上改变了信息的创造交流和获取方式，如实现了无纸化出版，即去掉了传统出版中的印制环节等，使得时效性得到巨大提升，缩短了出版时间，加快了知识传播速度。

除此之外，网络平台具有强大的交互功能，在网络技术的支撑下，有关专家可以就某一专题开展电子论坛，大家都可以参与讨论交流。

5. 网络信息资源信息的容量大、内容丰富、形式复杂

与传统信息资源不同，数字化存储是网络信息资源存储的基本形式，存储介质主要以磁介质、光介质为主。高密度、大容量的数字化存储不仅适合计算机的高速处理、低成本远距离传输，同时也方便用户查询和获取。尽管数字化的网络信息资源在物理层面都以二进制表示，但其外在表现形式复杂多样，具体包括文本、图形、图像、音频、视频、软件等多种形式。

目前，网络信息资源在数量和内容两个方面都得到了长足发展，至 2021 年，全球网站总量已经超过 18.3 亿个。任何机构、个人都可以将自己拥有的且愿意让他人共享的信息上传到网上，倡导"人人都可以读写 Internet"的 Web 2.0 更是加速了这一进程。目前，网络信息资源内容几乎涵盖信息资源的所有方面，包括科研、学术、教育、文化等内容。

6. 网络信息资源的微观有序、宏观无序与非均衡性

从微观层面来看，网络获取的多数内容都经过不同程度的有序化，并存储在一个具体的系统中，从而呈现局部有序状态。但是从宏观来看，由众多来源不同的微观有序系统组合而成的网络信息资源系统呈现无序分散状态，其结构复杂，难以控制，缺乏稳定性。这种宏观无序的状态降低了信息获取的效率，增加了信息获取的难度。因此，掌握信息获取方法和技巧十分必要。

信息资源的非均衡性表现为地域的非均衡性和语言的非均衡性。在全球范围内，以美

国为首的西方发达国家信息资源发展水平远高于发展中国家。在我国，东部地区的信息资源发展水平高于西部地区。

3.1.3　网络信息资源的分类

随着网络技术的发展，网络信息资源爆炸式增长，人们面对复杂繁多的网络资源，无法准确、快速查找到需要的信息。因此，将网络信息资源分类，可以方便用户按照类别寻找信息，提高用户的信息检索效率。根据不同的标准，可以将网络信息资源进行以下分类。

1. 按照网络类型划分

(1) 局域网信息资源。局域网是指将一定区域内的各类计算机、外部设备和数据库连接起来形成计算机通信网。通过专用数据线路与其他局域网或数据库连接，可以形成更大范围的信息处理系统。虽然目前互联网十分普及，但是局域网信息资源仍是网络信息资源的重要组成部分。由于涉及安全、保密、知识产权等问题，有些信息资源并不适合于互联网传播，但又存在一定范围内共享的需要，因此在局域网内交流是较好的选择。

(2) 联机检索信息资源。联机检索是指用户借助通信线路，通过终端设备连接检索系统进行文献与数据检索。随着互联网的普及，联机检索系统的主机负荷重、通信成本高、可扩展性差等局限性日益明显，正在逐渐退出历史舞台。

(3) 互联网信息资源。互联网以相互交流信息资源为目的，基于通信协议，由路由器和通信线路联结而成，是一个实现资源共享的综合平台。作为网络形式的一种，互联网与网络并不等同，前者是后者的一个子集。由于互联网信息资源在整个网络资源中所占的比重越来越大，逐渐成为网络的主要组成部分，因此有些文献对两者并不做严格区分。本书中的网络信息资源主要是指互联网信息资源。此外，智能手机、平板电脑等终端设备在移动互联网日益发展的趋势下广泛普及，人们通过移动终端访问互联网，也使得移动互联网资源逐渐成为互联网信息资源的重要组成部分。

2. 按照网络传输协议或技术划分

(1) 万维网信息资源。万维网信息资源(WWW)以超文本和超媒体技术为基础，集文本、图像、图形和声音于一体，通过超文本传输协议在万维网客户端和服务器之间传输，以直观友好的图形用户界面显示在互联网上，已成为网络信息资源的主流。

(2) 文件传输协议信息资源。文件传输协议(File Transfer Protocol，FTP)信息资源是指网络中基于 FTP 进行交流的文件信息资源。互联网中存在大量的 FTP 服务器，这些 FTP 服务器中保存有丰富的文件资源，因此，FTP 信息资源是网络信息资源的一个重要组成部分。

(3) 流媒体信息资源。流媒体信息资源基于流媒体技术进行传输，将一连串的媒体数据压缩后，以流的方式在网络中分段传送，实现在网络上实时传输影音。流媒体技术在播放前并不下载整个文件，只将部分内容缓存，边传送边播放，节省了下载等待时间和存储空间。

(4) P2P 信息资源。P2P 信息资源是指基于 P2P 传输模式的信息资源。P2P 传输模式是指不通过中枢服务器在个人电脑之间实现文件交换和共享的一种新模式。在 P2P 模式下，没有提供信息的服务器与接受信息的客户端之分，每台电脑都可以从多个站点下载信息资源，同时也可向多个站点上传信息资源，参与的人越多，下载速度越快，适合大文件的传输和共享。目前用户通过电驴(Ed2k)、迅雷(Thunder)等软件平台获取的信息资源大多属于P2P信息资源。

(5) 其他信息资源。从传输协议的角度分析，除上述几种信息资源之外，还有一些基于其他协议传输的网络信息资源，如 Telnet 信息资源、Gopher 信息资源等。这些信息资源多流行于互联网发展初期，由于无法满足现代用户日渐高涨的检索需求而逐渐被淘汰。

3. 按信息交流方式划分

(1) 正式出版信息资源。正式出版信息资源是指受到知识产权保护，信息质量可靠，利用率较高的网络信息资源，包括电子图书、电子期刊、电子报纸、搜索引擎、网络导航、检索数据库、网络述评、在线字(辞)典、在线百科全书、在线参考数据库等。

(2) 半正式出版信息资源。半正式出版信息资源是指受到知识产权保护，但没有纳入正式出版系统的信息资源。这部分信息资源可以从各种学术团体、教育机构、企业部门、国际组织、政府机构、行业协会等单位的网站上获取。

(3) 非正式出版信息资源。非正式出版信息资源是指数量大、流动性较强、质量难以保证的动态性信息。由于互联网的开放性，任何组织和个人都有机会成为网络信息资源的内容制造者，特别是随着 Web 2.0 的发展，微信、微博、博客、维基、P2P 下载、社区、分享服务等新型网络服务相继出现，非正式出版信息资源数量急剧增加。

3.1.4 网络信息资源的载体形式

信息载体是指在信息传播中携带信息的媒介，即用于记录、传输、积累和保存信息的实体，包括以能源和介质为特征，运用声波、光波、电波传递信息的无形载体和以实物形态记录为特征，运用纸张、胶卷、胶片、磁带和磁盘传递和存储信息的有形载体。网络信息资源的载体为无形载体，具体表现形式如下：

(1) 文本。文本是计算机的一种文档类型，主要用于记载和存储文字信息，常见的文本形式有.txt、.doc、.docx、.pdf 等。

(2) 图形。图形是指在一个二维空间中可以用轮廓划分的空间形状，是空间的一部分，不具备空间延展性。网络信息资源中的图形通常是指由外部轮廓线条构成的矢量图，包括由计算机绘制的直线、圆、矩形、曲线、图表等。

(3) 图像。图像是由一些排列像素组成的信息资源，在计算机中的存储格式有.bmp、.pcx、.tif、.gif、.jpg 等。图像资源既可以表现真实的照片，也可以表现复杂绘画的某些细节，具有灵活和富有创造力等特点。

(4) 音频。音频是指将声音通过数字音乐软件处理，制作成 CD 或其他音频存储格式的网络信息资源。

(5) 视频。视频泛指将一系列静态影像以电信号的方式加以捕捉、记录、处理、存储、传送与重现的网络信息资源，其原理是根据视觉暂留原理，使图像每秒变化超过 24 帧，得到平滑连续的视觉效果。

(6) 动画。动画是指采用逐帧影像技术，用逐帧拍摄方式，将拍摄对象连续播放的网络信息资源。

(7) 软件。软件是指与计算机操作系统有关的计算机程序、规程、规则，以及相关的文件、文档及数据等网络信息资源。软件通常分为系统软件、应用软件和介于这两者之间的软件。

3.2　网络信息检索基础

随着互联网信息资源在整个网络信息资源中的占比逐渐增加，传统检索形式逐渐转向基于互联网的网络信息检索，其资源也逐渐成为网络信息资源的组成部分。与此同时，信息检索交流平台在互联网的发展下也得到了高效融合，信息检索由传统模式进入网络时代，网络信息检索成为信息检索的核心手段。

3.2.1　网络信息检索特点

网络信息检索克服了传统信息检索的众多缺点，将人工查询和获取转变为互联网操作，减少了检索时间，简化了操作流程，提高了检索精确度，突破了传统信息检索的局限性。网络信息检索具备以下主要特点。

1. 检索范围广

互联网将全球网络信息资源连成一个整体，消除了信息资源检索和获取的空间障碍和地域界限。通过专业网络检索工具，用户可以随时检索到世界各地可供查阅的网络信息资源。

从时间范围来看，网络信息资源的检索范围很大，可以检索到任何时间范围内的有效资源；从行业范围来看，网络信息检索的内容涉及所有行业。随着传统信息资源向数字化和网络化发展，诸如图书、期刊、报纸、专利文献、标准文献、学位论文等传统信息资源也逐渐成为网络信息资源的一部分，进一步拓宽了网络信息检索的资源范围。

2. 检索速度快

互联网技术的发展提升了网络信息检索速度，而专业检索工具提高了网络信息检索的效率。对于一般的网络信息搜索引擎而言，从检索条件的提交到检索结果的返回，其时间跨度一般在一秒以内，而检索结果则成千上万，极大地提高了网络信息资源的检索效率。

3. 交互性强

交互式作业是目前所有网络信息检索工具的必备特征。网络信息检索工具能够从用户命令中获取指令并及时响应用户的要求，具有良好的信息反馈功能。同时，用户可以在检索中及时地调整检索策略以获得更好的检索结果，并能就所遇到的问题获得联机帮助和指导。强化网络信息检索工具的交互性，可有效提高检索工具的质量与影响力。网络信息检索工具提供的错别字提示、拼音提示、相关搜索、联想搜索、模糊搜索等功能，都是网络信息检索交互性的具体体现。

4. 检索过程简单

在网络信息检索中，尽管不同的检索工具、检索系统在结构和功能上千差万别，但它们都追求一个共同的目标，即尽量简化用户的操作和使用。由于大多数用户在检索过程中都只是进行一些非专业的信息检索，所以简单掌握网络信息检索工具就可以应对大多数情况，不需要专门学习检索知识和技术。因此，大多数网络信息检索工具的操作都很简单。生活中那些简洁、明了的搜索引擎(如百度、谷歌等)、条理清晰的导航网站(如 hao123 等)，无不体现了网络信息检索工具操作简单的设计理念。

3.2.2 网络信息检索方法

互联网中蕴含了丰富的信息资源，且每时每刻都在变化更新，如何寻找所需的信息是网络信息检索的主要目标。科技论文的检索不仅要讲求方法，更要讲求策略。检索策略的完善度直接决定着检索结果是否符合要求。用户制定文献检索策略时，要根据文献检索的需要与可能性，制定一套符合文献分布规律的检索方案，其基本内容包括多个检索步骤，如图 3-1 所示。

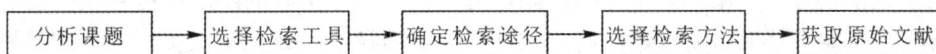

分析课题 → 选择检索工具 → 确定检索途径 → 选择检索方法 → 获取原始文献

图 3-1 网络信息检索过程

目前常用的检索方法有基于有效信息来源的检索方法和基于检索工具的检索方法。

1. 基于有效信息来源的检索方法

按照网络有效信息的来源，检索方法一般可分为直接法、追溯法以及综合法三类。

(1) 直接法。直接法是指利用文献检索系统对所需文献的关键词进行查询，最后获得系统数据库中包含此关键词的全部文献。直接法根据查询时间范围还可分为顺查法、逆查法和抽查法三种。

① 顺查法是指将按关键词搜索到的文献限制在用户设置的时间范围内，按照时间由远及近的顺序进行查询。顺查法的优点是实现了对信息资源的时间顺序查询，便于用户了解该类文献的一般发展规律，且漏查现象较少；缺点是工作量大、效率低。

② 逆查法的原理同顺查法，唯一的区别在于检索顺序是按照时间由近及远。该方法一般用于检索最新文献，无须检索年代较为久远文献的情况。采用逆查法检索最新文献时的工作量小、效率较高。相比于顺查法，逆查法存在较为严重的漏查现象。

③ 抽查法是指在事先了解待检索学科的年限范围后，用户可对其中的文献进行集中检索。抽查法的优点在于可以在短时间内获得大量相关文献，检索效率较高；缺点是需要提前知道待检索学科发展的特点，存在一定的局限性。

(2) 追溯法。追溯法又称引文法，是一种跟踪查找法，指对文献末尾的参考文献进行跟踪查找。该方法的优点在于即使在没有检索工具或检索工具不齐全的情况下，也可较快地获得一批相关文献；缺点是原文作者所引用的参考文献具有一定的局限性，因此，追溯法存在较大误检或漏检的可能性。

(3) 综合法。综合法是一种将直接法与追溯法两种方法相结合的检索方法。综合法利用检索工具或检索系统进行常规检索，再利用文献后的参考文献进行追溯检索。该方法的最大优点在于，可以较全面、准确地进行检索，尤其适用于那些年代久远且文献较少的课题。

2. 基于检索工具的检索方法

按照信息检索使用工具的不同，检索方法可分为以下四种。

(1) 随意浏览法。随意浏览法又称为漫游法，指在没有明确的检索目的和要求的情况下，用户从一个页面链接到另一个想要浏览的页面，没有确切的检索目的。随意浏览法是最简单的检索方法，也是比较常见的检索方式。然而随意浏览法目的性不强，具有偶然性和不可预见性。

(2) 搜索引擎检索法。搜索引擎检索法是最为常规的检索方法。搜索引擎是利用关键词、词组或自然语言检索的工具。用户提出检索要求，搜索引擎代替用户在数据库中进行检索，并将检索结果反馈给用户。搜索引擎检索法的优点是省时省力，简单方便，检索速度快、范围广，能及时获取新增信息；缺点是检索软件的智能性不高，检索结果的准确性不足。

(3) 网络导航检索法。网络导航检索法是基于分类体系的目录型检索方法，也是较为常用的信息检索方法。用户登录导航网站，通过点击已分类好的网址链接查找自己感兴趣的内容。与搜索引擎的自动检索不同，网络导航检索法由专业人员负责资源著录，质量较高，对网络信息的发现具有重要的指导意义。当然，它也有其局限性，即人工著录的速度很难跟上网络信息的增长速度，所以资源收录的范围不够全面，更新的频率较慢，新颖性、及时性不够。

(4) 专业资源系统检索法。随着网络信息资源建设的专业化程度越来越高，特别是一些专业的网络内容服务商(ICP)的出现，网络中出现了大量的专业资源系统。这些专业资源系统一般专注于某一特定领域或者某一特定类型的资源建设，它们在人工参与的前提下，通过对大量整理后的信息资源进行存储、管理和维护更新，并在互联网上借助一个具体的检索网页为用户提供查询服务。这类专业资源系统存储着大量受控的信息资源，拥有自己独立的检索平台。用户通过这些平台进行检索，检索快速、准确、高效，并能获取高质量的目标信息。

3.3 网络信息在线检索工具

互联网使用户可以方便快捷地查找到所需要的信息，但是面对纷繁复杂的信息海洋，找到需要的、有价值的信息并非易事。因此，对网络信息资源分布与规律、网络信息的检索与利用等加以研究就显得尤为重要。网络信息在线检索工具能够帮助用户有效地检索、分析和利用相关的网络信息。下面介绍常见的网络信息在线检索工具。

3.3.1 搜索引擎类检索工具

搜索引擎指根据一定的策略，运用特定的计算机程序从互联网上搜集信息，并对信息进行组织和处理后，为用户提供检索服务的系统工具。搜索引擎由搜索器、索引器、检索器和用户接口四个部分组成，其功能是在互联网中漫游、发现和搜集信息。当用户查找某一个关键词的时候，所有包含了该关键词的网页都将被搜索出来，再经过复杂的算法后按照与搜索关键词的相关度高低依次排列。

1. 搜索引擎分类

搜索引擎包括全文搜索引擎、目录索引搜索引擎、元搜索引擎、垂直搜索引擎、后搜索引擎、计算型搜索引擎等。

(1) 全文搜索引擎。全文搜索引擎是名副其实的搜索引擎，国外搜索引擎以著名的"Google 搜索"为代表，国内则有家喻户晓的"百度搜索"。这些搜索引擎从互联网中获取各个网站的信息资源，通过建立数据库使用户能够获取与检索内容匹配的内容，并按照一定顺序呈现检索结果。

(2) 目录索引搜索引擎。目录索引搜索引擎虽然有搜索功能，但严格意义上不能称为搜索引擎，因为它只是按目录分类的网站链接列表。用户可以按照分类目录找到所需要的信息，而不依靠关键词进行查询。目录索引最具代表性的是"雅虎搜索""新浪分类目录搜索"，各类引文索引平台亦属于目录索引。

(3) 元搜索引擎。元搜索引擎将多个单一搜索引擎集成在一起，提供统一的检索界面，同时在多个搜索引擎中对用户的检索需求进行搜索，并将结果反馈给用户。有的元搜索引擎按自定的规则将结果重新排列组合，如"360 搜索"；有的则直接按引擎来源排列搜索结果，如"Jopee 元搜索"。

(4) 垂直搜索引擎。垂直搜索引擎是指专门检索某一主题或某一类型信息的搜索引擎，以专业性与服务性为特点。垂直搜索引擎可以保证某领域信息收录的完整性与及时性，检索深度和分类程度相较于综合搜索引擎有巨大优势。垂直搜索引擎的检索结果重复率低、相关性强、查准率高，适合于针对性强的检索要求。常用的垂直搜索引擎有"Jooble 搜索(找工作搜索引擎)""新浪微博搜索(博客、微博搜索引擎)""百度学术搜索(学术搜索引擎)""书问搜索(图书搜索引擎)"等。

(5) 后搜索引擎。后搜索引擎是对众多流行搜索引擎的搜索结果进行归纳整理，它是由全球最大的中介搜索引擎"Ixquick 搜索"提出的。当用户在 Ixquick 上搜索关键词时，相当于在多个搜索引擎内同时搜索，这一点与元搜索类似。然而，Ixquick 搜索将不同搜索引擎的搜索方法进行分析和整合，并将这些搜索方法归纳到 Ixquick 强力搜索和专家搜索中，因此，用户无须掌握各个搜索引擎的复杂语法，可直接使用 Ixquick 强力搜索和专家搜索找到自己想要的内容。

(6) 计算型搜索引擎。计算型搜索引擎是一种利用自然语言检索技术的搜索引擎。目前全球典型的计算型搜索引擎是由美国计算机科学家史蒂芬·沃尔弗拉姆(Stephen Wolfram)开发的一种新型互联网搜索引擎——Wolfram Alpha 检索。通过这种计算型搜索引擎，用户检索到的信息已经不限于互联网中已有的信息资源，而是经过服务器计算处理得到的新信息。相较于其他搜索引擎，用户在检索关键词后，可直接获得检索引擎返回的处理结果，而不是网页链接。例如，在 Wolfram Alpha 搜索引擎中输入"How many people in Xi'an"，结果显示"12 million 952 thousand people"等结果。

2. 搜索引擎工作基本原理

搜索引擎的工作步骤一般包括爬行、抓取存储、预处理以及排序，其中每一步的工作原理如下：

(1) 爬行。搜索引擎通过一种具有特定规律的算法跟踪网页的链接，像蜘蛛在蜘蛛网上爬行一样，从一个链接爬到另外一个链接，所以被称为"爬行"。它需要遵从一些跟踪算法的命令或相关文件的指令。

(2) 抓取存储。搜索引擎通过爬行跟踪链接到网页，并将抓取的数据存入原始页面数据库。搜索引擎在抓取页面时，也做一定的重复内容检测，一旦遇到权重很低的网站(如包含有大量抄袭、采集或者复制的内容)，搜索引擎很可能就不再抓取存储。

(3) 预处理。搜索引擎对抓取回来的页面进行以下步骤的预处理：① 提取文字；② 中文分词；③ 去停止词；④ 消除噪声；⑤ 正向索引；⑥ 倒排索引；⑦ 链接关系计算；⑧ 特殊文件处理。

除了 HTML 文件外，搜索引擎通常还能抓取和存储以文字为基础的多种文件类型，如PDF、WORD、WPS、XLS、PPT、TXT 文件等。

(4) 排序。用户在搜索引擎检索框中输入需要检索的关键词后，排序程序调动索引库数据，计算排序并显示给用户。搜索引擎检索出来的匹配结果很多，一般情况下都是按照日、周、月等时间间隔进行阶段性更新的。

3.3.2 引文索引类检索工具

引文索引是利用文献之间的印证关系，将文献的参考文献表编在一起的引文机制。引文索引的基本作用是在检索工具中利用引文去查找相关文献，它能够体现文献间引用和被引用的关系、规律以及论文后所附参考文献的作者、题目、出处等项目。用户可以使用引文索引方法，以某一信息为查找点，检索出其他与之有关的信息。

1. 引文索引的编制原理

引文索引的编制原理是按照文献的相互引用关系建立索引系统。文献之间的相互引用形成文献网络，根据该文献网络可以检索相关文献，并通过追溯检索查找更多相关的参考文献，因此，引文索引的核心是引证索引和来源索引。

引文索引中的每一篇论文都有被引用的详细资料，可将一篇文献的参考文献、相关文献、共享参考文献都显示给用户。由于这些文献可能讨论的都是一个主题，因此引文索引大多是从主题相关的角度来编排索引与检索系统的。引文索引从文献是否被他人引用及引用率的角度来考虑其收录的期刊范围。近年来，SCI 等引文索引中的论文成为研究基金申请、个人职称晋升的一项指标，具有举足轻重的地位。

2. 引文索引的意义和作用

引文索引虽然不是常规的检索途径，但在学术交流和科研评价中的作用越来越大。引文索引的作用有以下几个方面。

(1) 文献检索获取。由于被引文献和引用文献在内容上存在关联性，因此通过检索一位知名学者或一篇较有质量的文献，通常可获得一系列主题相关的新文献。

(2) 科研管理与研究预测。一篇论文一经发表，其参考文献永远不变，但被引用次数可能会逐渐变多。该论文被其他文献引用说明其学术观点和研究成果被人参考借鉴，被引用频次越高表明论文的影响力越大。

(3) 分析评价。目前学术界普遍认为文献质量与文献被引次数成正比。在晋升职称和引进人才时，通常要求出示具有检索资质图书馆验证的查收查引报告，用文献被权威数据库收录和被他人引用频次来评价科研人员学术水平高低。文献被引总频次主要取决于文献发表量和文献本身的学术质量，对科研机构、大学乃至国家而言，文献被引总频次在一定程度上能反映其总体实力。

3. 常见的引文索引机构

目前国内外常见的引文索引机构如表 3-1 所示。

表 3-1 国内外常见的引文索引机构

序号	名　称	简　介
1	《科学引文索引》	科学引文索引(Science Citation Index，SCI)是由美国科学信息研究所于 1957 年在美国费城创办的引文数据库，是国际公认的进行科学统计与科学评价的主要检索工具
2	《社会科学引文索引》	社会科学引文索引(Social Sciences Citation Index，SSCI)是由美国科学信息研究所创建，可以用来对不同国家和地区的社会科学论文的数量进行统计分析的大型检索工具
3	《工程索引》	工程索引(EI)是由美国工程师学会联合会于 1884 年创办的历史上最悠久的一部大型综合性检索工具。EI 在全球的学术界、工程界、信息界中享有盛誉，是科技界共同认可的重要检索工具
4	《科学技术会议录索引》	科学技术会议录索引(Conference Proceedings Citation Index，CPCI 检索，旧称为 ISTP 检索)创办于 1978 年，由美国信息科学研究所编辑出版
5	《中国科学引文索引》	中国科学引文数据库(Chinese Science Citation Database，CSCD)创建于 1989 年，收录我国数学、物理、化学、天文学、地学、生物学、农林科学、医药卫生、工程技术和环境科学等领域出版的中英文科技核心期刊和优秀期刊千余种
6	《中文社会科学引文索引》	中文社会科学引文索引(Chinese Social Sciences Citation Index，CSSCI)是由南京大学中国社会科学研究评价中心开发研制的数据库，用来检索中文社会科学领域的论文收录和文献被引用情况

本 章 小 结

本章首先介绍网络信息资源以及网络信息资源的概念、特点与分类，并描述了网络信息资源的载体形式。然后在此基础上介绍了网络信息检索的特点与方法，并从搜索引擎类检索工具以及引文索引类检索工具两方面介绍了几种常见的网络信息在线检索工具。

习　题

1. 简述网络信息资源的特点和分类。
2. 什么是网络信息检索工具？其特点是什么？由哪几部分组成？
3. 网络信息在线检索工具的主要类型有哪些？
4. 搜索引擎的概念、工作的基本原理是什么？
5. 搜索引擎的类型有哪些，试举例说明。
6. 选择某一常用搜索引擎，举例介绍它的检索功能及过程。

第四章　中文文献检索平台及其检索方法

　　随着中文的国际影响力越来越大，越来越多的中文文献信息检索平台登上国际舞台。不同的检索平台包含不同的数据库，且数据库的存储结构、检索界面以及各项功能均有所不同，同一种数据库的功能与界面也在不断地发展和变化，因此熟练掌握国内主流文献检索平台的检索方法，从中学习通用的检索技术，能有效提高读者的信息检索能力，协助读者解决各方面的信息检索问题。本章首先介绍国内主流的数字图书检索平台，再从中文引文索引检索数据库以及中文期刊全文检索数据库两个方面对中文文献检索平台进行介绍。

4.1　中文数字图书检索平台

　　数字图书是指以数字形式将图书信息存储在磁、光、电等介质中，通过电子产品进行阅读、存储，可复制发行的大众传播体。在信息爆炸的时代，数字图书以存储方便，不占实际空间、携带便利等特点，逐渐成为主流的阅读形式。目前国内主流的数字图书检索平台有超星汇雅电子图书、书香中国数字图书、CADAL 电子图书以及中国国土资源知识库等各类专题电子图书。

4.1.1　超星汇雅电子图书

　　超星汇雅电子图书是超星公司于 2014 年推出的纯文本电子图书，其目的在于为高校、科研机构的教学和工作提供大量的参考资料。该平台提供了便捷的检索方式，读者可以通过平台的检索功能或导航功能找到所需图书。此外，平台还提供了分类导航、新书推荐、分类推荐、阅读排行和网页阅读、超星阅读器阅读等多种功能。

1. 超星汇雅电子图书简介

　　超星汇雅电子图书是全球最大的中文在线图书馆之一，拥有丰富的电子图书资源，中文图书目前已达百万余种，并且仍在不断地增加和更新。超星汇雅电子图书按《中国图书分类法》进行分类存储，累计藏书量已超过 69 万册。

　　超星汇雅电子图书的数据库有两种访问方式：限定 IP 访问的汇雅书世界包库站和超星网个人会员。本书主要介绍限定 IP 访问的汇雅书世界。图 4-1 为长安大学-超星汇雅电子图书首页。不同机构的超星汇雅电子图书网站不尽相同，尤其是机构在网站首页右上角的名称。如果读者在自己家中需要访问单位购买的超星汇雅电子图书，可以通过本单位的 VPN 服务，跳转到本单位的 IP 范围进行访问。

图 4-1　长安大学-超星汇雅电子图书首页

2. 检索方法

超星汇雅电子图书的检索方法有普通检索、分类检索和高级检索三种。

(1) 普通检索。普通检索是指在超星汇雅电子图书首页的搜索框中输入检索词进行检索。读者可以输入书名、作者、目录或全文检索等检索关键词，然后点击"检索"按钮即可。该检索框具有历史记录、关键词联想等功能。

【例 4.1.1】用户在检索框中输入"毛泽东"进行检索，检索框将自动提示与毛泽东相关的搜索主题，如"毛泽东思想""毛泽东选集"等，如图 4-2 所示。选择或输入相应的检索字段，点击"检索"按钮即可进行检索。

图 4-2　检索框

(2) 分类检索。超星汇雅电子图书的分类是基于《中国图书馆分类法》进行的。读者进入网站首页后，左侧即为图书的分类目录(如图 4-1 所示)。

在图书分类下点击一级分类左侧的"加号"显示二级分类，再点击二级分类左侧的"加号"显示三级分类，点击分类左侧的"减号"则收回分类导航。三级分类的下一层为图书信息页面。用户可阅览该分类下的所有图书信息，具体包括书名、主题词、作者、页数、出版社、出版日期、中图分类号等，如图4-3所示。

　　如果存在多个检索结果，用户可对检索结果进行排序。排序方式可选择按出版日期降序、按出版日期升序、按书名升序、按书名降序。

图4-3　分类检索

　　(3) 高级检索。超星汇雅电子图书的高级检索功能可以通过限定条件精准检索图书，如图4-4所示。高级检索的检索条件包括书名、作者、主题词、年代、分类、中图分类号，并且用户可以设置每页显示的搜索结果条数，如10、15或20条等。相对于普通检索，高级检索可以精确地定位到读者想要阅读的文献，有效避免普通检索中出现的大量相似检索结果的问题。

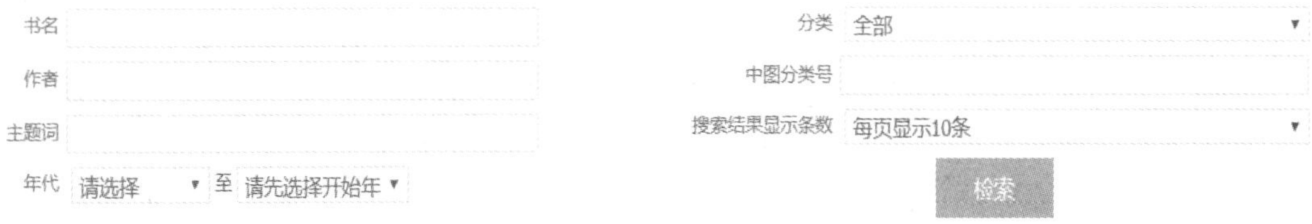

图4-4　高级检索页面

　　【例4.1.2】　在高级检索页面内的"书名"栏中输入"电机与电气控制技术"，在"作者"栏中输入"邹建华"，在"分类"栏中选择"工业技术"，在"中图分类号"栏中输入

"TM3"，点击"检索"按钮，即可得到书名为电机与电气控制技术，作者为邹建华，分类为工业技术，中图分类号为 TM3 的图书，如图 4-5 所示。

图 4-5 高级检索示例

3. 检索结果的阅读与使用

超星汇雅电子图书的图书资源有三种阅读方式：阅读器阅读、在线阅读和 PDF 阅读。

(1) 阅读器阅读方式：下载超星阅读器 SSReader，安装完毕后点击网页中的阅读器阅读选项，即可打开超星阅读器加载电子文献并进行阅读。

(2) 在线阅读方式：通过手机 APP 扫描图书阅读页面的二维码，即可在手机上进行阅读。

(3) PDF 阅读方式：点击 PDF 阅读，浏览器即弹出新页面以 PDF 形式阅读图书。读者还可以通过 PDF 下载的方式，将图书下载到本地进行阅读。

4.1.2 书香中国数字图书

书香中国数字图书(www.chineseall.cn)隶属于北京中文在线数字出版股份有限公司，经"十五""十一五"期间的研究与实践，投入近 2 亿资金，于 2009 年成功推出了第三代数字图书馆，即书香中国数字图书。书香数字图书以互联网数字图书馆为核心，提供各行业公共阅读服务与全流程的运营服务。书香中国数字图书将局域网图书馆、城域网图书馆一网打尽，形成基于互联网的深度服务体系，全面实现了数字图书分享，让学校可以有效解决学生的课外阅读问题，更可实现图书资源的本地化深度利用。

1. 书香中国数字图书简介

书香中国数字图书是一个可供读者阅读正版电子图书、有声听书的互联网数字图书馆，包括超过十万册的数字图书，超过三万集的有声图书。

　　书香中国数字图书为会员登录制，个人用户需通过手机进入"书香中国"云阅读，或用电脑登录"书香中国"网站，阅览平台所有资源。机构用户需将书香中国云阅读平台链接到单位的图书馆平台资源或微信公众号中，通过本单位范围内的 IP 地址进行在线阅读。对于机构用户，同样建议注册个人账户，这样用户不仅可以在本单位内进行访问，还可以通过个人账号在校外访问"书香校园"。拥有书香个人账户的用户还可享受如下功能：(1) 推荐图书给朋友；(2) 收藏图书、打标签；(3) 给书打分、书评；(4) 借阅下载到本地；(5) 关联阅读；(6) 显示阅读进度和记录；(7) 切换不同格式的阅读；(8) 自定义背景颜色和字号大小；(9) 支持分级阅读，适用于不同年龄段(学段)阅读使用。

　　【例 4.1.3】　图 4-6 为书香中国数字图书中的"书香长安大学"首页，其中包含了图书浏览方式、检索方法以及检索结果的阅读与使用等内容，方便读者使用。

图 4-6　书香校园-长安大学首页

2. 检索方法

　　书香中国数字图书有分类浏览与分类搜索两种检索方法。

　　(1) 分类浏览。书香长安大学数字图书中的电子图书可分为图书、听书、期刊、党政、活动、慕课、微书房客户端等，用户点击相应的栏目即可进入浏览。图书和听书作为书香中国的特色，读者可以通过点击首页的选项进入相应的子页面(如图 4-7 与图 4-8 所示)。在图书子页面中，图书的分类列表在右侧，分类方法是按照《中国图书分类法》进行的。听书的分类列表在左侧，分为畅销·精品、相声·曲艺、经管·养生、儿童·文学等。在一级分类下还有二级分类子目录，读者可更详细地浏览查看。

图 4-7　图书检索界面

图 4-8　听书检索界面

(2) 分类搜索。书香长安大学数字图书提供两种资源，一种是图书，另一种是听书。用户可以在首页检索框内直接选择检索条件(图书、听书)进行检索。此外，读者也可以先进行分类浏览，进入要检索的文献类型子页面后，在右上角的检索框中进行检索。需要注意的是，书香中国并没有高级检索功能，用户只能通过模糊检索＋浏览的方式进行检索结果筛选。

【例 4.1.4】 用户在检索框中输入"Java"并点击"检索"按钮。检索页面中显示共145 条检索结果(如图 4-9 所示)。检索结果列表中包括图书名称、封面、作者、出版社、出版时间、评分及简要介绍等图书信息。检索结果的筛选条件有全部、名称、作者、出版社、出版年份。

图 4-9　书香长安大学"Java"检索结果页面

3. 检索结果的使用

　　找到目标图书后，用户有两种方式阅读该图书。第一种是点击书名，进入该图书的详细信息介绍界面，如图 4-10 所示。在该页面中，用户可以对此书进行评价，查看该书的阅读次数、收藏或者推荐次数。收藏与推荐功能需要用户登录自己的个人账号进行操作。在登录账号的情况下，用户除了可以对该图书进行评价外，还可以查看别人对此图书的评价，方便用户更深入了解该图书的内容。

图 4-10　书香校园中的详细检索结果

　　第二种方式是直接点击检索列表中的"点击阅读"按钮进入图书阅读界面。在阅读界面中可以查看该图书的目录、书评以及帮助。此外，用户还可以通过微书房手机 APP 进行扫码阅读，此类方式便于用户随时阅读，方便快捷。

4.1.3　CADAL 电子图书

　　大学数字图书馆国际合作计划(China Academic Digital Associative Library，CADAL)是

一个由国家投资，作为公共服务体系组成的数字图书馆项目，与"中国高等教育文献保障系统(CALIS)"共同构成中国高等教育数字化图书馆框架。

1. CADAL 电子图书简介

CADAL 电子图书以"共建共享"理念为指导思想，运用先进的技术手段，全面整合国内高校图书馆、图书情报服务机构、学术研究机构所拥有或生产的各类信息资源与服务，是国内首屈一指的电子图书平台，如图 4-11 所示。

图 4-11　CADAL 电子图书首页

CADAL 项目一期(2001—2006 年)完成 100 万册图书数字化，提供了便捷的全球图书浏览服务。CADAL 项目二期(2007—2012 年)新增 150 万册图书数字化，构建了较完善的项目标准规范体系，完成了从单纯的数据收集向技术与服务升级发展转变。2013 年以后，CADAL 项目进入运维保障期，继续在资源、服务、技术、对外交流合作等方面推进工作。

CADAL 是目前对中国古书籍囊括最全面的数据库，是检索清末、民国图书(包括期刊)的首选电子图书平台。CADAL 还对包括书画、建筑工程、篆刻、戏剧、工艺品等在内的多种媒体资源进行数字化整合，建成的资源覆盖理、工、农、医、人文、社科等多个学科，能向参与建设的高等院校、学术机构提供教学科研支撑。

目前，CADAL 拥有古籍 24 万余册、民国图书 17 万余册、外文图册 68 万余册、民国期刊 15 万余册、满铁 1.7 万余册、地方志 1.7 万余册、当代图书 80 万余册、侨批 5 万余册。CADAL 还有特藏库，收藏包括民国文献大全、甲骨数字化、知领特色产品、当代生活资料、蒋介石资料、哥伦比亚大学图书馆民国文献缩微胶片和老照片等信息资源。

2. 检索方法

CADAL 的检索方法非常简单，读者只需要在首页的检索框中输入目标关键词即可。检索字段包括全部、名称、作者、馆藏单位和出版时间等。

在检索结果列表页面中，用户可以根据检索结果的情况进行二次检索，也可以在左侧的检索筛选框中进行检索结果筛选，具体的筛选条件包括出版时间以及图书类型标签等。

【例 4.1.5】　在检索框中输入"Java"并点击"检索"按钮，选择出版时间并输入"2003"，在作者栏中输入"欧阳江林"，在机构栏中输入"浙江大学"，并点击"二次搜索"按钮，检索结果如图 4-12 所示。

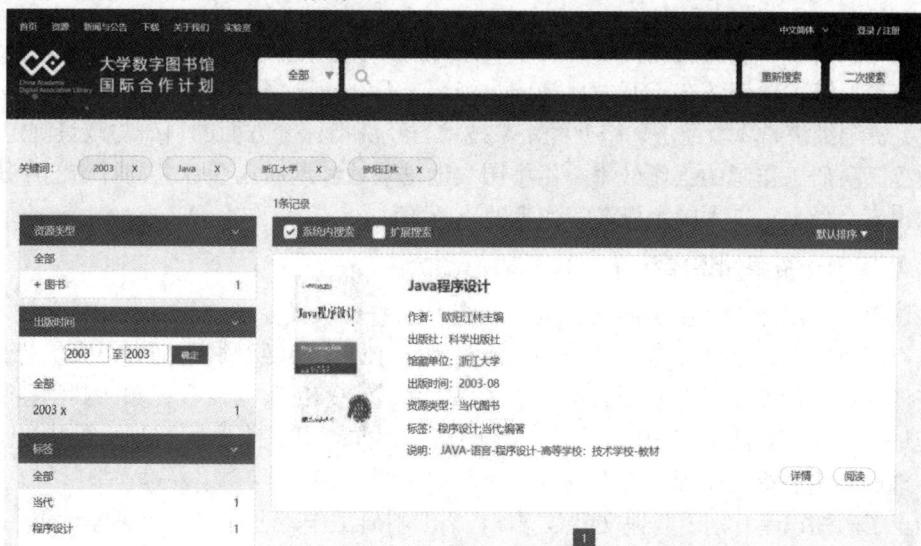

图 4-12　高级检索示例

3. 检索结果的使用与分析

检索结果页面中包含图书的大量信息，如作者、出版社、馆藏单位、出版时间、资源类型、标签及说明等。读者可以通过点击该图书的名字进入图书的详细介绍界面，如图 4-13 所示。

图 4-13　检索结果详细界面

用户如需阅读该电子图书，可以点击检索结果右下方的"阅读"按钮(见图 4-12)或者点击详细界面中的"在线阅读"按钮进行阅读(见图 4-13)。注意，用户需要登录 CADAL 账号才能进行文献阅读，可使用在校内 IP 注册并绑定机构账号实现校外使用(推荐)，也可通过校外访问控制系统访问(即 VPN 访问)。登录账号后，用户还可享受借阅历史、书页评注、我的书架、社交网络等个性化服务。

此外，CADAL 限制了用户的访问速度，超过正常阅读速度的翻阅会造成账户封禁。

遇到此种情况，用户可放慢阅读速度，等系统自动解禁后继续使用。

4.1.4 中国国土资源知识库

中国地大物博，国土资源丰富。为了有效开发和保护中国国土资源，国内大量的国土资源研究者，其主要任务在于开发保护国土资源，开展国土资源政策法规、战略规划、市场配置、资源经济、环境经济、产业经济、技术与经济指标等方面的科研与政策制定服务。为有效提高科研工作者的工作效率，由中国大地出版社和地质出版社共同打造的中国国土资源知识库，受到了广大国土资源工作者的广泛关注。

1. 中国国土资源知识库简介

中国国土资源知识库是面向国土资源系统领域的知识服务平台，由于其科学技术含量高，具有海量国土、地质等专业的图书资源，因而在国土资源领域内拥有很大优势。中国国土资源知识库的信息资源有四大类：电子书、图片、条目数据及音视频，其学科领域覆盖了土地管理、地质调查、矿产地质等 8 个子库，共收录了国土、地质专业的图书共计 5000余本，能够为用户提供全面、专业的国土资源知识服务。

国土资源知识库有别于其他文献数据库，需要科研工作者进行实地勘探与测量，并开发相应的业务管理信息系统。此外，管理人员还需要对知识库的日常添加、修改、维护等功能投入大量的精力。国土资源知识库的数据库结构如图 4-14 所示，网站首页如图 4-15 所示。

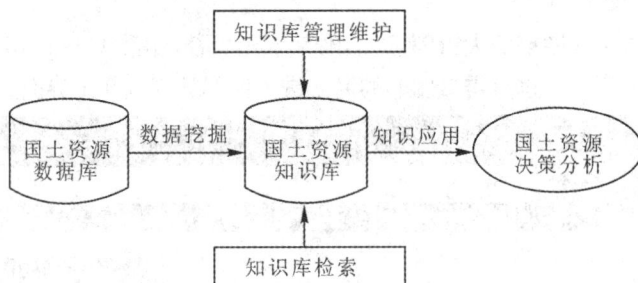

图 4-14　国土资源知识库数据库结构

图 4-15　中国国土资源知识库首页

中国国土资源知识库的涵盖范围十分广泛，可用于解决我国各类国土资源问题，具体内容包括：

(1) 土地控制知识推理和制图综合；

(2) 土地类型控制分布规律和城乡发展演变研究；

(3) 土地整理潜力和土地集约利用研究；

(4) 城镇土地价格与土地资源配置的关系研究。

2. 检索方法

中国国土资源知识库的检索方法非常清晰，用户在首页上方的检索框中输入检索信息进行检索即可。检索字段包括图书、图片、条目及音视频等。用户可在检索框中输入关键信息完成简单检索，并按出版时间或浏览量进行排序，寻找检索文章；也可以在首页中选择数据库，如土地管理、地质调查、基础地质、矿产地质、水工环地质、海洋地质、工具书和国土法规宣传等，然后在子数据库的检索框中输入关键字进行检索。

【例 4.1.6】 用户查询地质类中关于遥感图像类的书籍，可以通过点击首页一级分类中的"地质调查"按钮，进入地质调查页面。可供选择的二级分类有：勘查、钻探、坑探、勘查地球化学、信息技术。选择"信息技术"并显示三级分类：遥感、地理信息系统、数学地质、其他信息技术，选择"遥感"并显示四级分类：遥感基础、遥感技术系统、遥感图像、遥感应用。选择四级分类中的"遥感图像"，检索结果如图 4-16 所示。用户在该页面中可查看该分类下的所有电子书、图片、条目数据、音视频以及相关的图书信息(作者、分类、定价、优惠价、阅览次数和出版时间等)。

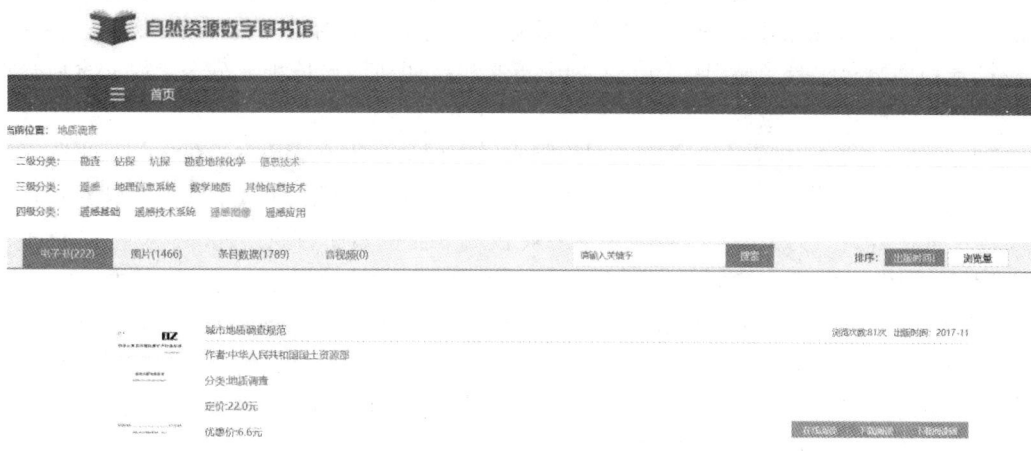

图 4-16　分类检索示例

3. 检索结果的使用

对于分类检索结果，用户可以进行筛选。检索结果列表中包含了相关文献的题名、作者信息、所属分类、定价、阅读次数以及出版时间，读者可以通过这些信息对检索结果文献进行初步的了解和判断。

中国国土资源知识库的检索结果有三种获取途径，分别为在线阅读、下载阅读以及下载阅读器阅读。注意，中国国土资源知识库为会员登录限定制，用户或用户所在机构需要注册并购买国土资源知识库的阅读版权，才能在限定的 IP 范围内进行下载和阅读。

4.2 中文引文索引检索平台

引文是指学术论文中引用的参考文献。引文索引是根据参考文献之间的引证关系按照一定规律组织起来的一种检索系统。目前，国内常用的引文索引检索平台包括：中国科学引文索引和中文社会科学引文索引，它们覆盖四种知名的索引数据库(CSTPCD、CSSCI、CSCD、CHSSCD)，用户可以利用中国科学技术信息研究所汉语主题词表进行主题词标引，且支持全文链接下载与多来源全文发现功能。

4.2.1 中国科学引文索引

中国科学引文索引内容丰富，结构科学，数据准确，除具备一般的检索功能外，还提供新型的索引关系——引文索引。引文索引能够帮助用户迅速从数百万条引文中查询到某篇科技文献的被引用情况，还可以从一篇早期的重要文献或著者姓名入手，检索到一批近期发表的相关文献，对交叉学科和新学科的发展研究具有十分重要的参考价值。

1. 中国科学引文索引简介

中国科学引文索引的数据库称为中国科学引文数据库，简称 CSCD。该数据库创建于 1989 年，收录了我国数学、物理、化学、天文学、地学、生物学、农林科学、医药卫生、工程技术和环境科学等领域出版的千余种中英文科技期刊，它是我国第一个引文索引数据库，曾获中国科学院科技进步二等奖。

1995 年，CSCD 出版了我国第一本印刷本《中国科学引文索引》；1998 年，出版了我国第一张中国科学引文索引检索光盘，并利用文献计量学原理制作《中国科学计量指标：论文与引文统计》；1999 年，出版了基于 CSCD 和 SCI 的索引目录；2003 年，CSCD 提供网上服务，推出网络版；2005 年，CSCD 出版了《中国科学计量指标：期刊引证报告》；2007 年，CSCD 与美国 Thomson-Reuters Scientific 合作，以 Web of Science 为平台，实现跨库检索。CSCD 是 Web of Science 平台上第一个非英文语种数据库，可以使全球用户检索到我国出版的 1000 余种期刊，更多地了解我国各学科领域科学研究的重要成果，对提升我国科技期刊的全球知名度和利用率有重要的影响。

目前，CSCD 已在我国科研院所、高等学校的课题查新、基金资助、项目评估、成果申报、人才选拔、文献计量与评价研究等多方面获得广泛应用。

2. 检索方法

目前，能够访问 CSCD 的平台有两个：美国科睿唯安公司的 Web of Science 平台以及国内的中国科学文献服务系统。

(1) 从 Web of Science 平台进入。登录 Web of Science 平台，选择 CSCD 数据库，然后在网站首页的检索框中进行检索，如图 4-17 所示。

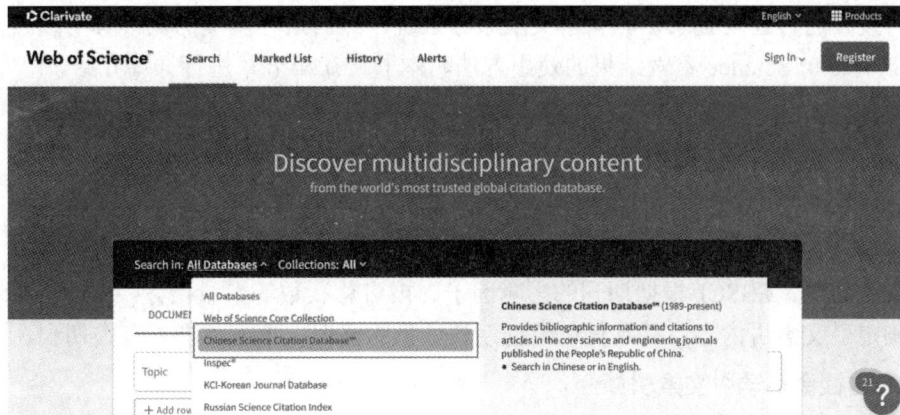

图 4-17　Web of Science 下的 CSCD 检索入口

(2) 从中国科学文献服务系统进入，如图 4-18 所示。中国科学文献服务系统包括中国科学引文数据库、中国科学院学位论文数据库、中国科学文献计量指标库和中国科技期刊引证指标库。其中，中国科学引文数据库收录了自 1989 年以来的论文纪录与引文纪录。中国科学院学位论文数据库收录了自 1983 年以来中国科学院授予的博士、硕士学位论文以及博士后出站报告。中国科学文献计量指标库和中国科技期刊引证指标库对我国年度科技论文的产出量、影响力及其分布情况进行客观的统计和描述，真实反映了中文科技期刊在全球科研领域内的价值和影响力。

图 4-18　中国科学文献服务系统

3. 检索结果的使用与全文获取途径

中国科学文献服务系统的检索结果列表详尽显示出检索论文的题目、题材、文种、来源刊物、年、卷、期、起页—止页和参考文献篇数等。用户可以通过该检索结果的引文查找系统，查找引用或被引用该文献的相关成果，有助于对检索目标进行追根溯源。

中国科学文献服务系统中的全文获取方法有两种。第一种是用户或所在单位注册成为中国科学文献服务系统的会员，在限定的 IP 范围内进行文献检索。第二种是个体用户注册

"中国科技云通行证"登录中国科学文献服务系统，然后进行全文的阅读与下载。

关于 Web of Science 检索结果的使用方法，本书将在第五章进行详细介绍。

4.2.2 中文社会科学引文索引

中文社会科学引文索引(Chinese Social Sciences Citation Index，CSSCI)是南京大学中国社会科学研究评价中心根据中文社会科学引文索引指导委员会确定的选刊原则和方法建立的引文索引系统。CSSCI 根据期刊的影响因子、被引总次数等数量指标，结合各学科专家意见而确定引文索引内容，并且每年根据期刊质量的情况，增删、调整有关期刊。

1. 中文社会科学引文索引简介

中文社会科学引文索引用来检索中文社会科学领域的论文收录和文献被引用情况，是我国人文社会科学评价领域的标志性工程。CSSCI 遵循文献计量学规律，采取定量与定性评价相结合的方法精选出学术性强、编辑规范的期刊作为来源期刊。目前收录包括法学、管理学、经济学、历史学、政治学等在内的多种学术期刊。

CSSCI 收录期刊的入选原则如下：

(1) 应能反映当前我国社会科学领域中最新研究成果，且学术水平较高、影响较大、编辑出版较为规范的学术刊物；

(2) 必须是正式公开出版发行的，具有 ISSN 或 CN 号；

(3) 所刊载的学术文章应多数列有参考文献；

(4) 凡属索引、文摘等二次文献类的刊物不予收入；

(5) 译丛和以发表译文为主的刊物，暂不收入；

(6) 通俗刊物，以发表文艺作品为主的各种文艺刊物，暂不收入。

从收录期刊比例的角度来看，CSSCI 参照美国《科学引文索引》与《中国科学引文数据库》的录刊比例，结合我国社会科学类期刊出版发行的情况，确定收录期刊数量占我国正式刊行的社科类期刊总数的 8%～15%。

对于社会科学研究者来说，CSSCI 从来源文献和被引文献两方提供相关研究领域的前沿信息和发展状况，通过不同学科、领域的相关逻辑组配检索，挖掘学科新的生长点，展示实现知识创新的途径。

对于社会科学管理者来说，CSSCI 提供地区、机构、学科、学者等多种类型的统计分析数据，从而为制定科学研究发展规划、科研政策提供科学合理的决策参考。

对于期刊研究与管理者来说，CSSCI 提供多种定量数据：被引频次、影响因子、即年指标、期刊影响广度、地域分布、半衰期等。通过多种定量指标的分析统计，可为期刊评价、栏目设置、组稿选题等提供科学依据。CSSCI 也可为出版社与各学科著作的学术评价提供定量依据。

2. 检索方法

CSSCI 的数据库为商业数据库，个人用户需注册登录才能进行检索，包库用户可通过 IP 地址识别进入。目前国内多数高校均注册购买了 CSSCI 数据库，高校用户可以在校内网通过本校的图书馆直接以 IP 识别的方式进入检索界面。CSSCI 数据库的检索登录界面如图 4-19 所示。

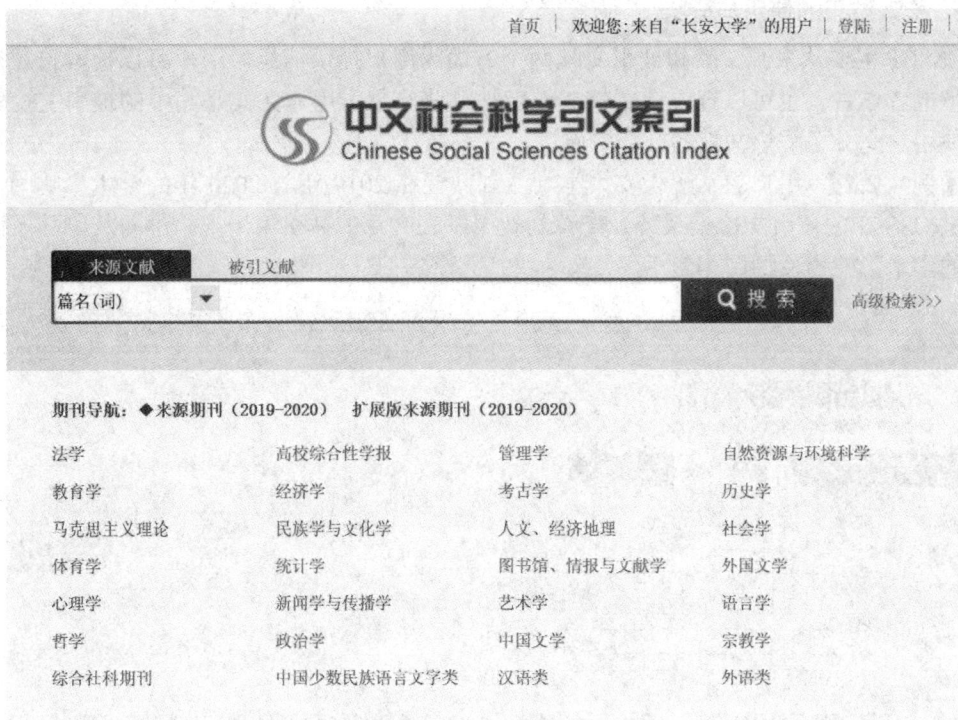

图 4-19　CSSCI 数据库登录界面

　　CSSCI 数据库可以进行普通检索与高级检索。高级检索的界面如图 4-20 所示。在高级检索中，用户可以添加多个检索条件进行精确检索，包括篇名(词)、作者、关键词、期刊名称、作者机构、中图类号、基金细节、所有字段、英文篇名等 10 余项。此外，读者还可以从发文年代、年代卷期、文献类型、学科类别、学位分类等条件缩小检索范围。

图 4-20　CSSCI 高级检索界面

　　【例 4.2.1】　读者想查看长安大学彪晓红教授所发表的文章，可以通过高级检索的方式进行检索。

3. 检索结果的使用与分析

CSSCI 主要从来源文献和被引文献两个方面为用户提供信息，用户可以检索自己想要的文献或者作者，也可以查看该文献或作者被哪些文献引用。尤其是其中的被引文检索，可以使用户充分了解该文献的社会影响力。

【例 4.2.2】 用户想了解长安大学刘兰剑教授在 2019 年与 2020 年的学术影响力，可以通过 CSSCI 的被引文检索系统，查看刘教授发表文章的被引用情况，进而从侧面了解刘教授的学术影响力，如图 4-21 所示。

(a) 检索结果(一)

(b) 检索结果(二)

图 4-21 例 4.2.2 检索示例

4.3 中文期刊全文检索平台

由于每个检索平台的资源与检索思路不同，各个期刊检索平台的内容、功能以及输出结果也不尽相同。目前，国内主流的中文期刊全文检索平台有中国知网、万方数据知识服务平台以及维普中文期刊服务平台。

4.3.1 中国知网

中国知网(China National Knowledge Infrastructure，CNKI)全称为中国知识基础设施工程，1999 年由清华大学和清华同方共同搭建，目标是建设一个社会共享、知识增值的大型期刊全文数据库和二次文献数据库。中国知网具有跨库检索、高级检索、专业检索、作者发文检索以及句子检索等多种检索方式，对于检索结果可以在线阅读与本地阅读。

1. CNKI 简介

CNKI 是目前全球最大的中文数据库，它是集期刊、学位论文、会议、报纸、年鉴、专利、标准等各类文献资源于一体的大型全文数据库和二次文献数据库，还包含由文献内容挖掘产生的知识元数据库，图 4-22 为中国知网首页。

图 4-22 中国知网首页

CNKI 功能强大，已成为众多科研人员使用的主流检索平台，功能主要有：① 一站式检索；② 智能输入提示；③ CNKI 指数分析；④ 智能检索 VS 智能排序；⑤ 文献分析；⑥ 订阅推送；⑦ 多次查询结果一次性存盘导出；⑧ 平面式分类导航；⑨ 个性资源分类导航；⑩ 在线阅读。

2. 检索方法

(1) 跨库检索。用户在检索框中输入关键词后点击"检索"按钮即可完成检索。检索框中可选择的限定条件包括主题、篇关键、关键词、篇名、全文、作者、第一作者、通讯作者、作者单位、基金、摘要等,用户也可以同时选择多个限定条件以缩小检索范围。CNKI的跨库检索结果页面如图 4-23 所示(检索主题:毛泽东)。用户还可以对检索结果进行二次检索,在检索结果页面的左侧根据限定条件减少检索结果。

图 4-23　跨库检索结果页面

(2) 高级检索。CNKI 的高级检索界面如图 4-24 所示。高级检索通过点击"+"和"-"按钮来增加和减少检索条件,每个检索条件都可以设置逻辑运算关系,如 AND(与)、OR(或)、NOT(非)组合检索。用户还可以在每一个检索框中使用运算符"*""+""-""、""()"对检索关键词进行组合运算,使用运算符时,前后要空一个字节,优先级需用英文半角括号确定。

图 4-24　高级检索页面

每种类型的检索算法均包含精确检索或模糊检索。精确检索指检索结果与检索词完全相同。模糊检索指检索结果包含检索词中的词素。用户还可以对检索时间进行限定,使得检索结果中只包含这一时间段的出版文献。

【例 4.3.1】 通过高级检索来检索名为"未知时变区域内的移动传感器网络控制"且

作者为"闫茂德，张建国，左磊"的文献。设置作者检索字段为"闫茂德＊张建国＊左磊"，主题检索字段为"未知时变区域内的移动传感器网络控制"，两个检索条件间的逻辑运算符为 AND，点击"检索"按钮即可完成高级检索。

(3) 专业检索。点击高级检索页面中的"专业检索"按钮，检索方式转换为专业检索，如图 4-25 所示。专业检索是使用运算符和检索词构造检索表达式进行检索的一种方式。

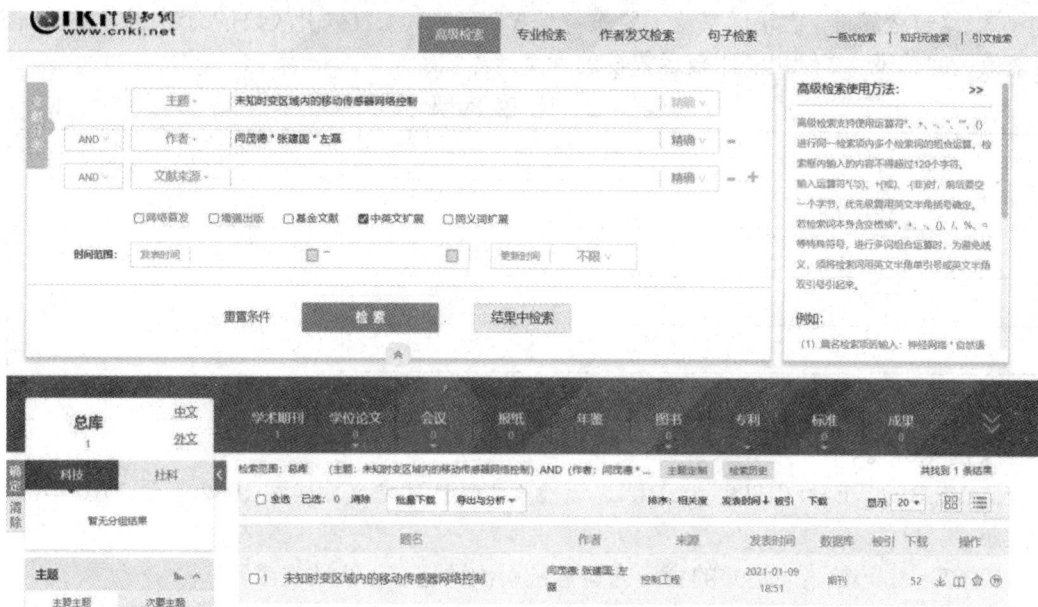

图 4-25　专业检索示例

专业检索表达式的一般式是<字段><匹配运算符><检索值>。检索字段可输入的内容有 SU＝主题，TKA＝篇关摘，KY＝关键词，TI＝篇名，FT＝全文，AU＝作者，FI＝第一作者，RP＝通讯作者，AF＝作者单位，FU＝基金，AB＝摘要，CO＝小标题，RF＝参考文献，CLC＝分类号，LY＝文献来源，DOI＝DOI，CF＝被引频次。

专业检索的运算符有匹配运算符、比较运算符、逻辑运算符、复合运算符和位置运算符。

① 匹配运算符。匹配运算符是指字段与检索值之间的符号。表 4-1 是匹配运算符的含义。

表 4-1　匹 配 运 算 符

符号	功　　能	适 用 字 段
＝	＝'str' 表示检索与 str 相等的记录	KY、AU、FI、RP、JN、AF、FU、CLC、SN、CN、IB、CF
	＝'str' 表示包含完整 str 的记录	TI、AB、FT、RF
％	％'str' 表示包含完整 str 的记录	KY、AU、FI、RP、JN、FU
	％'str' 表示包含 str 及 str 分词的记录	TI、AB、FT、RF
	％'str' 表示一致匹配或与前面部分串匹配的记录	CLC
％＝	％＝'str' 表示相关匹配 str 的记录	SU
	％＝'str' 表示包含完整 str 的记录	CLC、ISSN、CN、IB

【例 4.3.2】

a. KY = 云平台，该检索表达式的含义是以精确检索的方式检索关键词包含云平台的文献。

b. AB%电气自动化，该检索表达式的含义是以模糊检索的方式检索摘要中包含电气和自动化的文献。

② 比较运算符。比较运算符主要服务于 YE(年限)、CF(被引次数)两个字段，用于确定检索值区间。表 4-2 给出了比较运算符的含义。

表 4-2　比 较 运 算 符

符　　号	功　　能	适 用 字 段
BETWEEN	区间	YE
>	大于	YE、CF
<	小于	
>=	大于等于	
<=	小于等于	

【例 4.3.3】

a. YE BETWEEN ('1999'，'2010')，该检索表达式的含义为检索 1999 年至 2010 年出版的文献。

b. CF>1，该检索表达式的含义为检索被引次数超过 1 次的文献。

③ 逻辑运算符。逻辑运算符用于字段间的逻辑关系运算。表 4-3 给出了逻辑运算符的含义。

表 4-3　逻 辑 运 算 符

符　　号	功　　能
AND	逻辑与
OR	逻辑或
NOT	逻辑非

【例 4.3.4】

SU = 电气控制 AND AU% = 胡，该检索表达式的含义是检索主题为电气控制并且作者的名字带有胡的文献。

④ 复合运算符。复合运算符主要用于检索关键字的复合表示，可以表达复杂、高效的检索语句。表 4-4 给出了复合运算符的含义。

表 4-4　复 合 运 算 符

符　　号	功　　能
+	并
*	交
-	补

【例 4.3.5】

a. KY = 云平台*高速公路，该检索表达式的含义为检索主题包含云平台和高速公路的文献。

b. AU = 胡寿松 + 王兆安，该检索表达式的含义为检索作者是胡寿松或王兆安的文献。

c. KY = 单片机 – PID，该检索表达式的含义为检索主题中含有单片机但不含有 PID 的文献。

⑤ 位置运算符。位置运算符用于字段间的逻辑关系运算。表 4-5 给出了位置运算符的含义。

表 4-5　位 置 运 算 符

符号	功　　能	使用字段
#	'STR1 # STR2'：表示包含 STR1 和 STR2，STR1、STR2 在同一句中	
%	'STR1 % STR2'：表示包含 STR1 和 STR2，STR1 与 STR2 在同一句中，且 STR1 在 STR2 前面	
/NEAR N	'STR1 /NEAR N STR2'：表示包含 STR1 和 STR2，STR1 与 STR2 在同一句中，且相隔不超过 N 个字词	
/PREV N	'STR1 /PREV N STR2'：表示包含 STR1 和 STR2，STR1 与 STR2 在同一句中，且 STR1 在 STR2 前面不超过 N 个字词	TI、AB、FT
/AFT N	'STR1 /AFT N STR2'：表示包含 STR1 和 STR2，STR1 与 STR2 在同一句中，且 STR1 在 STR2 后面且超过 N 个字词	
$ N	'STR $ N'：表示所查关键词 STR 最少出现 N 次	
/SEN N	'STR1 /SEN N STR2'：表示包含 STR1 和 STR2，STR1 与 STR2 在同一段中，且这两个词所在句子的序号差不大于 N	
/PRG N	'STR1 /PRG N STR2'：表示包含 STR1 和 STR2，且 STR1 与 STR2 相隔不超过 N 段	

(4) 作者发文检索。作者发文检索与高级检索相差无几，都可以通过 "+" "–" 号来增加和减少检索条件，也可以通过逻辑运算符 AND、OR、NOT 来检索信息。只是作者发文检索中检索条件仅有四个检索条件：作者、第一作者、通讯作者、作者单位，其他功能都与高级检索相同。

【例 4.3.6】　通过作者发文检索来检索第一作者为 "闫茂德" 且作者单位为 "长安大学" 的文章。设置检索字段第一作者为 "闫茂德"，作者单位为 "长安大学"，且两检索条件间的逻辑运算符为 AND，检索结果如图 4-26 所示。

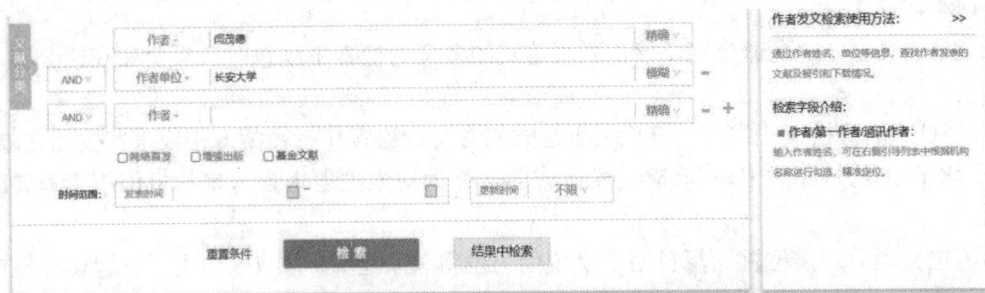

图 4-26　作者发文检索示例

(5) 句子检索。句子检索只有两个检索条件，可以选择在同一段或同一句中检索相同句子的文献。

【例 4.3.7】　检索同一句中含有"Java"和"云平台"或同一句中含有"高速公路"和"雨雾"的文章。设置检索字段为同一句并输入"Java"和"云平台"，再设置另一检索字段也为同一句并输入"高速公路"和"雨雾"，设置两检索字段的逻辑运算符为 OR。检索结果如图 4-27 所示。

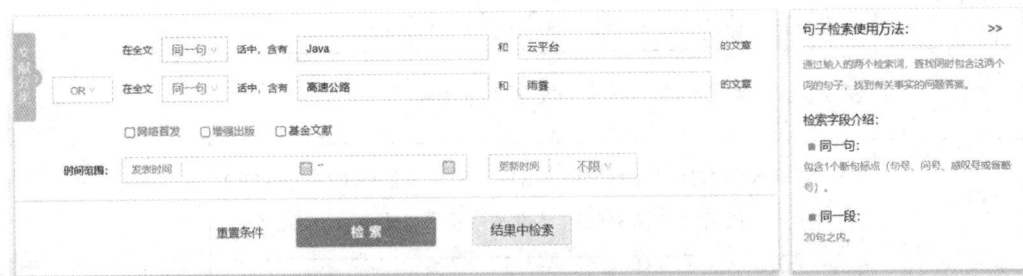

图 4-27　句子检索示例

3. 检索结果的使用与分析

获得检索结果后，用户可以在文献信息栏中点击文章题名、作者、来源等查看详细信息，也可以对文献进行下载、收藏、引用、HTML 阅读。

文献的阅读方式有手机阅读、PDF 下载、CAJ 下载和 HTML 阅读四种，其中 CAJ 阅读方式需要下载 CAJ 阅读器。CAJ 阅读器是成熟且功能强大的阅读器，可帮助科研人员高效阅读文献，推荐科研新手学习使用 CAJ 阅读器来阅读文献。PDF 阅读方式可以将该文献下载到本地，通过本地 PDF 阅读器进行阅读。而手机阅读则要提前在手机上安装移动知网-全球学术快报客户端，通过客户端扫描文献对应的二维码就可以在手机上阅读文献。具体的操作步骤如图 4-28 所示。

关键词：校企合作; 开放性; 创新专题; 资源共享;

DOI: 10.15913/j.cnki.kjycx.2021.15.011

专辑：工程科技Ⅱ辑; 信息科技; 社会科学Ⅱ辑

专题：计算机硬件技术; 高等教育

分类号：TP3-4;G642

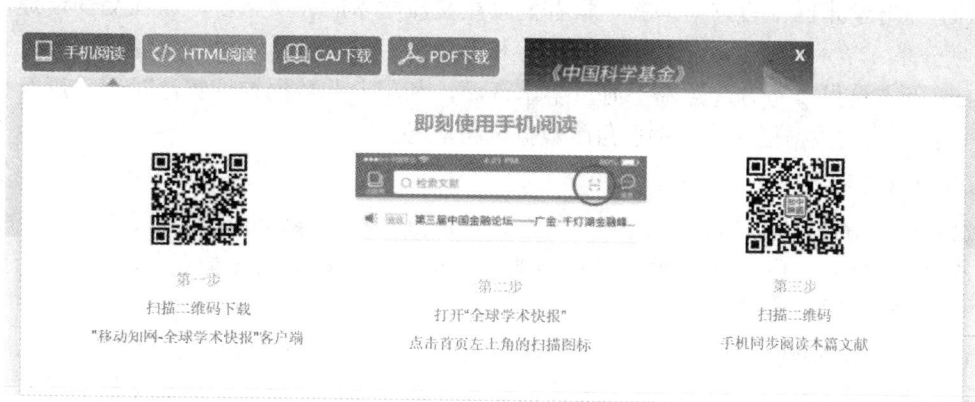

图 4-28　手机阅读知网文献操作步骤

此外，检索结果还可以通过标题栏中的功能按钮进行处理。例如用户可以对当前的检索结果进行排序，排序的参考指标有相关度、发表时间、被引次数、下载量等。用户还可以对检索结果进行批量下载和导出分析，可得到不同规范的引用文献格式，使用户能够分析检索结果的总体时间趋势、总被引数、总下载数、篇均参考数、篇均被引数、篇均下载数和下载被引比等信息。

4.3.2　万方数据知识服务平台

万方数据知识服务平台是基于万方数据库，经过不断地完善、创新而建成的增值服务平台，具有人性化设计、智能检索算法、高质量信息资源等特点，是国内主流的知识服务平台。该平台具有检索、分析、阅读、下载等功能。

1. 万方数据知识服务平台简介

万方数据知识服务平台拥有全球广泛的知识文献资源，资源类型有期刊、学位论文、会议论文等十余种，涵盖了自然科学、工程技术、医药卫生等多个学科领域，使用户能够多维度检索。目前，万方数据知识服务平台提供的产品服务功能包括平台功能与个性化服务两种。

1) 平台功能

(1) 万方检测：万方数据文献相似性检测服务可对多个数据库、海量文献进行全文比对，提供精确可靠的检测报告。检测版本有个人文献版、硕博论文版、大学生论文版、学术预审版、职称论文版、课程作业版等多种类型，适用于各类用户。

(2) 万方分析：万方分析包括学术统计分析平台和学科发展评估平台，旨在为学者提供深度数据分析服务。学术统计分析平台的功能包括主题分析、学者分析、机构分析、学科分析、期刊分析、地区分析。学科发展评估平台的功能包括分析国内外主题发展趋势，探索主题相关的学科领域变化规律，了解学者、机构、文献质量及近年其动态变化，把握地区人才的分布等。

(3) 万方书案：万方书案帮助用户实现文献管理、知识组织、知识重组等在线操作。万方书案紧密镶嵌资源检索过程，提供有效的管理、阅读、引用等服务，积极推进用户建立个人知识网络体系与学习框架，促进知识学习与知识创新。

(4) 万方学术圈：万方学术圈是学者们互相交流学术的社交平台，该社交平台提供学术文献分享、学术交流互动等功能，拥有轻松、专业、友善的学术讨论氛围。

(5) 万方选题：万方选题基于海量学术资源，利用专业数据挖掘算法对语义进行智能分析，扩展检索数据信息，提供多角度数据分析服务。

2) 个性化服务

(1) 万方指数：万方指数多用于使用率、关注度、社交媒体计量等测度类别，是传统评价指标无法企及的。万方指数强调社会性、实时性，能够及时地体现科研成果对社会与学术界的影响。

(2) 检索结果分析：基于万方智搜的检索结果对文献进行分析，提供客观数据。

(3) 研究趋势分析：根据用户检索的关键词，统计不同年份的中英文文献的发文量，为用户呈现该领域的发文趋势。

(4) 热门文献：根据文献的下载量和被引量，提供不同学科、不同类型文献的月、季、年排行，满足用户对高价值文献的需求。

(5) 引用通知：当用户订阅的论文被引用时，将得到即时引用通知，该服务能帮助用户了解指定论文的热门程度、专业性。

(6) 专题聚焦：专题聚焦根据当下公众关注的热点，对数据库里的海量资源进行再组织，从而便于用户获取感兴趣的、特定主题的专题文献。

(7) 基金会议：基金会议是为用户提供学术密切相关的基金、学术会议相关信息的服务，包括基金申报时间、申报要求、会议召开时间、会议概况等。

(8) 科技动态：科技动态是为用户提供动态更新的科技信息服务，包括国际最新的科技成果、科技成果的应用、目前科技研究的热门领域等信息。

2. 检索方法

(1) 快速检索。登录万方数据知识服务平台后，在平台首页检索框中输入检索关键词进行检索，如图 4-29 所示。快速检索的检索范围默认包含全部数据库。用户也可以选择期刊、学位等数据库进行跨库或单库检索。点击"更多"能看到万方中的所有资源类型和数据库，读者可选择其中的一种数据库进行单库检索。

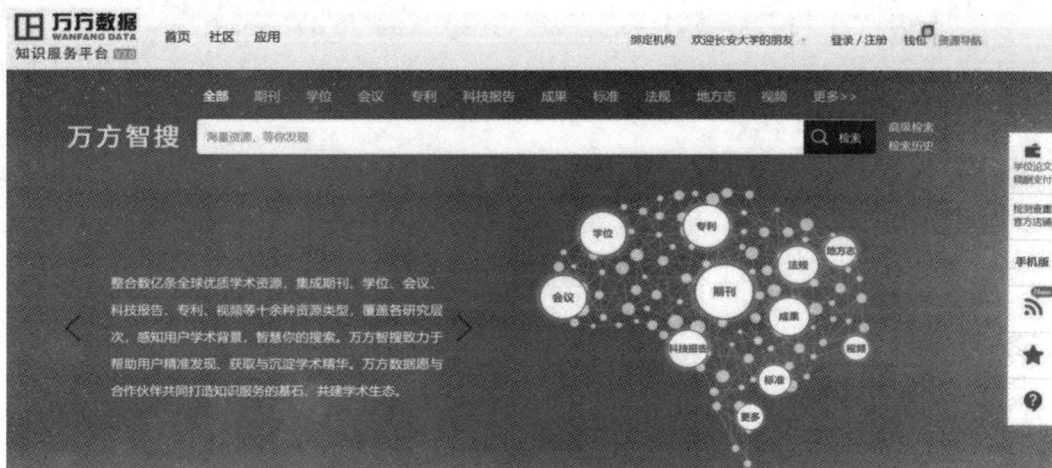

图 4-29　万方数据知识服务平台首页

(2) 高级检索。用户点击首页中的"高级检索"按钮进入高级检索页面，如图 4-30 所示。在高级检索中，用户可以选择一个或多个数据库进行检索。高级检索的检索条件包括主题、题名或关键词、题名、作者等，用户可通过点击"+"或"-"按钮增加或减少检索条件，也可以使用"与""或""非"等逻辑表达式对这些检索条件进行编辑。这些检索条件均可以选择模糊或精确方式进行检索。

图 4-30　高级检索页面

【例 4.3.8】　在高级检索页面中选择检索条件"作者"并输入"闫茂德"；选择检索条件"作者单位"并输入"长安大学"，两个检索条件间的逻辑运算符为"与"，相应的检索表达式为"作者：(闫茂德)and 作者单位：(长安大学)"。点击"检索"按钮完成检索，检索结果如图 4-31 所示。

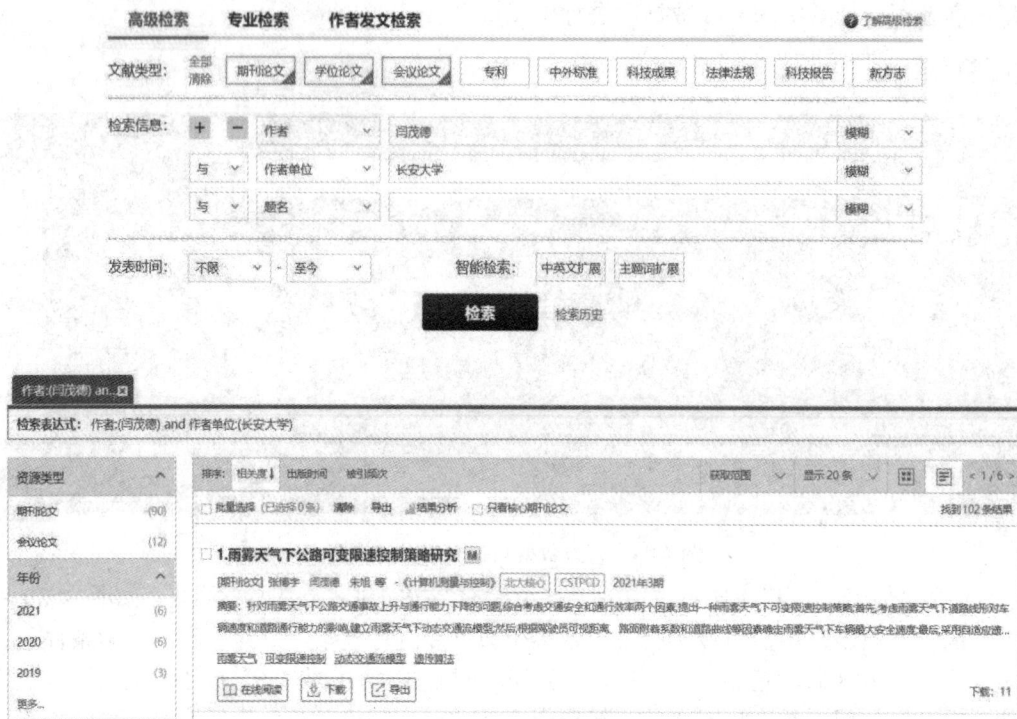

图 4-31 高级检索示例

(3) 专业检索。专业检索使用检索表达式进行精确检索，它提供了通用、期刊论文、学位论文、会议论文检索字段和逻辑关系的快捷键，使得用户不需要手动输入检索表达式和逻辑关系表达式，点击快捷键即生成相应的检索表达式。

【例 4.3.9】 利用专业检索来筛选作者单位为"长安大学"，主题为"PLC"，关键词为"电梯"的文章。用户点击"主题"按钮并在括号内输入"PLC"，在括号后面点击逻辑关系中的"and(与)"，再点击"关键词"并在括号内输入"电梯"，在括号后面点击逻辑关系中的"and(与)"，再点击"作者单位"并输入"长安大学"，点击"检索"按钮即可生成相应的检索表达式："主题：(PLC) and 关键词：(电梯) and 作者单位：(长安大学)"并完成检索。检索结果如图 4-32 所示。

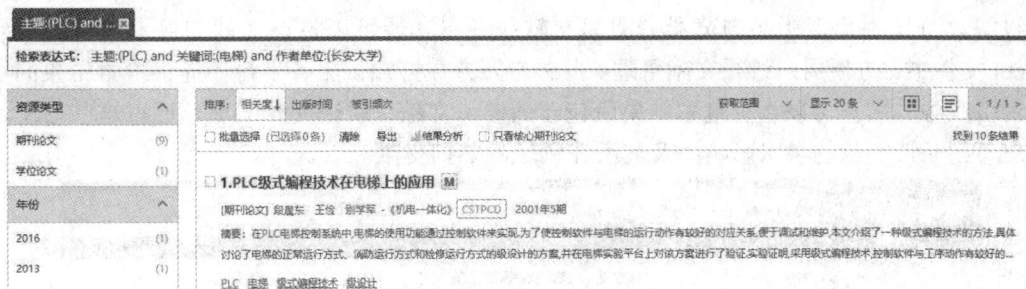

图 4-32　专业检索示例

（4）作者发文检索。作者发文检索与高级检索相似，同样可以选择一个或多个数据库进行检索。其不同点在于数据库类型，作者发文检索中可选择的数据库仅有期刊论文、学位论文、会议论文、专利和科技报告，而且作者发文检索中的第一检索条件仅能选择作者和第一作者，第二检索条件仅能选择作者单位和会议-主办单位。

【例 4.3.10】　检索作者为"闫茂德，左磊"且作者单位均为"长安大学"的文章。选择检索字段"作者"输入"闫茂德"，并在"作者单位"检索字段输入"长安大学"，选择逻辑关系为"与"，在第二检索条件中选择检索字段"作者"并输入"左磊"，选择"作者单位"检索字段并输入"长安大学"，点击"检索"按钮完成检索，检索结果如图 4-33 所示。

图 4-33　作者发文检索示例

3. 检索结果的使用与分析

图 4-34 为文献检索结果的详细界面。对于该检索结果，万方数据知识服务平台提供下

载、在线阅读与导出功能，其中下载选项可以将该文献以 PDF 的形式保存到本地进行阅读；在线阅读可让用户直接在浏览器上阅读文献；导出功能可以将该文献的目录信息导出到 Excel 文件中，方便用户进行文献管理。此外，万方数据知识服务平台还提供检索结果的引文索引服务，用户可以查看检索结果所包含的参考文献、引证文献情况。通过这些信息，用户可判断该文献的学术影响力及其所在领域的热门文献。

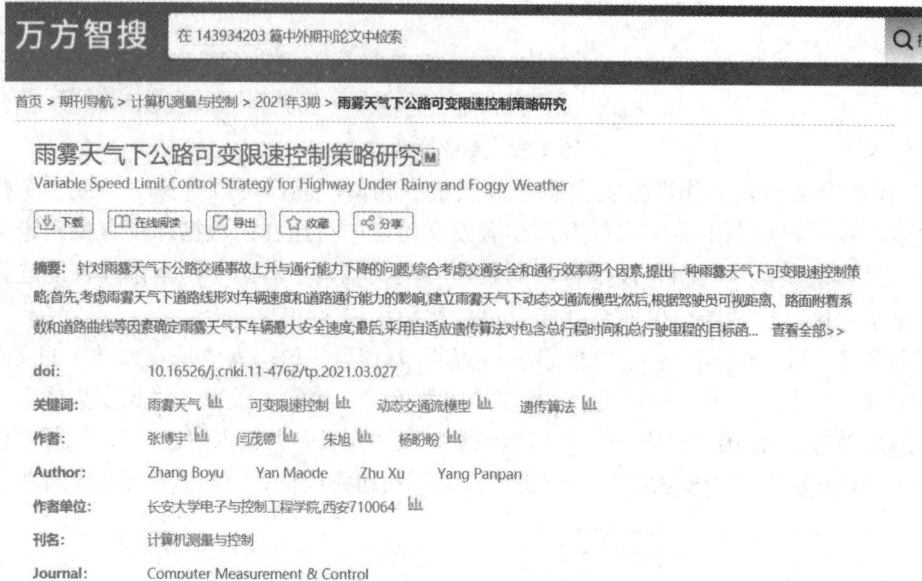

图 4-34 检索结果获取

4.3.3 维普中文期刊服务平台

维普中文期刊服务平台于 2000 年由重庆维普资讯有限公司开发，前身为中国科技情报研究所重庆分所数据库研究中心，是中国第一家面向中文期刊的文献检索机构。

1. 维普中文期刊服务平台简介

维普中文期刊服务平台源于《中文科技期刊数据库》，是国内首家采用 OpenURL 技术规范的大型数据库服务平台，能够同时对不同的异构数据库或信息资源进行数据关联，可协助用户单位对文献资源进行二次开发利用。

维普中文期刊服务平台是面向知识服务与应用的一体化服务平台，以中文期刊资源保障为基础，以数据整理、信息挖掘、情报分析为路径，以数据对象化为核心，兼具资源保障价值与知识情报价值，是我国最大的中文科技期刊全文数据库，也是我国科技工作者进行科技查新和科技查证的必备数据库。

维普中文期刊服务平台涵盖了社会科学、自然科学、工程技术等学科，并根据《中图法》《检索期刊条目著录规则》等规则开发了智能检索引擎，提高了用户检索文献的精度。除了为读者提供智能化的检索方式外，维普中文期刊服务平台还为各个科研机构以及学者提供以下功能：

(1) 灵活的聚类组配方式，即在任意检索条件下对检索结果进行再次组配；

(2) 完善的全文保障服务系统；

(3) 深入的引文追踪分析；

(4) 详尽的计量分析报告；

(5) 精确的对象数据对比分析。

2. 检索方法

维普中文期刊服务平台采用联想式信息检索模式，为用户提供基本检索、高级检索、检索式检索等多种检索方法。

(1) 基本检索。登录维普中文期刊服务平台首页，如图 4-35 所示。在检索框中选择检索字段并输入检索关键词，点击"检索"按钮进行文献检索。注意，在基本检索方式下，检索框中输入的所有字符均被视为检索关键词，且不支持任何逻辑运算。

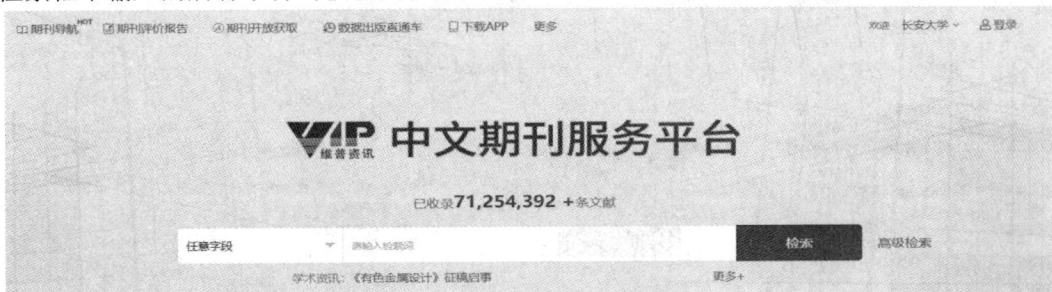

图 4-35　维普中文期刊服务平台首页

(2) 高级检索。在平台首页点击"高级检索"按钮进入高级检索页面，如图 4-36 所示。高级检索的检索框中可供选择的字段有：题名或关键词、题名、关键词、摘要、作者、第一作者、机构等。用户通过点击"+"或"-"按钮来增加或减少检索条件，也可以通过选择时间限定、期刊范围和学科范围来缩小检索结果。

高级检索的检索框中支持逻辑运算。维普中文期刊服务平台的逻辑运算表达式包含"并且""或者""非"三种逻辑运算，其逻辑运算符分别为"AND""OR""NOT"，前后须空一格。逻辑运算符优先级为 NOT > AND > OR，且可通过英文半角"()"进一步提高优先级。

图 4-36　高级检索页面

【例 4.3.11】 检索一篇题名或关键词中含有 "STM32" 和 "云平台"，机构为 "长安大学" 的文章。首先设定检索字段 "题名或关键词" 为 "STM32 AND 云平台"，再设定检索字段 "机构" 为 "长安大学"。点击 "检索" 按钮完成检索，检索结果如图 4-37 所示。

图 4-37　高级检索示例

(3) 检索式检索。高级检索页面包含检索式检索。维普中文期刊服务平台的检索式是基于布尔逻辑运算符的组合。编写检索式有利于精确地检索文献，用户可以根据学科、发布时间、期刊来缩小检索范围。表 4-6 给出了维普中文期刊服务平台字段标识符。

表 4-6　维普中文期刊服务平台字段标识符

符　号	字　段	符　号	字　段
U	任意字段	S	机构
M	题名或关键词	J	刊名
K	关键词	F	第一作者
A	作者	T	题名
C	分类号	R	文摘

【例 4.3.12】 检索一篇机构为 "长安大学"，关键词为 "云平台" 和 "数据采集" 的文章。在检索框中输入 "(K = 云平台 AND 数据采集) AND (S = 长安大学)"，点击 "检索" 按钮进行检索，检索结果如图 4-38 所示。

图 4-38 检索式检索示例

3. 检索结果的使用与全文获取

维普中文期刊服务平台的检索结果界面如图 4-39 所示。从检索结果界面中可以看出，维普中文期刊服务平台中的文献获取方式有三种：在线阅读、下载 PDF 以及原文传递三种方式。其中，在线阅读和下载 PDF 与常见的检索结果下载方式类似，读者可以通过点击相应的按钮实现线上或线下阅读；原文传递方式需用户填写文献获取申请表，平台最终将通过邮件的方式将检索结果发送给用户。然而，此类方式所得到的检索结果是通过图书馆参考咨询服务平台代为查找的文献原文，不能确保必定能获得原文。

(a) 原文获取流程一

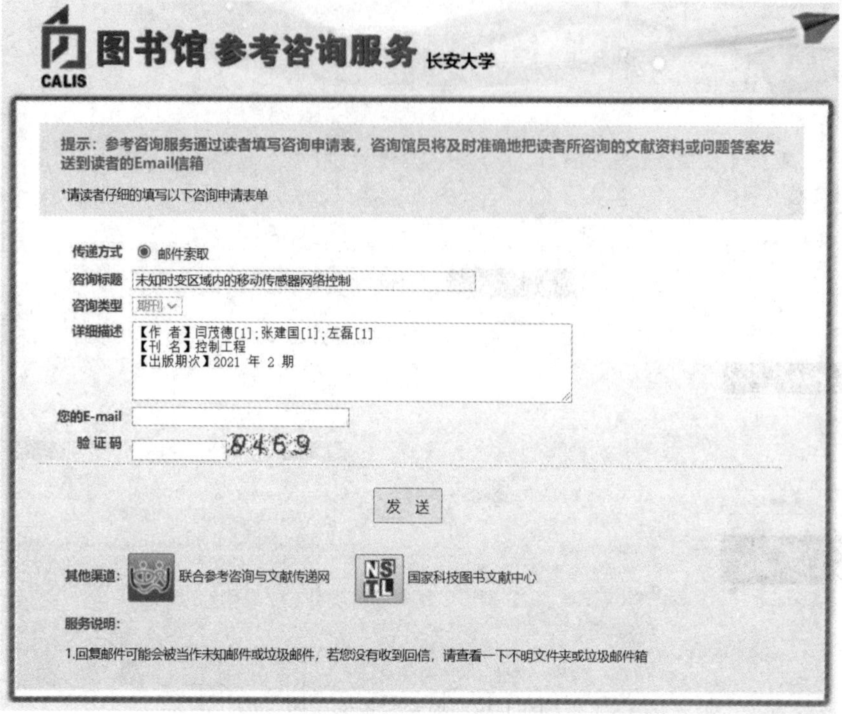

(b) 原文获取流程二

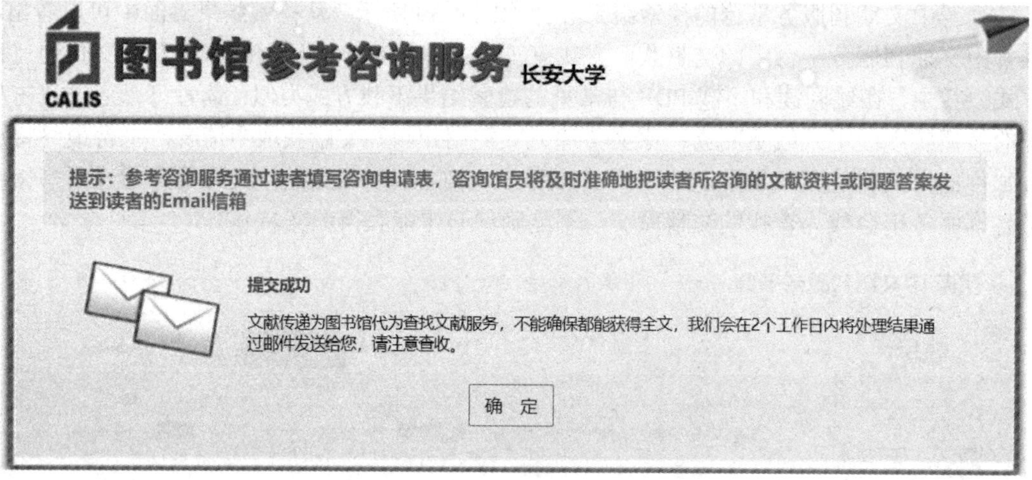

(c) 原文获取流程三

图 4-39　检索结果

本 章 小 结

　　为了加强对当前各类中文文献数据库平台的认知,本章介绍了中文数字图书检索平台、中文引文索引检索平台以及中文期刊全文数据库检索平台,旨在让读者能够高效地在各类网络信息资源中，快速地查找到自己想要的图书、论文以及相应的索引信息等，并在此基础上获取相应的原始文献。

习　题

1. 中文数字图书检索平台主要有哪几种？
2. 下载一本自己感兴趣的电子图书。
3. 中文引文索引检索平台有哪几种？请简要说明。
4. 中文期刊全文数据库检索平台有哪几种？
5. 请举例说明中国知网数据库平台的高级检索步骤。
6. 请找到所有引用过文章"基于虚拟仿真的电工电子实验教学改革与实践"的文献。
7. 请下载 5 篇《控制与决策》期刊上关于"多智能体协同控制"相关的期刊文献。

第五章 外文文献检索平台及其检索方法

随着全球化步伐的不断加快，信息国际化得到了广泛关注，及时了解与掌握国际最新科技状态，是提升各国科技进步、经济发展的重要助推力量。由于这些文献信息通常存储于外文数据库中，因此需要读者掌握各类外文文献的检索方法。本章主要从外文科技文献的引文索引检索平台、期刊全文检索平台以及开源检索平台三方面出发，介绍国外主流文献检索平台的检索方法以及相应的全文获取途径。

5.1 外文引文索引检索平台

外文引文索引系统是科学研究必不可少的工具，它能有效地帮助科研工作者查找文献，追根溯源。目前，全球最权威的引文索引检索平台为 Web of Science 和工程研究人员常用的工程索引平台 The Engineering Index。

5.1.1 Web of Science

Web of Science 是全球最大、覆盖学科最多的综合性引文索引检索平台，是国际公认反映科学研究水准的数据库。利用 Web of Science 丰富而强大的检索功能，可以方便快速地找到有价值的科研信息，全面了解有关某一学科、某一课题的研究信息。Web of Science 的首页如图 5-1 所示。

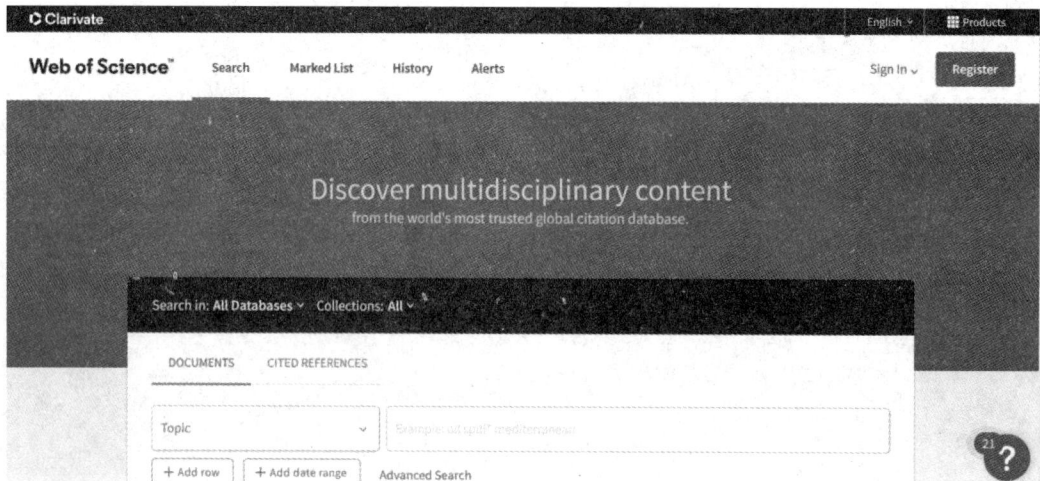

图 5-1 Web of Science 首页

1. Web of Science 简介

Web of Science 是由美国汤森路透公司开发的高质量论文检索工具。该平台收录了自然科学、工程技术、生物医学等各个研究领域的核心学术期刊，还收录了论文中所引用的参考文献。通过独特的引文索引方式，读者可以用一篇文章、一个专利号、一篇会议文献、一本期刊或者一本书作为检索词，检索它们的被引用情况，轻松回溯某一研究文献的起源与历史，或者追踪其最新进展。

目前，Web of Science 的数据库可分为两大类：核心数据库与其他数据库。

1) Web of Science 核心数据库

Web of Science 的核心数据库包含全球最具权威的科学引文索引(Science Citation Index，SCI)、社会科学引文索引(Social Sciences Citation Index，SSCI)、艺术与人文引文索引(Arts & Humanities Citation Index，A&HCI)、Emerging Sources Citation Index(ESCI)、Conference Proceeding Citation Index(CPCI)和图书引文索引(Book Citation Index，BKCI)等子库，可以检索自然科学、社会科学、艺术和人文领域世界一流的学术期刊、书籍和会议录，并浏览完整的引文网络。

(1) SCI 历来被全球学术界公认为最权威的科技文献检索工具，它提供了科学技术领域最重要的研究信息，收录了多种自然科学领域的世界权威期刊。

(2) SSCI 是一个涵盖了社会科学领域的多学科综合数据库，收录多种社会科学领域的世界权威期刊。

(3) A&HCI 收录多种艺术与人文领域的世界权威期刊，覆盖了音乐艺术、哲学、历史、戏剧、文学与文学评论、语言和语言学、舞蹈、民俗、中世纪和文艺复兴研究、亚洲研究等多个学科领域。

(4) ESCI 提供了在新兴研究领域中学术出版和引证活动的信息，将帮助用户了解科学研究的新兴趋势。

(5) CPCI，旧称 ISTP，目前分为自然科学版(CPCI-S)和人文社会科学版(CPCI-SSH)两类，涵盖了自然科学多学科领域的国际会议收录文献，可以检索 1990 年至今的会议数据。

(6) BKCI 是专门针对科技图书及专著的引文索引数据库，同样分为自然科学版(BKCI-S)和人文社会科学版(BKCI-SSH)两类，涵盖出版年份始于 2005 年的图书。

2) 其他数据库

除了核心数据库之外，Web of Science 还包含中国科学引文数据库、Inspec、Korean Citation Index 等多种其他引文索引数据库。

(1) 中国科学引文数据库对于在中华人民共和国出版的核心科学与工程期刊，提供期刊文献的题录信息和引用信息，可使用中文或英语检索。

(2) Inspec 包含物理、电气/电子工程、计算机、控制工程、机械工程、生产与制造工程以及信息技术等领域的全球期刊和会议文献综合性索引。用户可使用独有的 Inspec 叙词和分类号，以及化学、数字和天文索引进行检索。

(3) Korean Citation Index 由韩国国家研究基金会管理，收录了在韩国出版的学术文献题录信息，可使用朝鲜语或英语检索。

(4) Russian Science Citation Index：检索研究人员在俄罗斯科学、技术、医学和教育核心期刊上发表的学术性文献。数据库中收录的优秀出版物是由俄罗斯最大的科研信息提供方 Scientific Electronic Library 精心挑选的，可使用俄语或英语检索。

(5) SciELO Citation Index：提供拉丁美洲、葡萄牙、西班牙及南非在自然科学、社会科学、艺术和人文领域主要开放获取期刊中发表的学术文献，可使用西班牙语、葡萄牙语或英语检索。

2. Web of Science 数据库检索方法

Web of Science 中的数据库可以独立使用，也可以联合起来进行检索。它提供了"基本索引(Basic Search)""引文检索(Cited References Search)"和"高级检索(Advanced Search)"三种检索方式。

(1) 基本检索。

Web of Science 的默认界面为基本检索界面，如图 5-1 所示，其检索技巧包括：

① 如果要更改检索设置，可转至检索页面的时间跨度和更多设置部分。

② 可在一个或多个检索字段中输入检索词。如果要精确地检索某个短语，应将其放置在引号内，如"stem cell"，否则相当于 stem AND cell。

③ 检索时也可以使用一些选项来提升检索效率。例如，添加另一字段链接用于增加检索字段；重置表单链接用于清除已输入的其他检索方式，此操作将检索页面重置为原始检索字段，同样适用于"作者检索"和"引文检索"；从索引选择链接用于在执行"出版物名称"或"作者检索"时选择一个项目，如出版物名称或作者姓名。

④ 用户可以开启自动建议出版物名称功能。当开启此功能时，根据用户在检索字段中输入的字符提供出版物名称的列表。如输入 CANC 时，检索框则显示以这 4 个字符开头的出版物列表，包括 Cancer Biology Therapy 和 Cancer Investigation。

(2) 引文检索。

引文检索用于检索论文被引用情况，它可以提供一篇文献被多少人引用、被引次数等相关记录。用户可从开始页面上单击"引文索引"进入检索界面。输入检索词时需注意缩写情况，例如有些人名的姓是全拼，而名是首字母缩写。当所订购的数据库中被引文章也作为来源文献而存在时，第二被引作者也可以被查到。但如果想检索到所有内容，必须用第一作者进行参考文献检索。

使用引文检索方式检索 Web of Science 的核心数据库时，可为用户提供如下信息：

① 在机构的订购期内该文章是否被引用过；

② 某个理论或方法是否有所突破；

③ 还有谁提到这一思想观点；

④ 是否有对原始文章进行修改；

⑤ 哪些机构或者研究人员正在从事相同的研究；

⑥ 该方法是否被其他领域的文章所引用；

⑦ 研究人员在他们的论著中是否引用专利文献，以及如何使用专利文献；

⑧ 研究中是否涉猎非期刊文献，它们有些什么影响；

⑨ 某一研究领域中引文量最高的文章。

（3）高级检索。

高级检索是利用字段标识符和检索集合号进行组配，创建复杂的检索式进行检索。单击 Web of Science 首页中的"高级检索"按钮，即进入高级检索界面，通过在检索框输入检索信息，并点击"添加到检索式"按钮完成检索式的表达。逻辑运算符也能够直接键入，可供选择的检索字段有主题、编辑、出版物、地址、研究方向、摘要、标题、作者、作者标识符、团体作者、出版日期、出版年份等。

【例 5.1.1】　检索一篇主题为"基于贝叶斯预测的覆盖控制"且地址为长安大学的文章。选择检索字段"主题"并输入"Coverage control using Bayesian Prediction"，选择检索字段"地址"输入"Chang'an University"并选择逻辑运算符为"AND"，检索结果如图 5-2 所示。

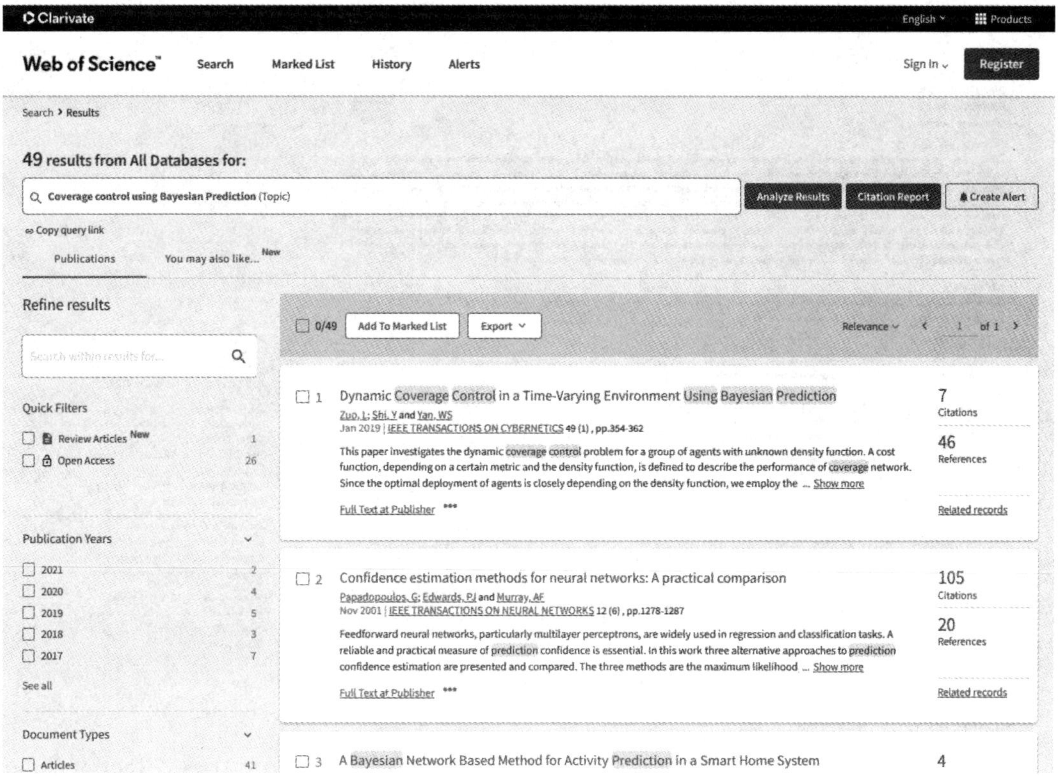

图 5-2　Web of Science 高级检索结果列表

3. Web of Science 检索结果的使用与分析

检索结果页面(见图 5-2)以简短的格式显示。页面左侧栏显示检索出这些结果的检索式，同时还会显示检索出的结果数量。检索结果页面上的所有题录记录都是来源文献记录。这些来源文献记录来自收录在产品索引中的项目，如期刊、书籍、会议和专利等。

此外，用户还可以将来源文献记录添加到自己的标记结果列表中。在检索结果列表界面，用户可选择多种方式对检索结果进行精简，如按照文献类型、作者、出版物名称、出版年等条件进行筛选。

对于检索到的文献，通过点击该文献的名称进入检索结果的全记录界面。Web of

Science 全记录界面见图 5-3，其中包含的信息有：标题、作者、来源出版物、参考文献、被引次数、相关记录、摘要、入藏号、作者关键词、增补关键词、通讯作者地址、作者地址、作者识别号、邮件地址、类别/分类等。

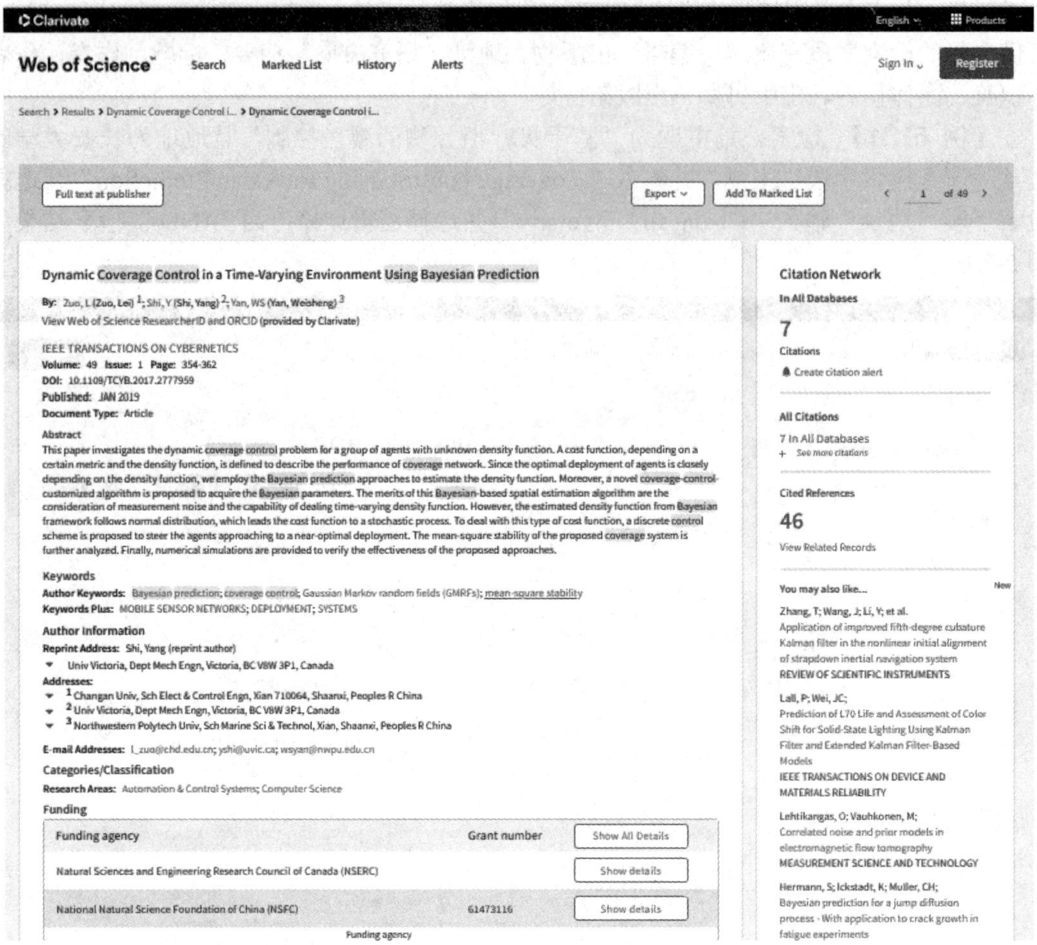

图 5-3　Web of Science 全记录检索结果页面

其中需要了解的概念如下：

①　Reprint author：通讯作者视同为责任作者，一般可理解为第一作者。Reprint author 可帮助读者获取该文献，通常原文中的通讯作者作为 Reprint author。

②　IDS 号：即 Document Solution Number(文章检索号)，可唯一确定某期刊的某一期。如订购文章的全文时，需要向出版商提供 IDS 号。

③　入藏号(Accession Number)：即收录号。SCI、SSCI 等收录的文章被评价时，一般要提供其数据库入藏号，而不是 IDS 号。

④　DOI：即 Digital Object Identifier 的简写，是一篇文章的唯一永久性的标识号，由国际 DOI 基金会(International DOI Foundation)管理，与 Web of Science 无关。

此外，对于检索结果的全文获取，点击页面左上方的"Full text at publisher"按钮，平台会自动将用户链接到该文献的出版商处进行全文下载。若仅需要文献的目录信息，可点击右上方的"Export"选项，导出多种当前主流的文献管理工具格式。

5.1.2　The Engineering Index

工程索引(The Engineering Index，EI)由美国华盛顿大学教授勃特勒·约翰逊 1884 年出版的《索引摘录》演变而来。起初为美国工程学会联合会主办会刊中的一个不定期出版专栏，经过一百多年的发展，现在成为世界上著名的工程技术类检索工具。

1. The Engineering Index 简介

EI 的信息服务平台是 Engineering Village(EV)，如图 5-4 所示。EV 平台以 Compendex 数据库为核心，包含 US Patents、EP Patents、WO Patents 等数据库，涵盖 190 多个学科领域，为研究人员提供检索、查新等一系列优质专业信息与资源接口。

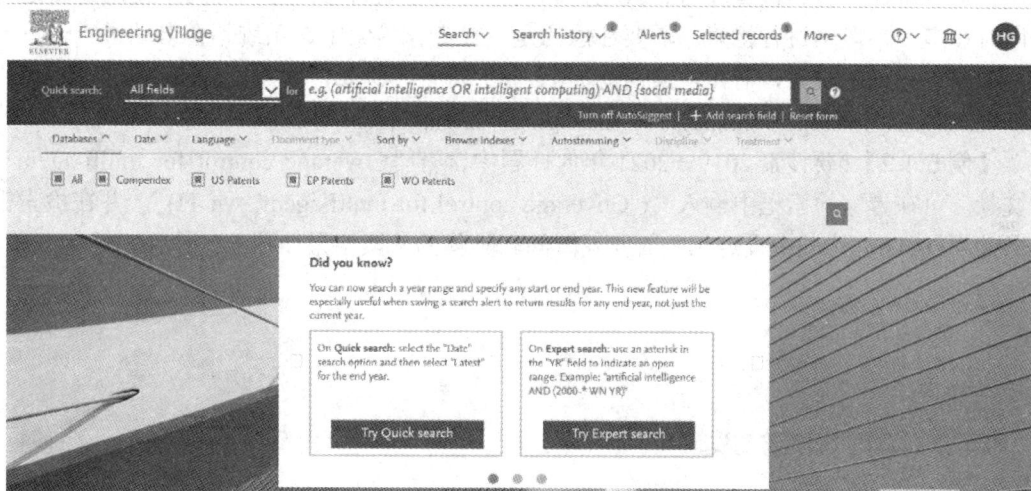

图 5-4　EV 平台首页

Compendex 数据库是目前全球最全面的工程领域引文索引数据库，用户在此库中可检索到 1969 年至今的文献。该数据库包含核心文献(相当于纸质版/DVD 版的 EI)和外围文献(相当于 EI 扩充期刊)两种。

(1) 核心文献。

Compendex 数据库中的核心文献都可以在其印刷版或 DVD 版中检索到。Compendex 数据库核心文献的数据内容全面，检索字段包括：论文标题(Title)、作者(Authors)、作者单位(Author affiliation)、英文文摘(Abstract)、论文所在书刊名称(Source Title，原为 Serial title)、卷(Volume)期(Issue)、论文页码(Pages)、分类码(Classification codes)、主标题词(Main heading)、受控词(Controlled terms)、非受控词(Uncontrolled terms，即"自由词")等。其中，分类码、主标题词、受控词、非受控词需要专业人员单独给出。Compendex 中所有的核心文献都经过标引人员的深度加工。

(2) 外围文献。

外围文献的检索字段主要包括：论文标题(Title)、作者(Authors)、论文所在期刊名称(Source Title，原为 Serial title)、卷(Volume)期(Issue)、论文页码(Pages)；部分数据带有英文文摘和第一作者单位(First author affiliation)。外围文献的记录中没有主标题词、受控词和分类码。

2. 检索方法

基于 EV 平台的 EI 检索有三种检索方式：快速检索(Quick Search)、专家检索(Expert Search)和词库检索(Thesaurus Search)。EI 检索的默认检索方式是快速检索，用户可以在首页搜索框进行快速检索。点击网页上方的"Search"按钮可在三种检索方式中切换。

(1) 快速检索。快速检索提供的检索字段有主题、标题、摘要、国家等，可用逻辑运算符对检索字段组合运算。用户通过增减检索条件、选择数据库、发布时间、语种、浏览索引等缩小检索范围，也可以在检索结果页面中勾选访问类型、文件类型、作者、作者机构、国家、年份等筛选检索信息。

(2) 专家检索。专家检索允许用户将检索词限定在某一特定字段内进行，同时可以使用逻辑运算符、括号、位置算符、截词符和词根符等检索符号，也允许用户使用逻辑运算符同时在多个字段中进行检索。需要注意的是，在专家检索中，系统不会自动进行词干检索。若要进行词干检索，需在检索词前加上"$"符号，例如，输入"$management"可检索到 managed、manager、managers、managing、management 等。

【例 5.1.2】 要搜索 2019—2021 年内标题中含有"Coverage control for multi-agent"的文献，可在专家检索框中输入"("Coverage control for multi-agent" wn TI)"，并在检索框下方的"DATE"选项中设定相关的发表时间。具体的检索结果如图 5-5 所示。

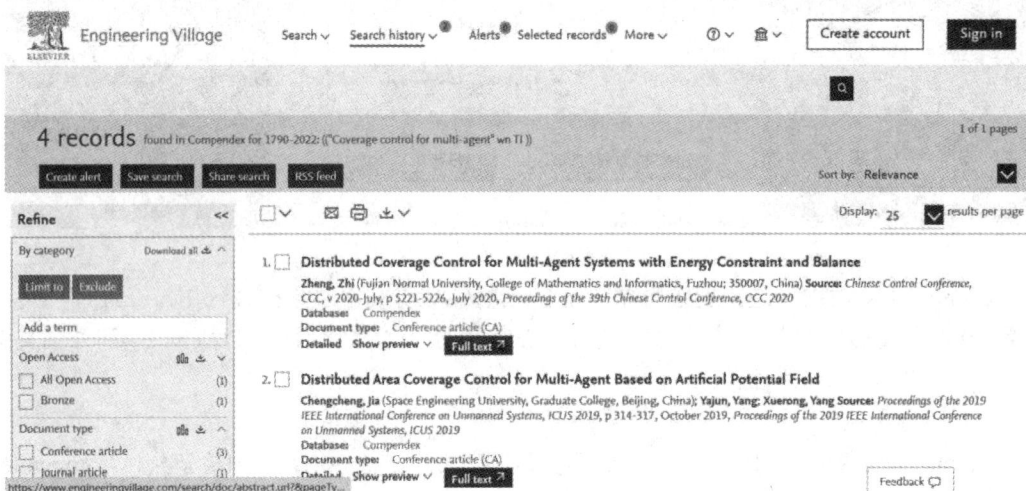

图 5-5　EV 工程索引专家检索结果

(3) 词库检索。用户点选检索平台中的"Thesaurus Search"按钮即可进入词库检索界面，可选择 Vocabulary Search(词语查询)、Exact Term(精确词汇)或 Browse(浏览)，然后在检索框输入想要查询的关键词，再点击"检索"按钮即可进行相关操作。

3. 检索结果的使用与分析

检索结果页面左边的"精简检索结果(Refine results)"栏(见图 5-5)，可提供二次检索的功能。系统将检索结果依照数据库、作者、作者单位、受控词、分类码、国家、文件类型、语言、出版年、来源出版物等进行分析排序。用户可通过勾选分析项目或自行输入检索词进行二次检索。在二次检索功能选项框中，"Limit to"表示限制结果在有勾选的字段，"Exclude"表示排除有勾选的字段。

单篇文献的文摘显示页面和全著录显示页面的上方有"Full Text"选项。用户可以通过此项功能下载检索文献的 PDF 格式，并保存在本地阅读。此外，EV 平台还提供分享、打印等功能。如果用户仅需要检索结果的目录信息，EV 提供多种输出格式，如 EndNote、RefWorks、CSV、Excel、PDF 等。

5.2　外文文献全文检索平台

国外的文献检索系统发展较早且种类繁多。目前，全球主流的期刊全文文献检索平台有 EBSCOhost、SpringerLink、ScienceDirect、Wiley Online Library 以及 IEEE Xplore 等。

5.2.1　EBSCOhost

EBSCOhost 又称史蒂芬斯数据库，是美国 EBSCO 公司为数据检索设计的系统，主要业务有期刊订阅、文献数据库收集、文献资源管理等，是世界最大的订阅代理服务商。

1. EBSCOhost 数据库简介

EBSCOhost 的检索数据库涉及自然科学、社会科学、人文和艺术等多种学术领域，其中两个主要的全文数据库是学术期刊集成全文数据库(Academic Search Premier)和商业资源电子文献(Business Source Premier)。EBSCOhost 平台提供多语言翻译和详细的帮助文档，可帮助母语非英语国家的科研人员快速使用平台。图 5-6 所示为 EBSCOhost 平台的首页。

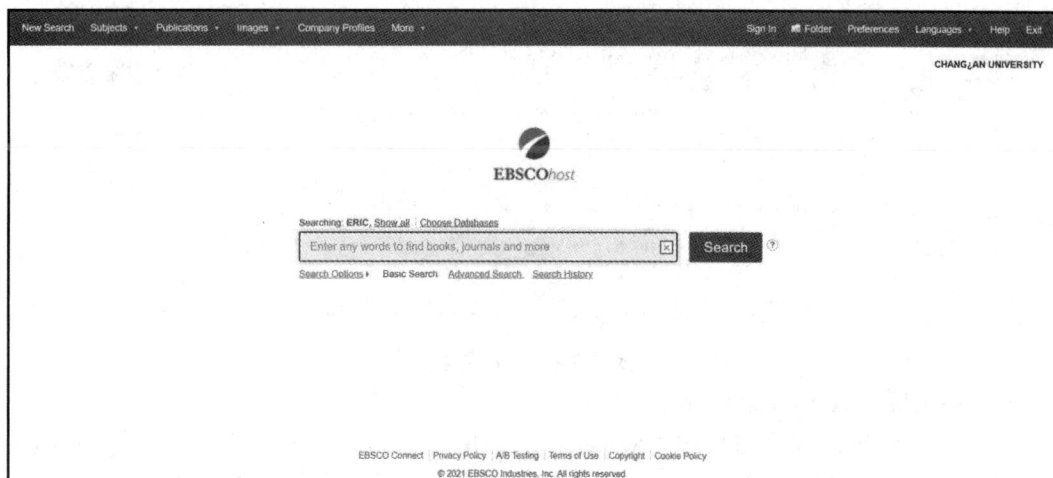

图 5-6　EBSCOhost 平台首页

EBSCOhost 平台资源包括 EBSCOhost 研究数据库、Explora 中文原版分级读物平台、EBSCO 发现服务、Explora 教育版、Explora 中学和业务搜索页面，收录范围横跨社会各个领域，尤其是在学术研究与商务金融等领域，受到了用户的一致好评。

2. EBSCOhost 数据库检索方法

用户登录 EBSCOhost 平台后，选择数据库 EBSCOhost Research Databases 进行检索。

若用户仅需在单个数据库中搜索，点击相应的数据库名称即可实现单库搜索。如果要进行多库检索，点击数据库左侧的"Select all"选项框，并点击"Continue"按钮进入多库检索界面。EBSCOhost数据库的搜索方式有基本检索和高级检索两种。

(1) 基本检索(Basic Search)。

在首页检索框中输入要检索的内容，并点击"Search"按钮完成基本检索。基本检索可以在"Search Options"中设定搜索模式、期刊名称、文献发表时间等信息。如点击"Search Options"按钮，在"Search Modes and Expanders"下选择"Search modes"，EBSCOhost提供有"Boolean/Phrase"(布尔值/短语)、"Find all my search"(查找我所有的搜索词)、"Find any of my search"(查找我的任何搜索词)以及"Smart Text Searching"(智能文本搜索)四种模式，用户可选择相应的模式进行检索。

在"Limit your results"选项下有"Full Text"(全文)、"References Available"(参考文献)、"Image Quick View"(快速查看图像)、"Peer Reviewed"(同行评审)选项。用户可分别输入期刊名称、设置出版日期和快速查看图像的类型(如Black and White Photograph-黑白图像、Chart、Color Photograph-彩色图像、Diagram、Graph、Illustration-插图、Map)进行检索结果的筛选。

例如，在检索框中输入"Java"进行基本检索，检索结果如图5-7所示。

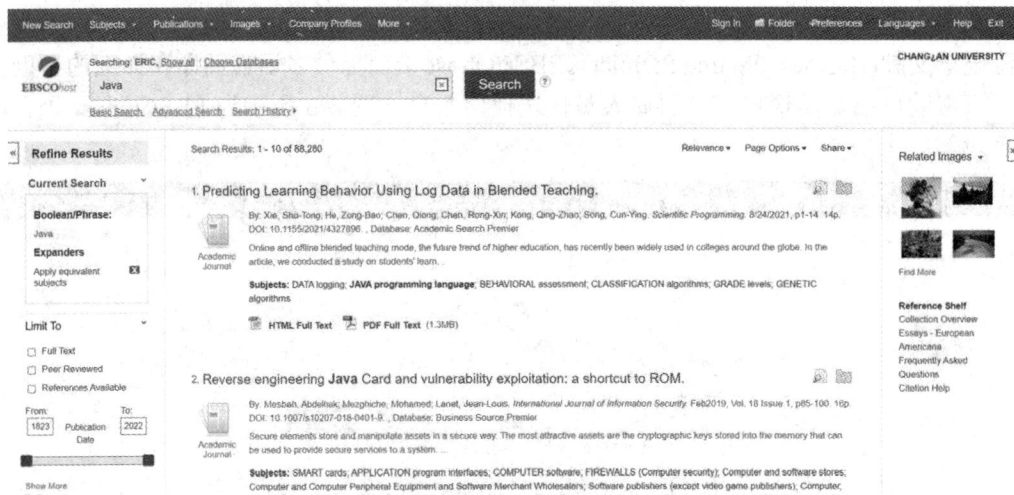

图5-7　EBSCOhost平台基本检索示例

(2) 高级检索(Advanced Search)。

点击EBSCOhost平台首页的"Advance Search"按钮进入高级检索方式。在高级搜索功能中可通过"+"或"-"调整检索条件。可供选择的检索字段包括：TX(所有文本)、AU(作者)、TI(标题)、SU(主题词)、SO(来源)、AB(摘要)、IS ISSN、IB ISBN。每一个检索条件间提供逻辑运算 AND、OR、NOT 进行组合检索，每一个检索框中都能使用逻辑运算词进行组合检索。

【例5.2.1】 检索主题词为"高速公路"和"天气"的文章，在第一检索条件中选择检索字段"主题词"并输入"The highway"，在第二检索条件中选择检索字段"主题词"并输入"Weather"，且设置两者的逻辑关系为"AND"并点击"搜索"按钮，结果如图5-8所示。

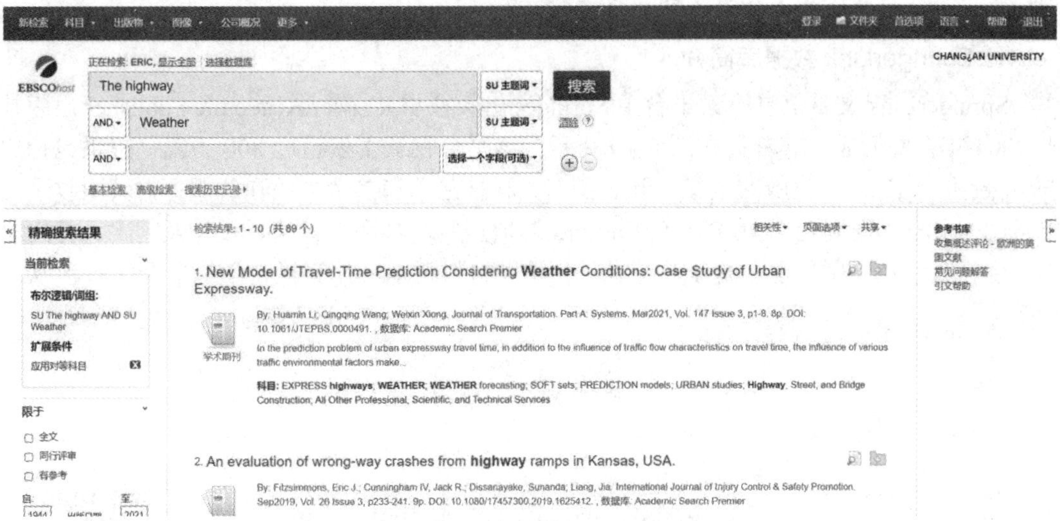

图 5-8　EBSCOhost 平台高级检索示例

3. 检索结果的使用与原文获取途径

在检索列表中可以有效地查看该文献的标题、作者、摘要以及主题等关键信息(见图 5-8)。通过点击左侧的"限于",用户可以有效地缩小检索范围,提高检索效率。

此外,EBSCOhost 的原文获取途径有两种,一种是可以通过点击文献下方的"PDF Full Text"进行下载;另一种方式需要进入该检索结果的详细页面,然后通过点击该页面内的DOI 链接,跳转到相应的出版商处进行下载,如图 5-9 所示。

图 5-9　EBSCOhost 平台检索结果详细信息界面

5.2.2　SpringerLink

SpringerLink 是德国 Springer(施普林格)出版社于 1995 年推出、1996 年正式发布的文献检索平台，是全球第一个电子期刊全文数据库。

1. SpringerLink 数据库简介

SpringerLink 文献信息检索平台由 Springer 出版社与 Kluwer Academic Publisher 出版社于 2004 年合并而成，其首页如图 5-10 所示。该平台收录文献超过 800 万篇，提供包括原 Springer 和原 Kluwer 出版的全文期刊、图书、科技丛书和参考书的在线服务，其中收录的电子图书最早可回溯至 1840 年。SpringerLink 数据库内容涵盖建筑、设计及艺术、行为科学、生物医学及生命科学、商业及经济、化学及材料科学、计算机科学等多个学科领域。

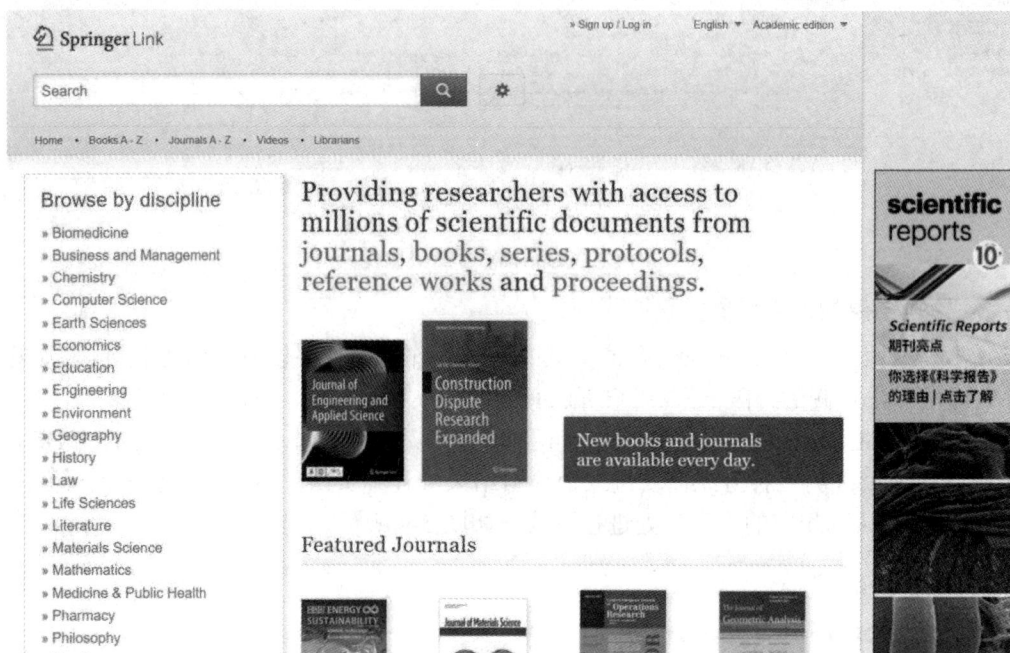

图 5-10　SpringerLink 平台首页

SpringerLink 平台首页左侧为学科浏览目录，涵盖内容包括生物医学、商业与管理、化学、计算机科学、地球科学、经济学、教育学等多个学科分类。用户在 SpringerLink 首页中点击"Books A-Z""Journals A-Z""Videos"或"Librarians"可进入 SpringerLink 平台下的图书、期刊、视频或图书馆等分类页面，也可以在检索框直接输入图书名或期刊名来搜索图书或期刊名称，查看图书的详细信息或该期刊每期发表的文章。

2. SpringerLink 数据库检索方法

SpringerLink 数据库的检索方法包括基本检索和高级检索两种方式。

(1) 基本检索。在首页中，用户将所要检索的信息输入检索框中，点击"Search"按钮即可完成检索。基本检索中的每一条检索信息都会显示其类型，如"Book""Reference Work Entry""Chapter"等，用户可在检索结果页面中选择相关性、最新发布和最早发布等条件进行排序，也可以通过发表年限来缩小检索结果。

(2) 高级检索。用户点击 SpringerLink 首页内的"Advanced Search"可进入高级检索页面。高级检索中的检索字段有发表时间区间、作者、题名、字段、短语等，用户还能在高级检索中使用逻辑组合运算符进行组合检索。高级检索的检索关键词界面如图 5-11 所示。

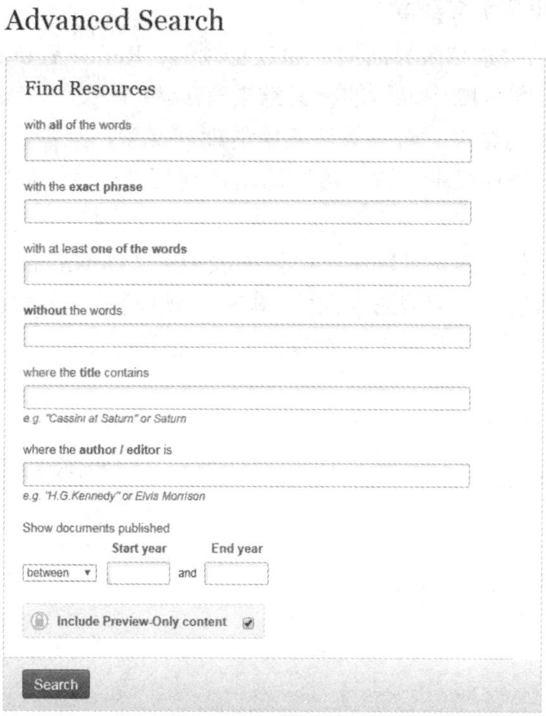

Advanced Search

图 5-11　SpringerLink 高级检索页面

【例 5.2.2】 检索一篇包含人工智能和高速公路的文章。在"with all of the words"中输入"artificial intelligence"，在"with the exact phrase"中输入"the highway"，点击"Search"按钮完成包含"人工智能"和"高速公路"的文章检索，检索结果如图 5-12 所示。

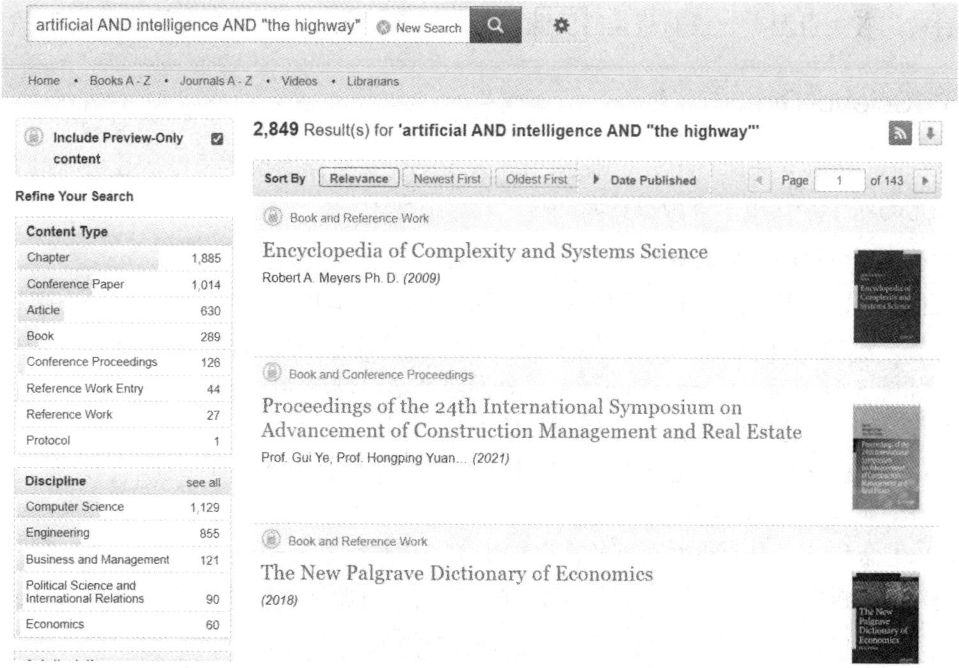

图 5-12　SpringerLink 高级检索示例

3. 检索结果的使用与全文获取途径

在如图 5-12 所示的检索结果界面中，通过左侧的"Refine Your Search"按钮选项来缩小检索结果范围。例如，图 5-12 中显示的检索结果有 2849 个相关文献，用户可以通过"Refine Your Search"来精简检索结果。若只关注其中的期刊文章，点击其中的"Article"按钮。此外，在右侧的检索结果列表中，读者可以简略地观察到检索结果的题目、摘要以及作者等相关信息。

对于检索结果的下载，首先可以通过检索列表中的"Download PDF"选项进行文献下载，也可以进入检索结果的详细信息界面(如图 5-13 所示)进行下载。在该界面还可以查看该文献的期卷号、引用次数以及参考文献等更为详细的信息。

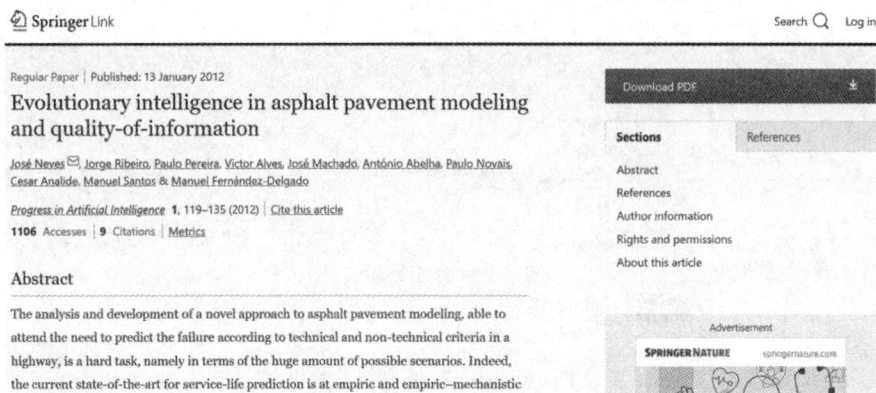

图 5-13　SpringerLink 文献检索结果详细信息界面

需要说明的是，SpringerLink 所包含的文献均可以直接在该平台内进行下载，无须跳转，属于一次数据资源。但是，由于 SpringerLink 为商业平台，用户需登录或注册后才能下载该平台内的各类资源，一些书籍类的资源可能需要额外购买才能进行下载。

5.2.3　ScienceDirect

ScienceDirect 是 Elsevier(爱思唯尔)出版公司的全文数据库检索平台，是全球最大的科学、技术与医学全文电子资源数据库。

1. ScienceDirect 数据库简介

ScienceDirect 是 Elsevier 公司的核心产品，自 1999 年开始向用户提供电子出版物全文在线服务，包括 Elsevier 出版集团所属的同行评议期刊和多种系列丛书、手册及参考书等，其首页如图 5-14 所示。ScienceDirect 主要分为四个学科领域：自然科学与工程、生命科学、社会科学与人文、健康科学，每个领域具体内容如下。

(1) 自然科学与工程：化学工程、化学、计算机科学、地球与行星科学、能源、工程、材料科学、数学、物理学和天文学；

(2) 生命科学：农业和生物科学、生物化学、遗传学和分子生物学；

(3) 健康科学：医学和牙科、护理和健康专业、药理学、毒理学和药科学、兽医科学与兽医学；

(4) 社会科学与人文：艺术与人文、商业、管理和会计、决策科学、经济学、计量经济学和金融、心理学、社会科学。

图 5-14　ScienceDirect 平台首页

2. 检索方法

ScienceDirect 数据库有简单检索和高级检索两种方式。

(1) 简单检索。简单检索方式提供关键词、作者、期刊/图书名、卷、期、页等检索字段。用户依次输入相对应的检索信息，点击"检索"按钮后进入检索结果页面，也可以在检索结果页面左侧勾选年份、文章类型、出版社名、学科领域等来缩小检索范围。

(2) 高级检索。高级检索方式提供主题、期刊名及其出版年份、作者及作者单位、卷、期、页、标题、摘要或作者指定关键词、参考、ISSN 或 ISBN 等检索字段。用户可以在高级检索中使用逻辑组合运算符进行组合检索，也可以直接在搜索表单中输入所有 UTF-8 字符，包括非罗马字符和重音字符，如图 5-15 所示。

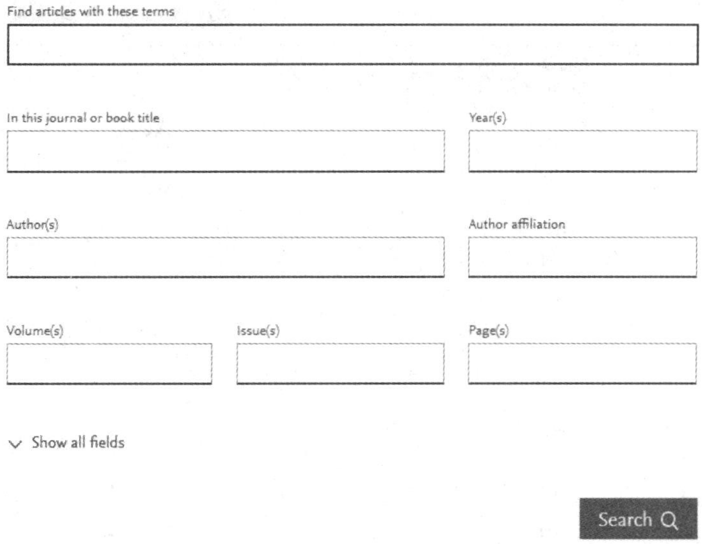

图 5-15　ScienceDirect 平台高级检索页面

【例 5.2.3】 检索一篇带有"artificial intelligence"且作者单位为哈佛大学的文章。在检索字段"Author affiliation"中输入"Harvard University"，在检索字段"Find articles with these terms"中输入"artificial intelligence"，点击"Search"按钮即完成检索，检索结果如图 5-16 所示。

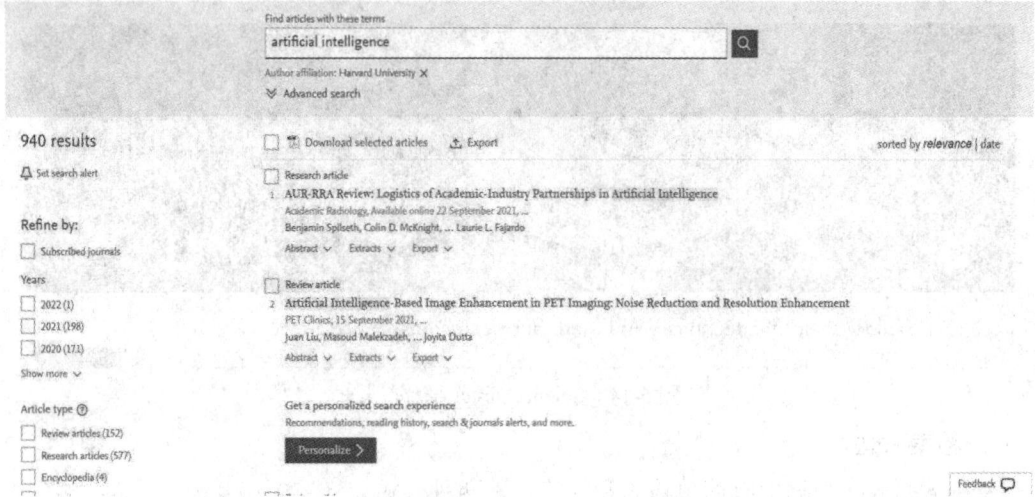

图 5-16　ScienceDirect 平台高级检索示例

3. 检索结果的使用与全文获取途径

在如图 5-16 所示的检索结果界面中，用户可以通过左侧的"Refine by"选项来缩小检索结果范围，通过"Refine by"中的"Years"或者"Article type"来精简检索结果。如果用户只关注近两年的期刊文章，即在"Years"选项中选择 2021 年与 2022 年即可。在检索结果列表右侧，用户可以简略地观察到检索结果的题目、文章类型、期刊、发表日期以及作者信息等。

图 5-17　ScienceDirect 文献详细信息界面

对于检索结果的下载，用户首先可以通过勾选检索列表中每篇文章前方的方框，然后点击检索列表界面上方的"Download selected articles"进行下载。这种下载方式可以帮助用户一次性下载多篇文章。此外，用户也可以进入检索结果的详细信息界面(图 5-17)，在该界面点击界面上方的"View PDF"进行文献下载。

5.2.4　Wiley Online Library

Wiley Online Library 是 Wiley 出版社的学术出版物在线平台。Wiley 出版社于 1807 年创建于美国，是一个具有两百多年历史的全球知名出版机构，是全球最大的学协会出版社，与全球超过 800 家专业学协会进行合作，面向专业人士、科研人员、教育工作者、学生、终身学习者提供必需的知识和服务。

1. Wiley Online Library 简介

Wiley Online Library 是 Wiley 出版社于 2010 年向全球推出的新一代在线资源平台，其首页如图 5-18 所示。Wiley Online Library 出版的图书品质高，广受学术界认可。目前 Wiley Online Library 涵盖农业、水产养殖、食品科学、建筑与规划等多个学科领域。

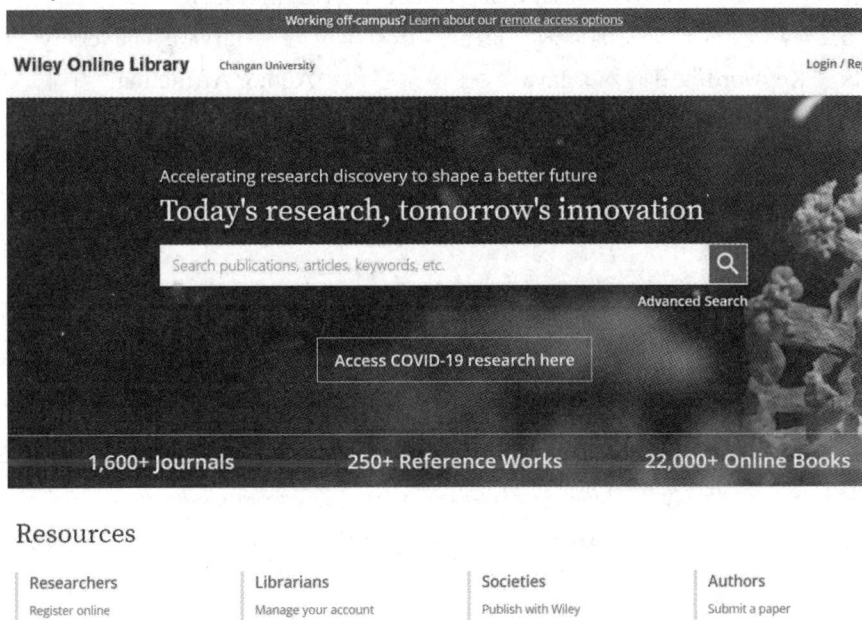

图 5-18　Wiley Online Library 平台首页

2. 检索方法

在 Wiley Online Library 首页，用户可点击学科导航栏进入某学科库进行检索。检索框中能够识别的信息有出版号、文章、关键词等。检索结果的筛选条件有作者、时间、出版社、学科、出版物类型等。Wiley Online Library 平台的检索方法有快速检索和高级检索两种。

(1) 快速检索。快速检索可用通配符和逻辑运算符"AND(&)、OR(+)、NOT(-)"进行检索字段的组合。检索词和逻辑运算符之间需要空一个空格才能识别逻辑表达式的含义。

(2) 高级检索。高级检索中可供选择的检索字段有标题、作者、关键词、援助机构、作者单位和摘要。用户可以通过增加和减少检索条件来编辑检索式，也可通过限定出版时间来缩小检索范围，或使用逻辑运算符来限定检索结果。高级检索的检索界面如图 5-19 所示。

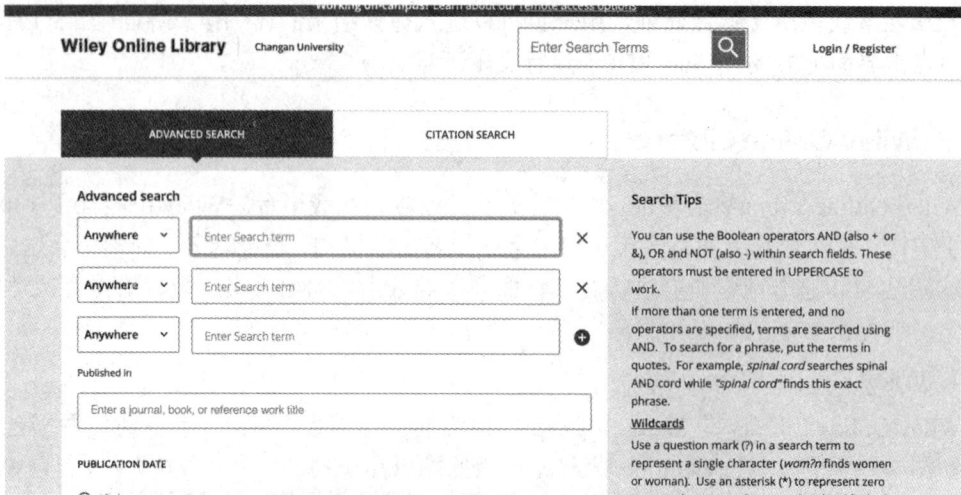

图 5-19　Wiley Online Library 平台高级检索页面

【例 5.2.4】　检索一篇关键词为"Java",作者单位为"Harvard University"的文章。在检索字段"Keyword"中输入"Java",在检索字段"Author Affiliation"中输入"Harvard University",点击检索按钮完成文章检索,结果如图 5-20 所示。

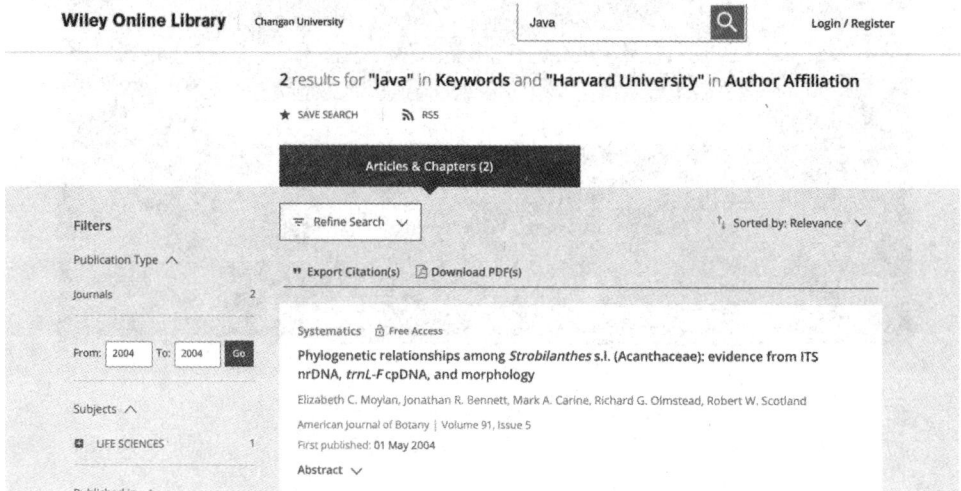

图 5-20　Wiley Online Library 平台高级检索示例

3. 检索结果的使用与全文获取途径

在图 5-20 所示的检索结果页面中,用户可以通过左侧的"Filters"选项来缩小检索结果范围,通过"Filters"中的"Subjects"或者"Journals"来精简检索结果。如果用户只关注近两年的期刊文章,在"Years"选项中选择从 2021 年到 2022 年即可。

对于检索结果的下载,用户首先可以通过点击检索列表上方的"Download PDF(s)"按钮进行下载,此时系统会弹出另一个下载界面。通过这个下载界面,用户可以勾选文献前面的方框进行选择,进而实现检索结果的批量下载。此外,用户也可以进入检索结果的详细信息界面(图 5-21),通过详细界面中的"PDF"按键进行文献下载。若用户仅需要检索结果的目录信息,可以通过该页面内的"TOOLS"按钮输出检索结果的文献引用格式。

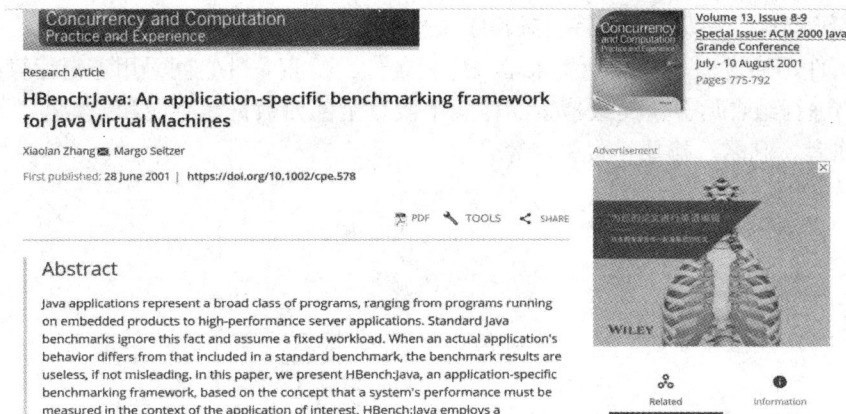

图 5-21　Wiley Online Library 期刊数据平台文献详细信息界面

5.2.5　IEEE Xplore

IEEE Xplore 是一个学术文献数据库，用于发现和获取期刊文章、会议论文、技术标准以及计算机科学、电气工程和电子相关领域的信息，主要包含电气和电子工程师协会(IEEE)出版商的各类出版物。

1. IEEE Xplore 数据库简介

IEEE Xplore 平台首页如图 5-22 所示，其主要内容包含全球最新、最前沿的研发动态，被世界领先的工程和技术专业学术机构、公司、研究机构和政府机构广泛使用。IEEE Xplore 免费为用户提供检索内容的书目记录和摘要，而访问全文文档则需要个人或机构订阅。

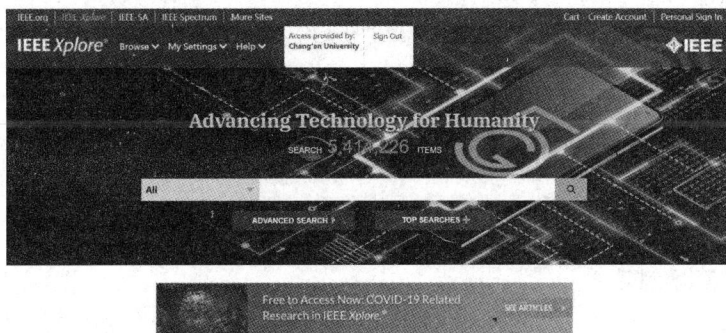

图 5-22　IEEE Xplore 平台首页

2. 检索方法

IEEE Xplore 提供简单检索和高级检索两种方式。

(1) 简单检索。简单检索提供全部、图书、会议、作者、标准、课程、引文、期刊杂志等检索字段。用户在检索框中输入检索信息即可完成简单检索，检索结果页面中显示检索结果类型及其数量。用户也可以在检索结果中进行二次检索，通过勾选结果类型来缩小检索范围。检索结果页面左侧可供选择的限制条件包括时间段、作者、相关性、刊名、出版商、补充项目、会议地点、标准状态、发表主题、标准型。

(2) 高级检索。高级检索支持多条检索条件组合检索(见图 5-23)。用户可以在检索框中设置检索条件，通过"+"或"×"来增减检索条件。检索条件之间采用逻辑运算符(AND、OR、NOT)进行组合运算。高级检索的检索字段有全部元数据、全文和元数据、仅全文、文件名、作者、刊名、摘要、索引词等。

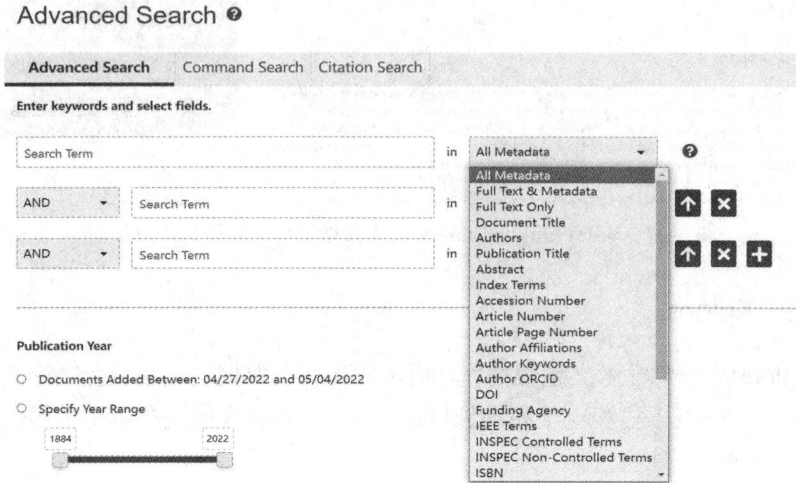

图 5-23　IEEE Xplore 平台高级检索页面

【例 5.2.5】　检索一篇作者单位为哈佛大学，摘要为高速公路的文章。在检索字段"Author Affiliations"中输入"Harvard University"，在检索字段"Abstract"中输入"The highway"，并将两检索条件的逻辑关系设置为 AND，即可完成检索，如图 5-24 所示。

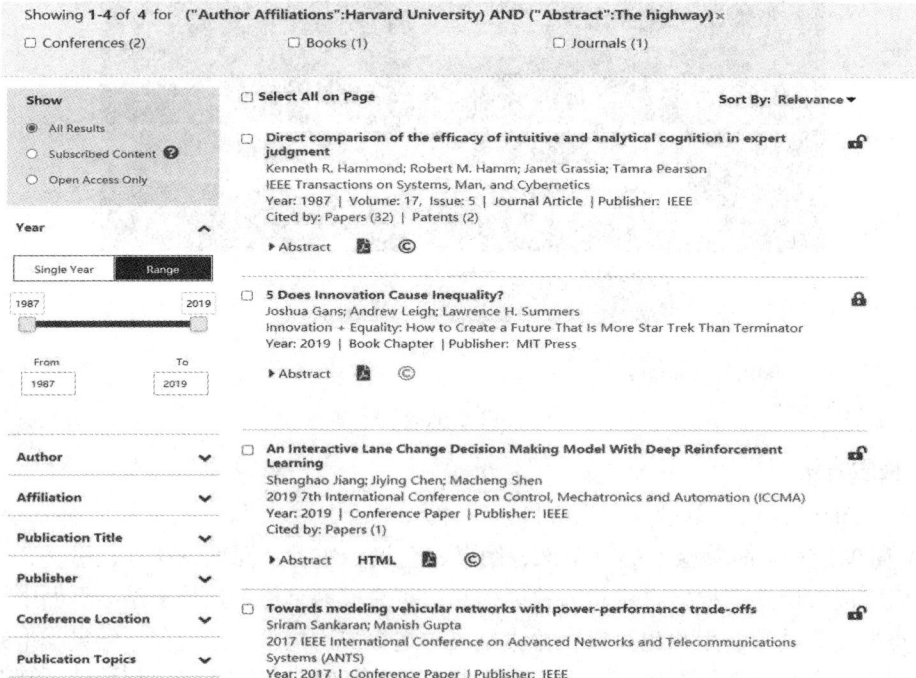

图 5-24　IEEE Xplore 平台高级检索示例

3. 检索结果的使用与全文获取途径

在图 5-24 所示的检索结果界面中，用户可以通过检索界面左侧的选项框来缩小检索结果范围。可供选择的检索条件包括"Year""Author""Affiliation""Publication Title""Publisher"等。在右侧的检索结果列表中，用户可以简略地观察到检索结果的题目、期刊、卷期号、作者信息、出版商、被引用情况以及摘要等相关信息。

对于检索结果的下载，用户首先可以通过点击检索列表中每篇文章题目下方的"PDF"按钮进行下载。需要注意的是，每篇文章的右侧有一个类似小锁的图标，该图标绿色表示用户所在机构或账户已购买该文献，可以下载，该图标红色表示无权限下载该文献。

此外，用户也可以进入检索结果的详细信息界面(图 5-25)，通过详细界面中的"PDF"按键进行文献下载。若用户仅检索结果的目录信息，可以通过该页面内的"Cite This"按钮输出该文献的引用格式。

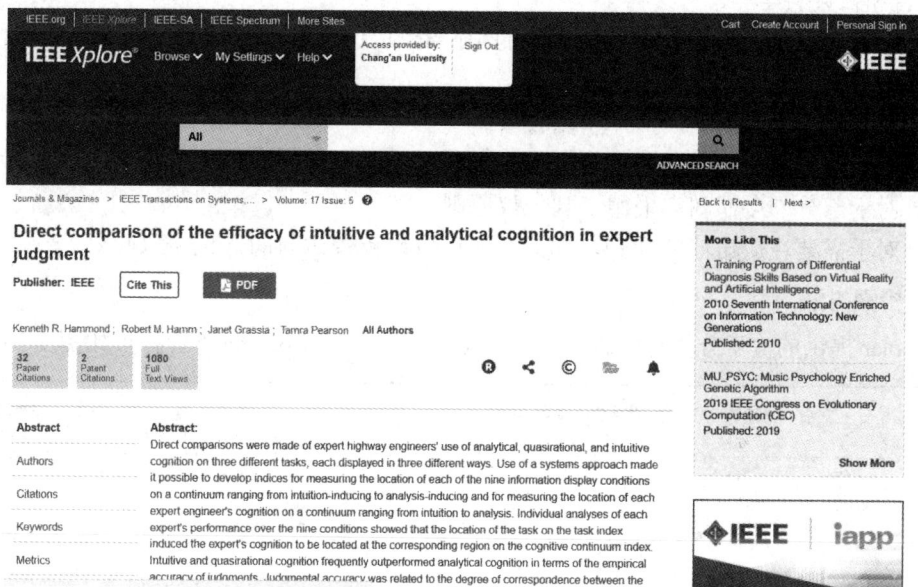

图 5-25　IEEEXplore 期刊数据平台文献详细信息界面

5.3　外文开源文献检索平台

近年来，国际学术界、出版界、图书情报界为了推动科研成果传播，促进科学及人文信息交流，提升科学研究成果的公共利用程度，提出了开放式获取文献检索的新模式，即 Open Access(OA)文献资源。OA 文献资源已成为一种趋势，获得了科研界的大力支持，越来越多的出版商也相继提供开源文献服务。目前，全球主流的开源期刊全文文献检索平台有 Socolar 与 DOAJ。

5.3.1　Socolar

Socolar 是由中国教育图书进出口公司建设的开源期刊数据库平台，旨在为用户提供

OA 资源的一站式检索服务。

1. Socolar 数据库简介

Socolar 为非营利性项目，旨在为用户提供 OA 资源检索和全文链接服务，收录了来自世界各地、各种语种的重要 OA 资源。用户在 Socolar 上免费注册后，可享受该平台所提供的个性化服务。Socolar 能够根据不同用户(如用户的学历、所从事的研究领域)对资源使用情况的统计分析结果，帮助用户不断提高对平台现有资源的检索效率，更好地满足用户对 OA 资源的使用需求。

目前，Socolar 学术资源平台涵盖内容来自全球 100 多个国家，近 7000 家出版社，其中开放获取的文章超过 1000 万篇。文章语种包括中文、英语、西班牙语、德语、葡萄牙语、法语等 40 种语言。资源覆盖全部学科，包括医药卫生、工业技术、经济、文化、科学、教育、体育和社会科学等。

尽管 Socolar 收录来自世界各地重要的 OA 资源，但其收录文章的质量都是经过严格把控的。具体的收录标准包括：

① 对于完全 OA 期刊，一律予以收录；

② 对于延时 OA 期刊，通常予以收录；

③ 对于部分 OA 期刊，采用一刊一议原则；

④ 对于需要注册访问的期刊，如果注册后可以免费访问的，也予以收录。

2. 检索方法

Socolar 提供的检索分类有两种：文章检索和期刊检索。Socolar 平台首页如图 5-26 所示。

图 5-26　Socolar 开源检索平台首页

(1) 文章检索。文章检索包括两种检索方式：简单检索与高级检索。简单检索提供的检索字段有全部字段、标题、作者、作者单位、摘要、关键词、来源出版物、出版社名称、ISSN 号以及 DOI 号等。高级检索方式则提供上述多个字段的组合检索。Socolar 的检索界面如图 5-27 所示。

(a) 简单检索

(b) 高级检索

图 5-27 检索界面

(2) 期刊检索。期刊检索是指用户直接对感兴趣的期刊或者出版物进行检索。点击 Socolar 首页上方的"期刊"按钮进入期刊检索界面，如图 5-28 所示。期刊检索只提供简单检索方式，检索字段包括 ISSN 号、刊名以及出版社。

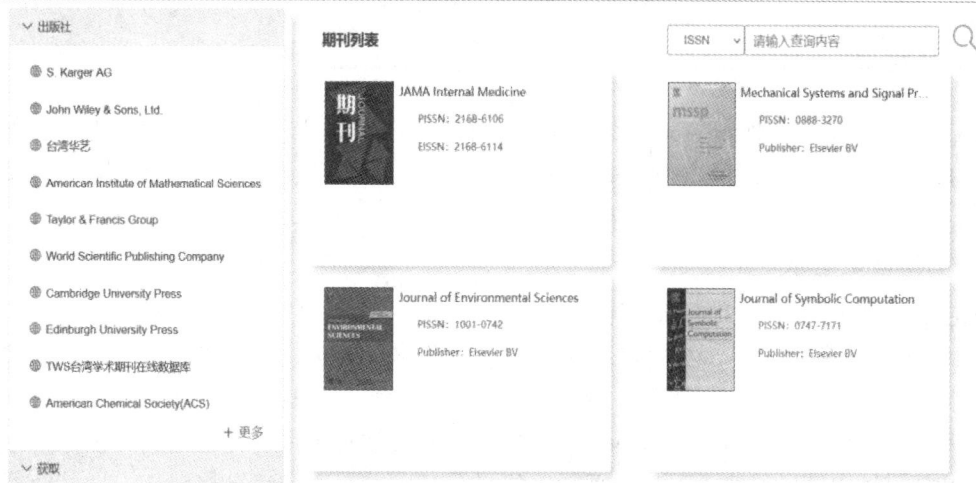

图 5-28 Socolar 期刊检索界面

3. 检索结果的处理及原文获取

Socolar 的检索结果界面如图 5-29 所示(检索关键词：multi-agent and control)，其中包含了文章的基本信息，如篇名、作者、出版社以及相应的卷期号。注意，目前 Socolar 数据库中同时包含了开源与非开源文献。对于非开放获取的文献，用户仍需前往出版商处购买；对于开放获取的文献，用户可直接点击文献基本信息右下角的"开放获取"按钮进行原文下载。

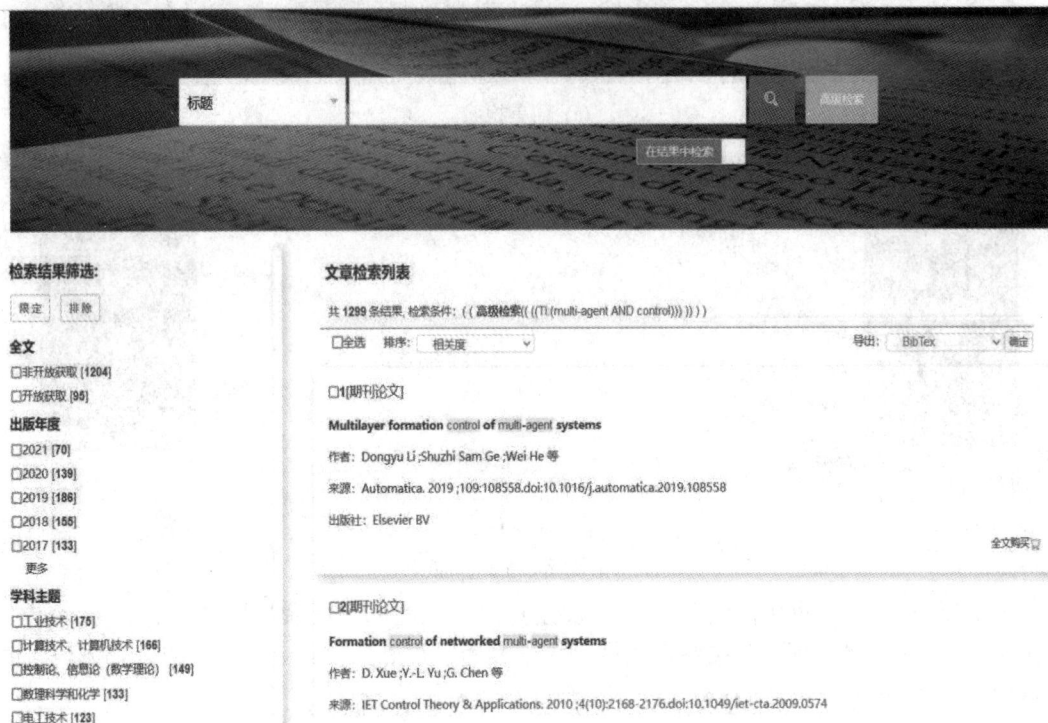

图 5-29　Socolar 期刊检索结果列表

5.3.2　DOAJ

DOAJ(Directory of Open Access Journals)即开放存取期刊目录，是由瑞典隆德大学图书馆于 2003 年主办的开放期刊检索系统。该系统收录的文献都经过同行评议流程，具有质量高、认可度广的特点。

1. DOAJ 数据库简介

DOAJ 的首页如图 5-30 所示，目前已收录 1 万多种开源期刊，600 多万篇的开源论文，收录内容覆盖技术和工程、农业和食品科学、艺术和建筑学、生物和生命科学、商业和经济学、化学、数学和统计学等多个学科的高质量开源存取期刊，收录的期刊实行同行评议流程，或有编辑做质量控制，因此 DOAJ 中的文献对学术研究有很高的参考价值，加上 DOAJ 允许用户阅读、下载、复制、传播、打印、检索或者链接全文，使其获得了较高的知名度和认可度。

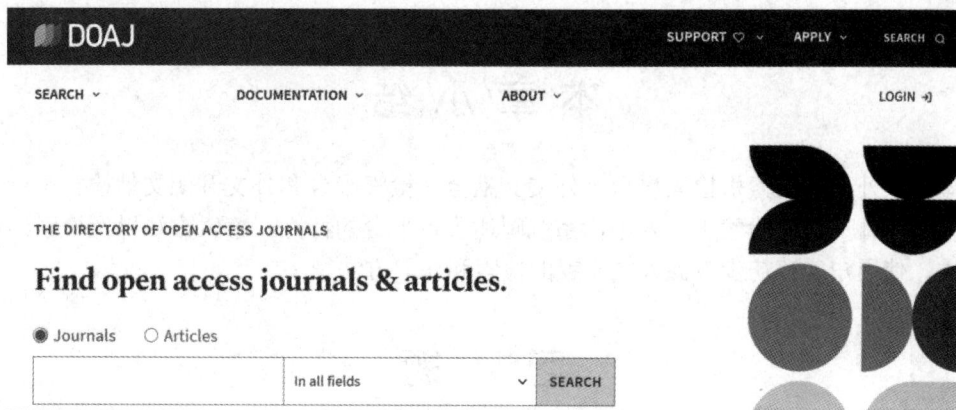

图 5-30　DOAJ 开源期刊目录检索平台首页

2. 检索方法

DOAJ 提供文章检索(Articles)和期刊检索(Journals)两种检索方法。

(1) 文章检索。DOAJ 的文章检索方式只有一种，即简单搜索。其提供的检索字段包括全部字段、题目、摘要、主题和作者，用户可直接在检索框中输入想要检索的关键词进行检索。

(2) 期刊检索。期刊检索时，用户需点击检索框上方的"Journals"按钮，然后在检索框中输入想要检索的期刊信息即可。期刊检索提供的检索字段包括期刊名、ISSN 号、主题以及出版商。

3. 检索结果的使用与原文获取途径

DOAJ 的文章检索结果如图 5-31 所示，包含文献的题名、作者、刊名、出版年份等基本信息。在文献信息的下方可以直接查看文献的摘要与关键词。对于文献的获取途径，用户可以点击检索结果右侧的"Read Online"按钮，DOAJ 将自动链接到该文章的出版商处。由于DOAJ 收录的期刊或出版商均支持文献开源获取，用户可直接在相应的出版商处下载原文。

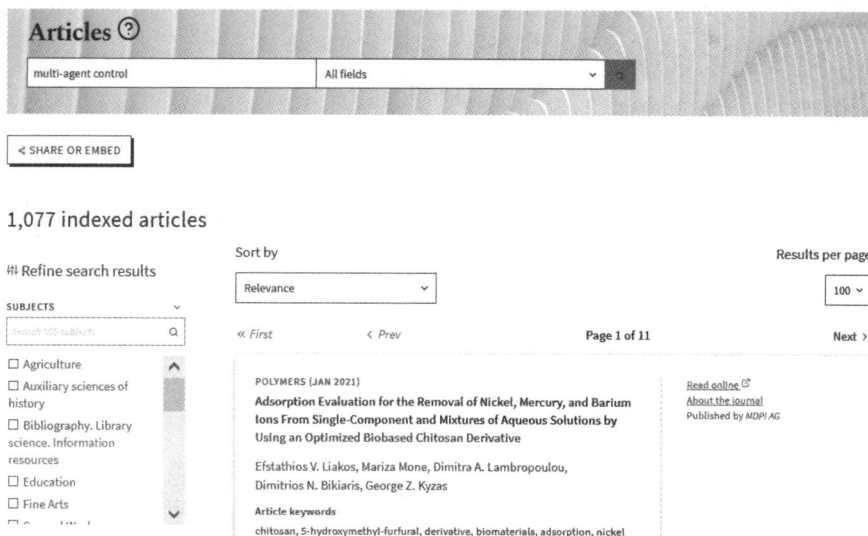

图 5-31　DOAJ 开源期刊目录检索结果列表

本 章 小 结

本章从外文引文索引检索平台、外文文献全文检索平台和外文开源文献检索平台三种不同类型的外文文献检索平台入手，系统阐述了各平台的特点、检索方法以及检索结果使用方法，使用户能够初步掌握外文文献的检索和获取方法。

习　题

1. 查找期刊《IEEE Transactions on Cybernetics》的影响因子与中科院大类分区。

2. 请找到所有引用过文章"Dynamic Coverage Control in a Time-Varying Environment Using Bayesian Prediction"的文献。

3. 请下载 2015—2020 年期间《IEEE Transactions on Automation Control》期刊上关于"Model Predictive Control"主题的文章 10 篇。

4. 分别下载 3 篇自己感兴趣的 SCI、SSCI、EI 文章。

第六章　特种信息资源检索

特种信息资源是介于图书与期刊之间的文献资源，其信息内容涉及工程技术、政治经济以及社会生活等诸多领域，一般包括科技报告、专利文献、标准文献、产品资料等。由于特种信息资源的特殊性，往往只有少数高校图书馆或专业图书馆有能力或有针对性地进行收藏。近年来，随着互联网技术的发展，许多特种信息资源也可以通过网络数据库进行检索，提高了特种信息资源的利用率。本章从科技报告、专利文献、标准文献以及产品资料四方面对特种信息资源的检索方法进行介绍。

6.1　科技报告

科技报告最早出现于 20 世纪 20 年代，是用来记录科技研究发展过程的报告，又称研究报告、技术报告或技术文献。它以传播交流为目的，不仅包括整个试验过程，还包括试验过程中的各项试验数据等记录，甚至包括失败试验的详细记录。

6.1.1　科技报告的作用与类型

科技报告是科技人员按照有关规定和格式撰写的科技文献，能真实、完整地反映科研人员所从事的科技活动。科技报告数据翔实可靠，能迅速反映最新科技成果，具有很大的科研价值，能有效提高科学研究的起点与效率。科技报告的分类方式包括：

(1) 按研究类型可分为基础理论研究和工程技术两大类；

(2) 按报告形式可分为科技报告(Technical Reports)、技术札记(Technical Notes)、技术论文(Technical Paper)、技术备忘录(Technical Memorandum)、技术译文(Technical Translation)、合同户报告(Contractor Reports)、特殊出版物(Special Publications)等。

(3) 按密级程度可分为绝密、机密、秘密、非密限制发行、非密和解密报告。

(4) 按研究资料来源可分为实验报告、考察报告、研究报告等。

(5) 按报告进展可分为初期报告(Primary Report)、进展报告(Progress Report)、中间报告(Interim Report)、最终报告(Final Report)。

6.1.2　中文科技报告检索

在我国，科技报告的主要传播方式是科技成果公报和科技成果研究报告，由科学技术文献出版社出版的《科学技术研究成果报告》收录，并提供年度分类索引服务，是检索中国科技报告的权威性检索期刊。目前，我国公开发行的科技报告检索平台有中国科技成果数据库、国研报告(国务院发展研究中心调查研究报告)、国家科技报告服务系统等。

1. 中国科技成果数据库

中国科技成果数据库是国家科技部指定的能对新技术和新成果查新的数据库。该数据库收录了自 1978 年以来国家和地方主要科技计划、科技奖励成果，以及企业、高等院校和科研院所等单位的科技成果信息，涵盖新技术、新产品、新工艺、新材料、新设计等众多学科领域，共计 90 余万项。数据库每两月更新一次，年新增数据 1 万条以上，是检索中国科技报告的重要手段和途径。

图 6-1 为中国科技成果数据库首页，用户可根据图 6-2 中的检索字段进行分类检索。具体检索字段包括题名、完成人、完成单位、关键词、摘要和中图分类号。中国科技成果数据库可根据各个类型的关键词对科技文献进行主题分析，并依照文献内容的学科属性和特征分门别类地组织文献。

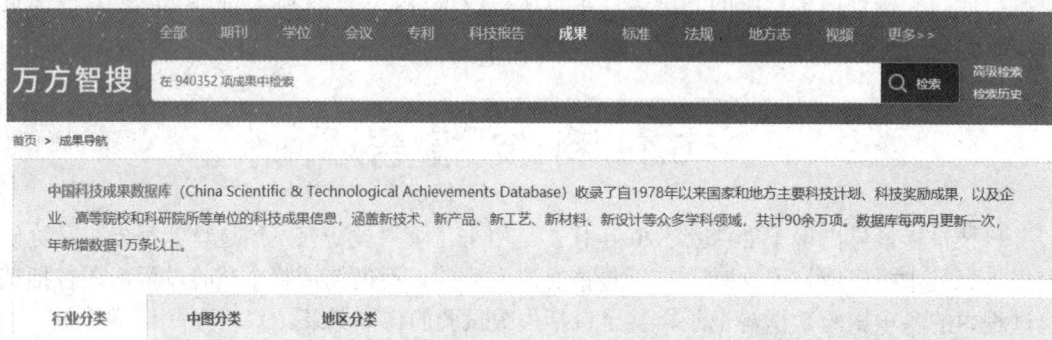

图 6-1　中国科技成果数据库首页

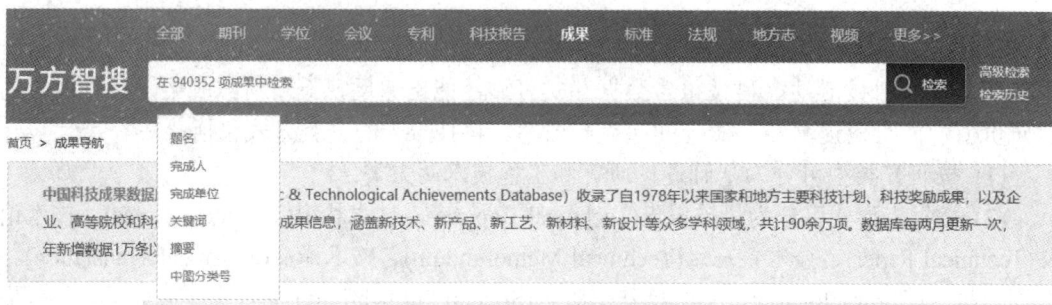

图 6-2　分类检索

中国科技成果数据库为收费数据库。高校或科研机构需购买数据资源方可使用。购买后，用户在单位局域网内可以直接登录使用此数据库。个人用户或其所在单位没有购买此数据资源的，可登录网站首页，注册购买个人使用权进行科技报告检索。

2. 国研报告

国研报告是由国务院发展研究中心一批著名的专家撰写，反映国家研究成果和政策建议的权威性研究报告。国研报告的内容涵盖中国经济社会发展与改革开放的各个领域，包括宏观经济形势、国家中长期发展、区域经济、"三农"问题、粮食安全、产业经济、对外开放等领域的最新研究成果和深度研究报告，对于制定国家有关政策起到积极的推动作用。

国研报告可以通过国研网进行搜索，如图 6-3 所示。用户根据需要的具体标题、作者或者关键字可以搜索相对应的报告。

图 6-3 国研网首页

3. 国家科技报告服务系统

国家科技报告服务系统主要包括国内各种项目的科技报告，对于信息检索、项目申报和鉴定、评估、查重、查新都有重要作用。目前，国家科技报告服务系统开通了对社会公众、专业人员和科研管理人员三类用户的服务。

(1) 社会公众。服务系统向社会公众提供免费浏览科技报告摘要和基本信息的服务。社会公众无须注册，即可了解国家科技投入所产出的科技报告基本情况。

(2) 专业人员。专业人员通过实名注册、身份认证后，即可在线浏览科技报告全文，但是不能下载和保存全文。

(3) 科研管理人员。科研管理部门批准管理人员注册申请后，管理人员就享有在批准范围内免费检索、查询、浏览、全文推送和相应统计分析等服务。

图 6-4 所示为国家科技报告服务系统首页，信息检索框位于首页的右上角，用户输入想要检索内容的关键词，即可获取相应的科技报告。

图 6-4 国家科技报告服务系统首页

【例 6.1.1】 在检索框中输入"无人机"，即可得到如图 6-5 所示的各类关于无人机的科技报告。

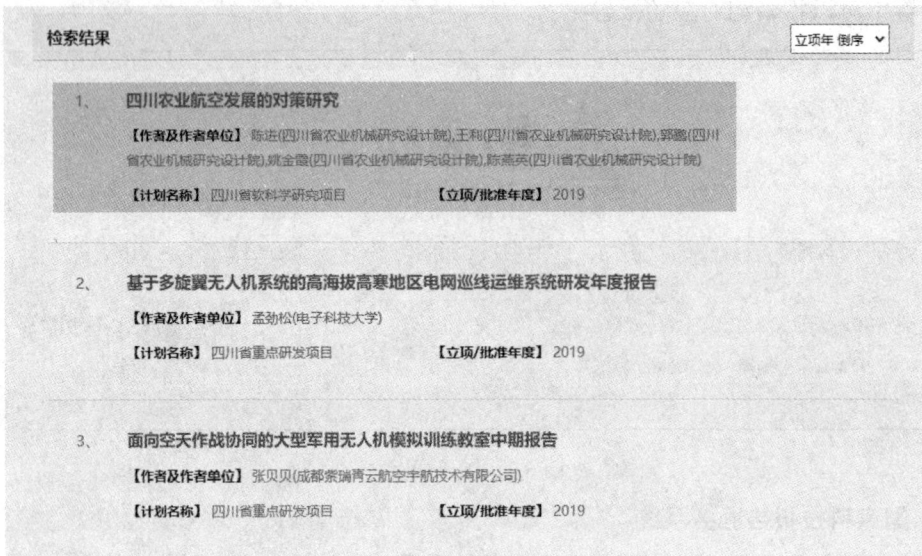

图 6-5   "无人机"检索报告

此外，在检索界面，用户还可以通过报告名称、报告编号、作者、作者单位、关键词、摘要、计划名称、立项年度、项目/课题编号等检索字段进行辅助检索，如图 6-6 所示。

图 6-6   国家科技报告服务系统检索页面

6.1.3   外文科技报告检索

目前，欧美等国家都建立了完善的科技报告制度。美国是世界上科技报告管理制度最完善的国家，美国政府四大报告(AD、PB、NASA、DE)一直居于世界著名科技报告榜首。此外，其他国家的外文科技报告有英国航空航天的 ARC 报告、法国原子能委员会的 CEA报告、德国的航空研究报告(DVR)、瑞典国家航空研究报告(FFA)、日本原子能研究报告(JAERI)等。本书主要介绍美国的科技报告。

1. 美国政府四大报告

(1) PB 报告(美国出版局 Publication Board,PB)。PB 报告是美国为了整理二战后从战败国获取的资料,设立了商务部出版局,每份资料都冠以商务部出版局的首字母,即 PB,所以称为 PB 报告。PB 报告的内容也从开始的科技报告、专利图纸等军事科学转向民用方面,包括土木建筑、城市规划、环境污染等方面。

(2) AD 报告(ASTIA Documents,AD)。AD 报告原为美国军事技术情报局(Armed Services Technical Information Agency,ASTIA)的科技报告,有统一的 AD 编号。1979 年改为国防技术情报中心,并沿用 AD 编号。AD 报告的内容包括军事、航空、电子、通信、农业等多个领域。

(3) NASA 报告(National Aeronautics and Space Administration,NASA)。NASA 报告侧重于报道航空航天方面的技术,主要包括空气动力学、发动机及飞行器结构材料、实验设备、飞行器制导及测量仪器等领域。由于航空航天涉及多方面科技,NASA 也涵盖机械、化工、冶金、电子、气象、天体物理和生物等领域的科技报告。

(4) DE 报告(国家能源局 Department of Energy,DE)。DE 报告主要是对能源应用科技方面的科技报告进行报道,包括能源保护、矿物燃料、环境与安全、核能、太阳能与地热、国家安全等。它没有统一编号,而是由各研究机构名字的字母缩写加数字生成。因为研究机构多,所以它的编号复杂,只能通过特定工具书来查阅。

以上这些报告均可以通过掌桥科研进行检索。掌桥科研是由六维联合信息科技(北京)有限公司开发的一站式科研服务平台,拥有大规模文献数据库和文献搜索引擎,与各类权威中外文献数据库建立了稳定合作。掌桥科研的检索界面如图 6-7 所示,其左下角方框内包含四大报告分类,读者可以根据需要进行检索。

图 6-7 掌桥科研检索界面

2. 美国科学信息门户网站

美国科学信息门户网站可供搜索美国政府科学技术信息。该网站发布的信息由美国政府机构供给,具有权威性。通过美国科学信息门户网站可以了解美国各方面学科领域科学研究计划、发展方向和进展状况,具体涵盖内容包括:农业与食品、应用科学与技术、航天与宇宙、生物与自然、保健与医学、能源、计算机与通信、环境、地球与海洋、

>>> 信息检索与科技写作

数理化、自然资源、科学教育等。图 6-8 为美国科学信息门户网站首页，用户无须注册即可使用。

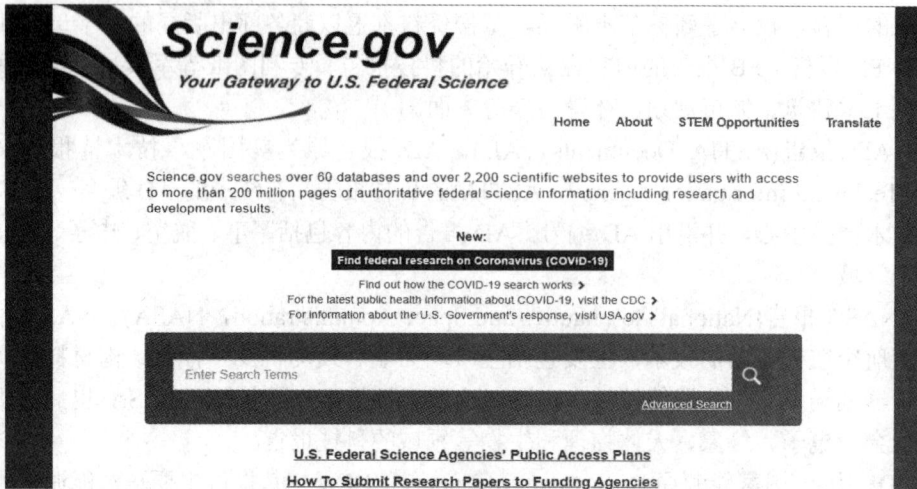

图 6-8　Science.gov 首页

【例 6.1.2】　以"COVID-19"为例，对其相关研究报告进行检索。点击检索按钮后，弹出如图 6-9 所示界面，点击第一条报告，弹出的详细界面如图 6-10 所示。在图 6-10 中，用户可以使用 DOI 号下载该科技报告原文。

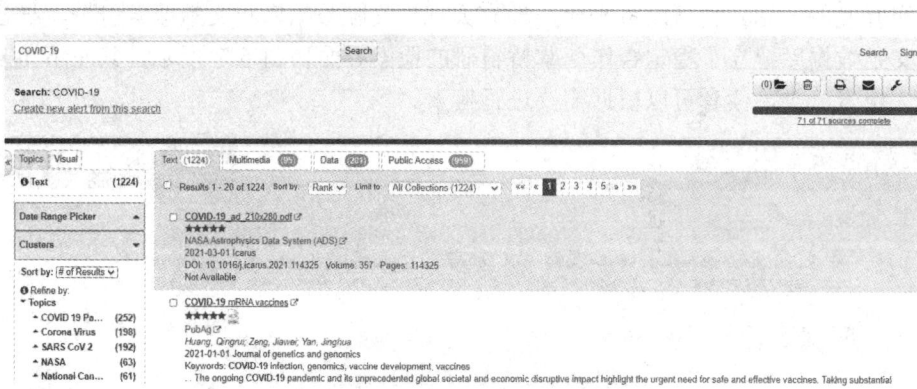

图 6-9　"COVID-19"检索界面

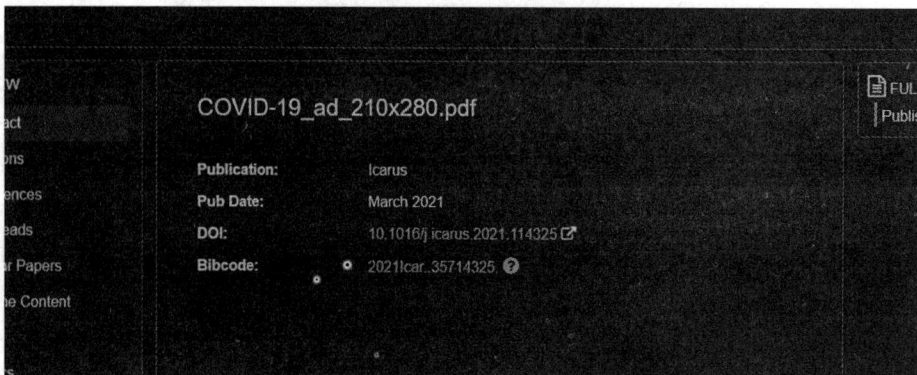

图 6-10　"COVID-19"检索结果

· 104 ·

3. 美国国家经济研究局

美国国家经济研究局(National Bureau of Economic Research，NBER)是美国的一个非营利性机构，也是美国最大的经济学研究组织，其网站首页如图 6-11 所示。美国国家经济研究局的主要目标是研究经济的运作原理，其网站首页中的"Working Papers"即为科技报告。用户可通过点击"Working Papers"按钮进入科技报告检索页面，如图 6-12 所示，在检索框中输入对应内容即可进行检索。在检索页的下方，有大量每周更新的科技报告(如图6-13 所示)，用户也可根据需求进行分类浏览。

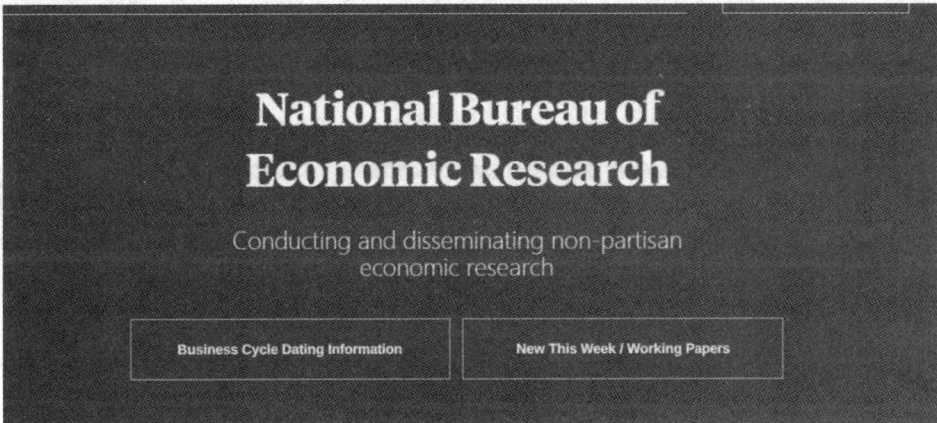

图 6-11　美国国家经济研究局网站首页

图 6-12　科技报告检索页面

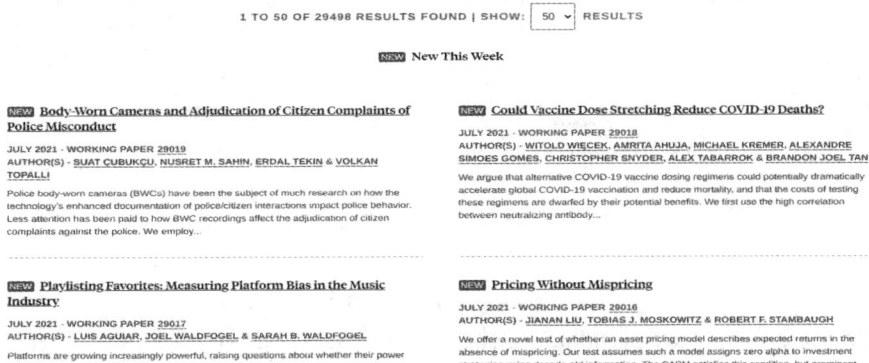

图 6-13　每周更新的科技报告

6.1.4 科技报告原文的获取

前面章节介绍了中/外文科技报告的检索方法，但是利用此类门户网站检索到的科技报告大多只能看到文摘，无法获取原文。因此，获取科技报告全文需要借助于其他途径。

1. 掌桥科研下载原文

掌桥科研是一个可以获取科技报告原文的网站，其原文获取的步骤如下：

(1) 登录掌桥科研(如图 6-14 所示)，点击左上方的"文献导航"按钮进入科技报告检索界面，弹出如图 6-15 所示界面。

(2) 在图 6-15 中的搜索框中输入想要搜索的报告名称。

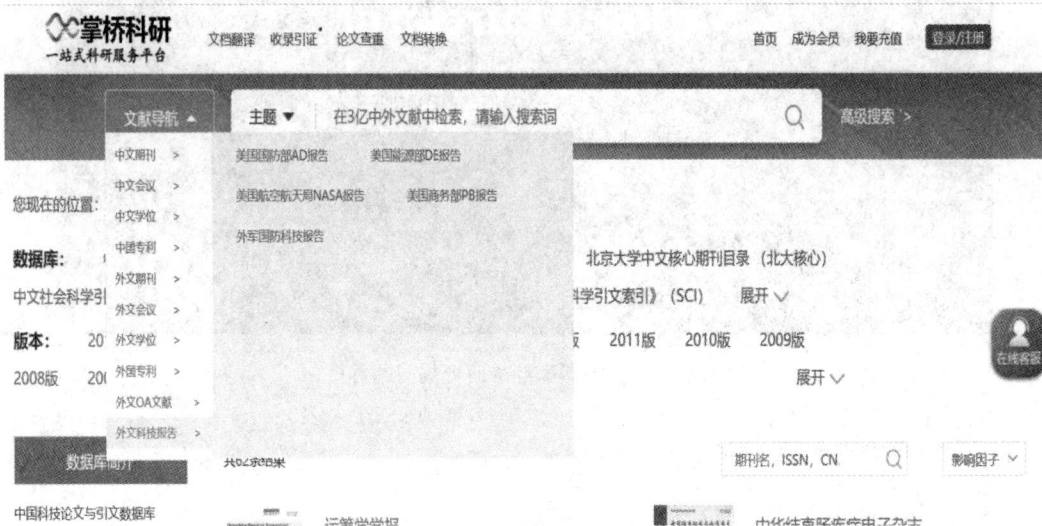

图 6-14　掌桥科研首页

图 6-15　科技报告检索界面

【例 6.1.3】 以"Transportation"为例，完成检索后点击第一条结果，出现如图 6-16 所示界面，点击"代理获取"按钮即可下载原文。

图 6-16　检索下载原文示例

2. 国内收藏单位索取

20 世纪 60 年代初，我国开始引入科技报告且数量逐年递增。我国引进科技报告的主要单位是中国科学技术信息研究所与上海科学技术情报研究所。另外，中国国防科技信息中心也收藏有大量的 AD 和 NASA 报告；中国科学院文献情报中心是收藏 PB 报告最全的单位；核工业部情报所收藏有较多的 DE 报告。

下面以上海科学技术情报研究所为例，介绍科技报告的原文下载方式。图 6-17 为上海科学技术情报研究所网站首页。检索框位于网页的正上方，用户可以根据检索关键词输入相应的内容进行检索。

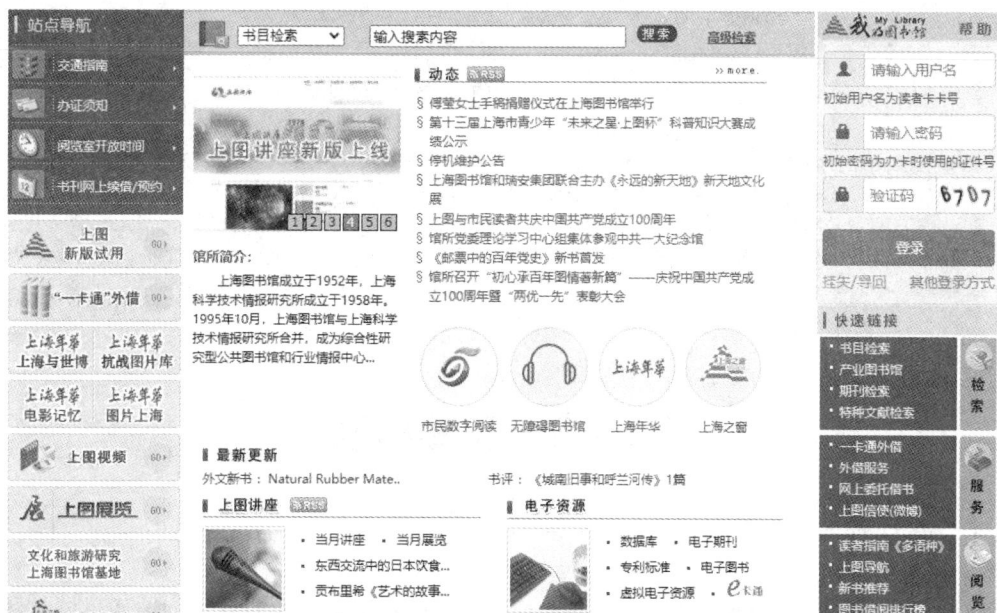

图 6-17　上海科学技术情报研究所首页

图 6-18 是特种文献的分类检索界面，用户可根据需求选择相应的科技报告数据库。如查询美国政府研究报告时，可以点击该页面中的"馆藏美国政府研究报告数据库"进行检索，如图 6-19 所示。

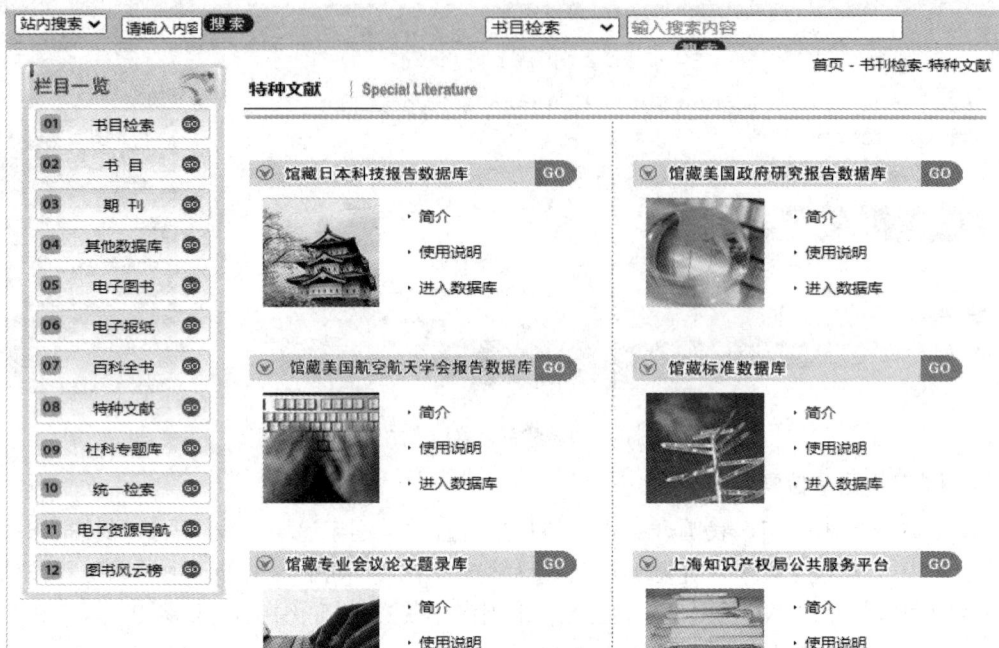

图 6-18　特种文献检索页面

图 6-19　检索界面

6.2　专利文献检索

6.2.1　专利简介

专利一词来源于拉丁语"litterae patentes"，是指专利申请人的发明创造通过国家机关审核后，获得在一定时间内对该发明创造的专有权。专利文献就是在实行专利制度时国家或国际性专利组织审批产生的官方文件及其出版物的总称，包括专利申请书、专利说明书、专利公报、专利证书、专利文件、专利文摘、专利索引和专利分类表等。

通常所说的专利文献仅指专利说明书，即专利申请人或发明人向专利局递交的说明发明创造内容以及指明专利权利要求的书面材料。专利文献有如下特点：

(1) 内容广泛，新颖创新。新颖性是每个专利必不可少的，要求申请的专利内容与其他现有专利有充分的不同点。此外，专利说明书要求专利申请人必须详细阐述发明技术内容，使所在技术领域的相关人员能够通过专利说明书进行复现。

(2) 不可胜数，涉及面广。专利文献涉及领域广泛，涵盖了大部分技术层面，也深入到人民生活当中。专利文献的内容有专利的发明创造方法、专利保护的权利要求技术范围、专利发明人、权利人、专利权力生效时间等。

(3) 传播迅速，重复量大。为了防止被对手抢先申请，专利申请人总是以最快的速度将新发明提交到专利申请机构。此外，同一个专利可以在不同的国家重复提交申请，但这样会导致同一专利在多个国家公布，造成大量的重复。

(4) 内容局限。由于专利需要进行保护，申请人通常保留其技术秘密，所以在提交专利时，申请人对技术内容的关键点都进行了保留，期望以最小代价使专利得到充分的保护。

专利文献的检索方式很多，用户可通过传统检索工具进行检索(如《中国专利公报》《中国专利索引》《中国专利文摘分类》《中国专利索引申请号/公开(告)号对照表》等)；用户也通过互联网进行检索。一般而言，对专利文献的检索主要分为以下几种情况：

(1) 专利技术信息检索。在检索专利文献时使用一个技术主题作为辅助，检索出的专利文献都是包含该技术主题的相关文献。

(2) 查新检索。对申请专利的全部相关技术文献进行检索，若找不到完全相同的技术文献，则找出相关的文献。只要找到一篇能够破坏其新颖性的文献，那么即可证明该发明创造不具备新颖性，所以又称为"专利技术主题查准检索"或"专利对比文件检索"。

(3) 专利法律状态检索。对申请专利的状态进行检索，查看其有效性、合法性，进而判断侵权行为或避免侵权行为。

(4) 同族专利检索。通过检索该申请专利在不同国家的申请情况，判断其区域保护范围。

(5) 专利引文检索。查找特定专利的引用或被引用情况，其目的是找出专利文献中申请人在完成发明创造过程中引用的参考文献，包括由审查员引用并被记录在专利文献中的审查对比文献，以及被其他专利作为参考文献和/或审查对比文件所引用的相关信息。

(6) 专利相关人检索。专利相关人检索也称申请人/专利权人/发明人等检索。专利相关人检索是指查找某申请人、专利权人或发明人的专利的过程，以找出相关申请人或专利权人或发明人的所有专利申请或文献。

6.2.2　中国专利文献检索

在我国每项专利都有唯一专利申请号。专利申请号由国家知识产权局设置，由申请年号、专利类型代号、申请流水号三部分组成，共计 12 位阿拉伯数字。专利申请通过国家知识产权局审批后,会提供一个专利权号码,称为专利号。专利号与申请号相同,只是在申请号码前加上 ZL 代码表示专利。专利号码是获取专利文献的重要依据,用户可通过以下几种途径检索专利。

1. 中国专利查询系统

中国专利查询系统由国家知识产权局搭建,是进行中国专利文献检索、浏览和下载的平台,其数据来源于中国专利审批系统。专利文献在进入中国专利审批系统 2~3 天后,用户即可在中国专利查询系统中检索相关信息。中国专利查询系统的首页如图 6-20 所示,用户在专利查询时必须注册登录该系统。

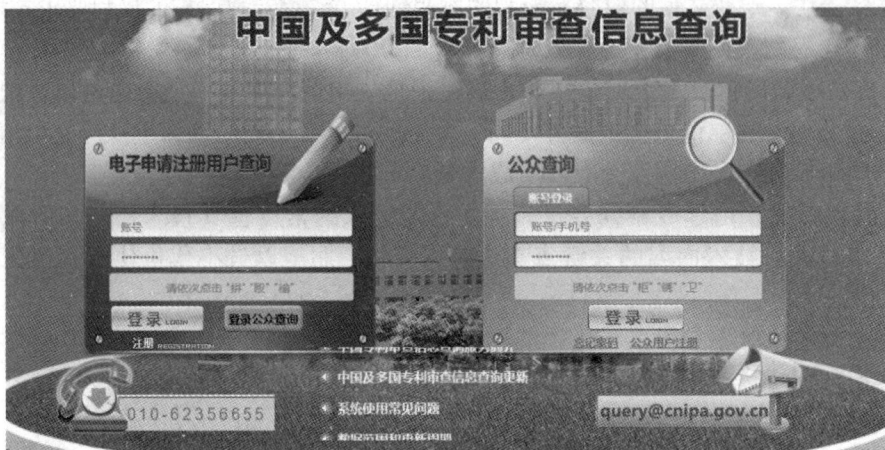

图 6-20　中国专利查询系统首页

登录中国专利查询系统后,专利检索界面如图 6-21 所示。若要进行精准检索,用户可直接在"申请号/专利号"后的方框内输入申请号即可;若无专利申请号,输入发明名称也会检索到与之相关的专利。

图 6-21　专利检索界面

【例 6.2.1】 检索专利"一种电子支付方法和电子设备"。根据上述检索方法,其检索结果如图 6-22 所示。用户可以通过点击该专利名称进行阅读。

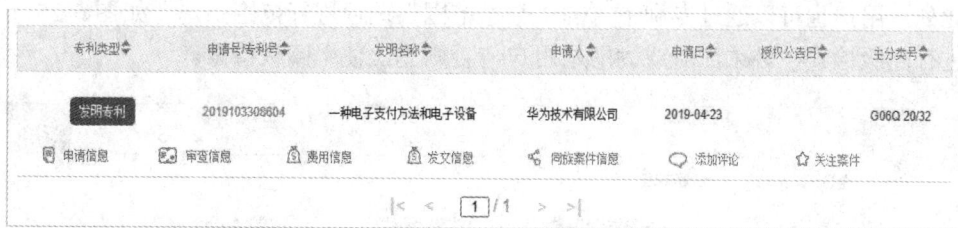

图 6-22 专利检索显示

2. 国家知识产权局(CNIPR)专利检索与服务系统

中华人民共和国国家知识产权局(CNIPR)专利检索与服务系统收录了我国从 1985 年至今受理的专利，还收录了涵盖中国、美国、日本、韩国、英国、法国、德国、瑞士、俄罗斯、欧洲专利局和世界知识产权组织等发达国家或机构的专利信息。

图 6-23 为专利检索与服务系统首页，用户可以点击首页中的"专利检索"按钮进行检索，检索界面如图 6-24 所示。专利检索与服务系统提供的检索字段有检索要素(在标题、摘要、权利要求和分类号中同时检索)、申请号、公开(公告)号、申请(专利权)人、发明人、发明名称。

图 6-23 专利检索与服务系统首页

图 6-24 专利检索界面

此外，用户也可以通过专利下方的"数据范围"选项进行范围筛选，如图 6-25 所示。若要进行高级检索，必须注册成为网站用户，否则无法使用高级检索。

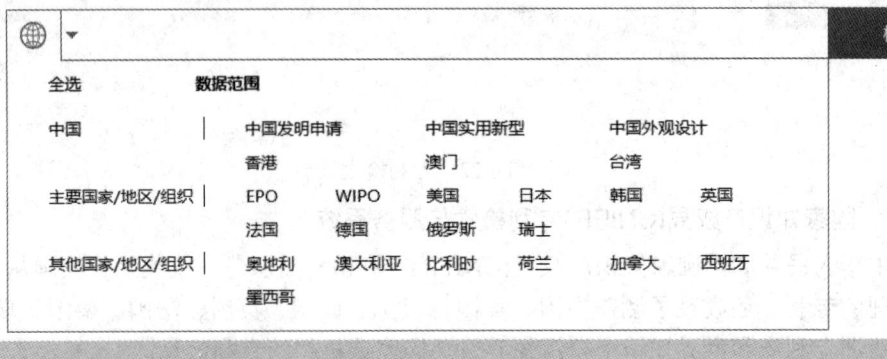

图 6-25　专利检索范围筛选

3. 中国专利全文数据库(知网版)

中国专利全文数据库(知网版)包含发明专利、实用新型专利、外观设计专利三个子库。用户可以通过申请号、申请日、公开号、公开日、专利名称、摘要、分类号、申请人、发明人、优先权等检索字段进行检索，并下载专利说明书全文。中国专利全文数据库的检索界面如图 6-26 所示。

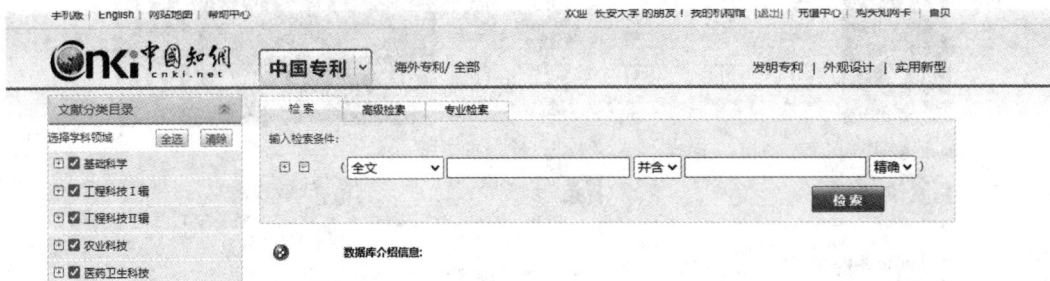

图 6-26　CNKI 中国专利检索首页

在中国专利全文数据库(知网版)数据库中，每条专利的相关最新文献、科技成果和标准等信息相比于普通专利数据库都更完善。中国专利全文数据库(知网版)数据库提供每条专利的产生背景、发展动向、相关领域的发展状况，发明人和发明机构的更多信息也可以进行查阅浏览。

4. 万方中外专利数据库

万方中外专利数据库收录的专利涵盖国内外发明、实用新型、外观设计等方面，其资源都是全文呈现，其首页如图 6-27 所示。万方中外专利数据库提供简单检索和高级检索两种方式，其中简单检索方式简易便利，高级检索方式精准且功能强大。

用户可通过专利名称、摘要、申请号、申请日期、公开号、公开日期、主分类号、分类号、申请人、发明人、主申请人地址、代理机构、代理人、优先权、国别省市代码、主权项、专利类型等检索项进行检索。

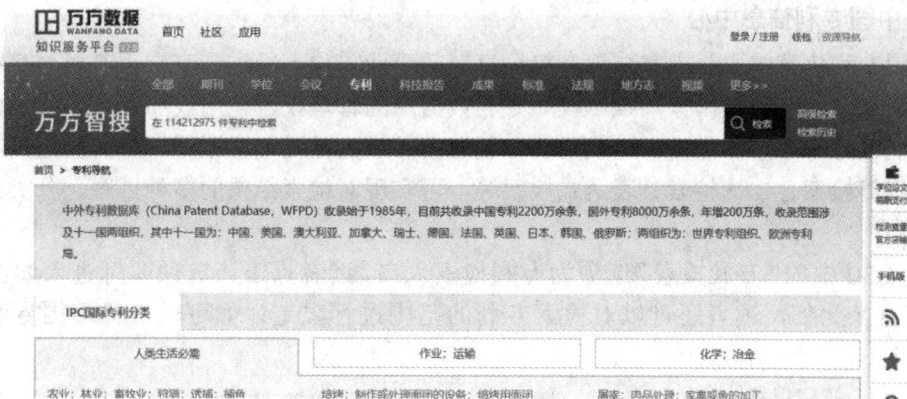

图 6-27　万方中外专利数据库检索界面

【例 6.2.2】 检索"闫茂德"的专利情况。在检索框中输入"闫茂德"即可得到他的专利情况，检索结果如图 6-28 所示。该检索结果显示 "找到 52 条结果"，即该库中关于"闫茂德"的专利信息有 52 项。

图 6-28　万方中外专利检索示例

除了简单检索外，用户还可以进行高级检索。高级检索的检索界面如图 6-29 所示，用户可以在检索框输入相应的检索关键词，并选择模糊检索或精确检索方式。

图 6-29　万方中外专利高级检索示例

5. 中国专利信息中心

中国专利信息中心是国家知识产权局直属的事业单位。经过国家知识产权局赋权，中国专利信息中心获得对国家知识产权局专利数据库的管理权、使用权和综合服务经营权。中国专利信息中心以国家知识产权局的专利检索系统为基础，增添了一些其他检索功能，如逻辑运算检索、二次检索、表达式检索等，可实现对检索结果的多种排序、分类统计等功能。

图 6-30 中的"专利检索"选项为专利检索入口，读者点击该选项即可进入如图 6-31 所示界面。此外，读者还可以对检索专利的范围进行限定，如可以选择中国专利或者世界专利。

图 6-30　专利检索入口

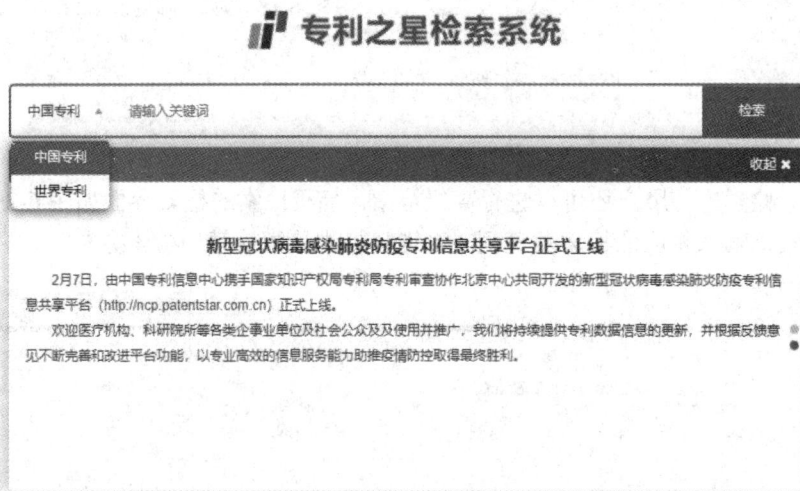

图 6-31　专利检索界面

6.2.3　外国专利文献检索

在进行科研活动过程中，有时需要对外国专利文献进行检索，以便科研人员更全面地掌握所研究内容的发展状况。下面将介绍几种常用的外国专利文献检索途径。

1. 美国专利商标局

美国专利商标局(US Patent and Trademark Office，USPTO)收集了美国自 1976 年至今的专利。美国专利商标局有授权专利数据库(Issued Patents，PatFT)和公开专利数据库(Published Applications，AppFT)两部分。USPTO 不仅提供快速检索和高级检索两种检索方式，还提供专利分类检索功能。美国专利商标局的首页如图 6-32 所示，其检索框在该页面的右上方。

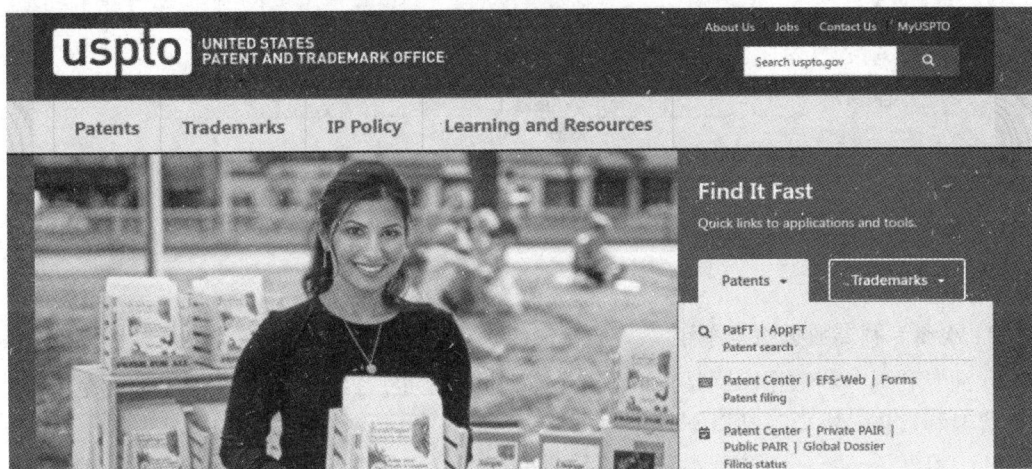

图 6-32　美国专利商标局首页

【例 6.2.3】 用户在检索框中输入"hypodermic"，然后点击检索按钮进入如图 6-33 所示检索界面。该检索结果包含 251 项类似的检索专利，用户可以根据自己的需求进行筛选。

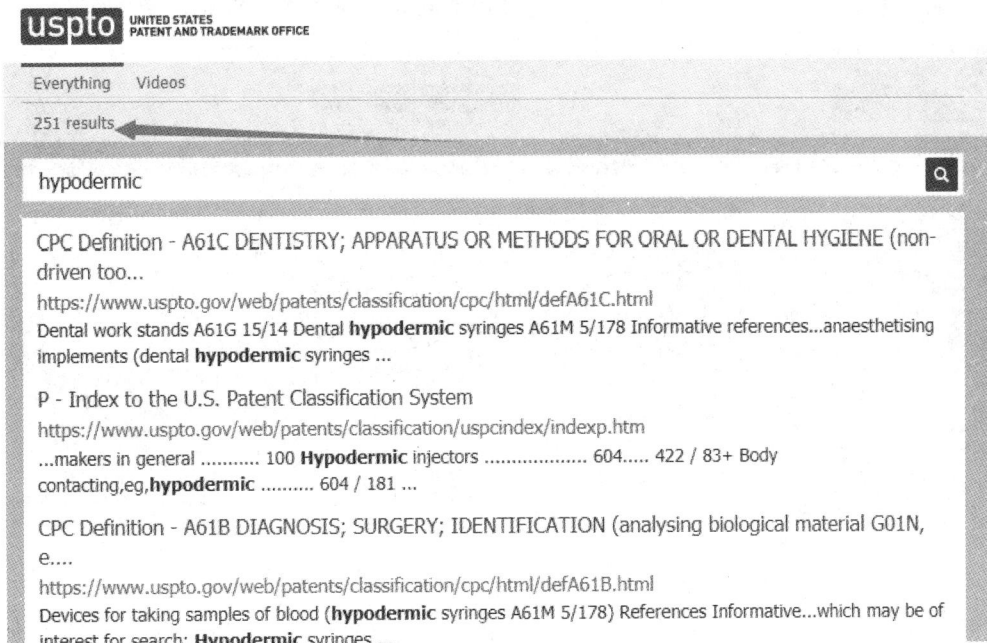

图 6-33　"hypodermic"检索结果

美国专利商标局的专利全文检索界面如图6-34所示,用户可在对应框内选择检索字段,并输入检索信息进行检索。

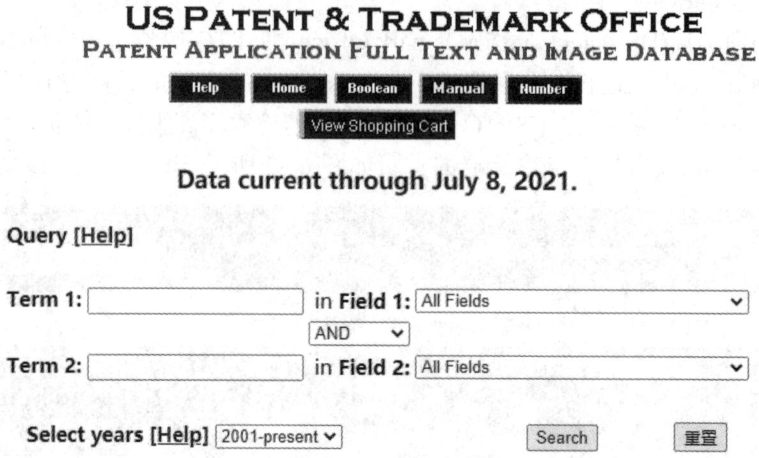

图 6-34 专利检索界面

2. 欧洲专利局数据检索系统

欧洲专利局专利数据库网站 Espacenet 拥有世界上最广泛、内容最丰富、涉及范围最广的免费专利数据,主要包括以下几个数据库:

(1) WIPO-esp@cenet 专利数据库。世界知识产权组织出版的专利收录于此数据库。

(2) EP-esp@cenet 专利数据库。欧洲各国出版的专利收录于此数据库。

(3) Worldwide 专利数据库。收录世界上 90 多个国家和地区的专利题录信息。

欧洲专利局专利数据库网站的首页如图 6-35 所示,用户可以在首页左上方的检索框内输入需要检索的专利内容,也可以点击右边的"Patents"选项进入专利检索界面。

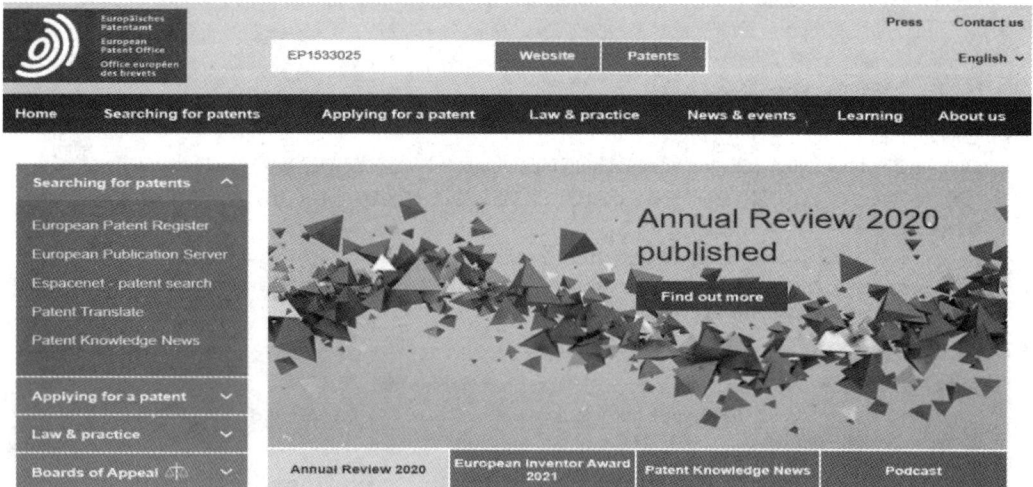

图 6-35 欧洲专利局专利数据库首页

【例 6.2.4】 在输入框中输入专利号"EP1533025A2",点击检索按钮即可得到如图6-36所示的检索结果。

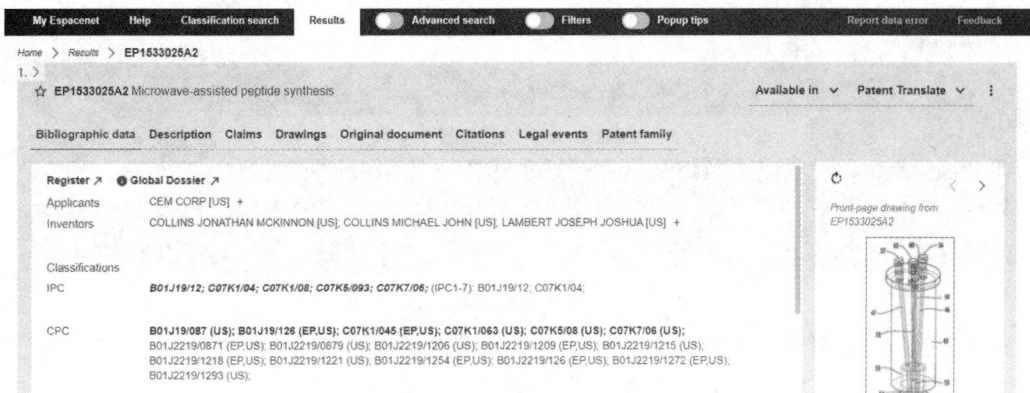

图 6-36　专利号"EP1533025A2"检索结果

3. 世界知识产权组织网站

世界知识产权组织(World Intellectual Property Organization，WIPO)向政府机构和个人用户提供电子化专利信息服务，其数据库包括 PCT 国际专利数据库、美国专利数据库、欧洲专利数据库、中国专利英文数据库等。WIPO 的网站首页如图 6-37 所示，右上方为专利检索入口。

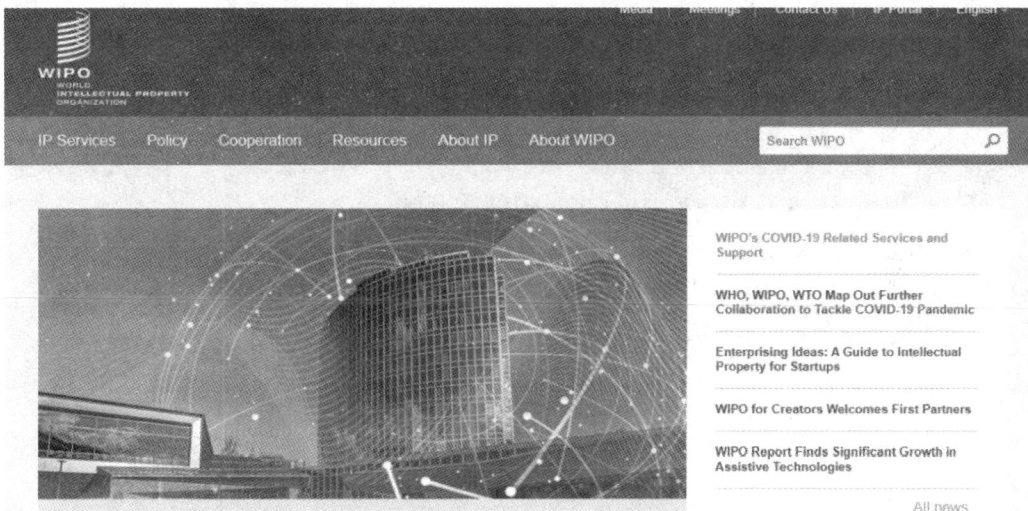

图 6-37　世界知识产权组织网站首页

此外，用户还可以通过日本特许厅网站、韩国知识产权局下属的韩国工业产权信息服务中心等进行免费在线国外专利信息检索服务。

6.2.4　专利文献原文的获取

尽管上述小节提供了多种专利文献检索途径，但很多平台仅能检索到专利的相关信息，无法下载专利全文。本节提供如下获取专利文献全文的方法。

1. 掌桥科研获取专利全文

(1) 在掌桥科研的首页(如图 6-38 所示)勾选检索框下方的条件选项，如"中国专利"(或者外国专利)，可跳转到如图 6-39 界面。

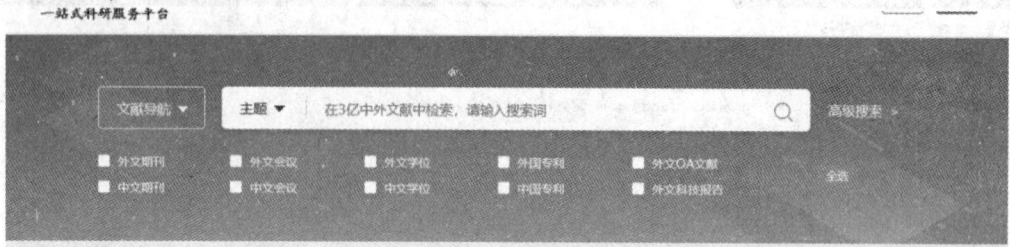

图 6-38 掌桥科研首页

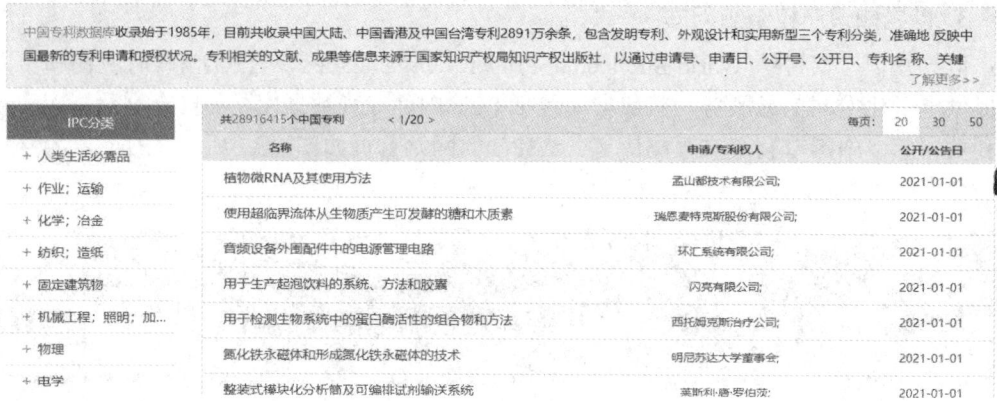

(2) 在图 6-39 所示的中国专利界面中，左列是专利的 IPC 分类，右列是专利详情。用户可根据情况点击自己需要的专利进入专利详情页。

图 6-39 中国专利界面

(3) 浏览基本信息无误后，点击"获取专利"按钮下载专利原文，如图 6-40 所示。

图 6-40 专利全文获取

2. 专利搜索引擎 SooPAT 获取专利全文

SooPAT 是一个强大的搜索引擎，分中国专利和世界专利检索两种，如图 6-41 所示。

SooPAT 中的中国专利数据由国家知识产权局检索数据库提供，国外专利数据来自各个国家的官方网站。SooPAT 中的中国专利全文可以免费打包下载，如果注册会员，SooPAT 还提供保存检索历史与个性化设置等服务。

图 6-41　SooPAT 专利检索

【例 6.2.5】 以"内存条"为例进行检索，结果如图 6-42 所示。点击第一条检索结果，出现如图 6-43 所示界面，用户点击其中的"专利下载"按钮进行全文下载。

图 6-42　"内存条"检索

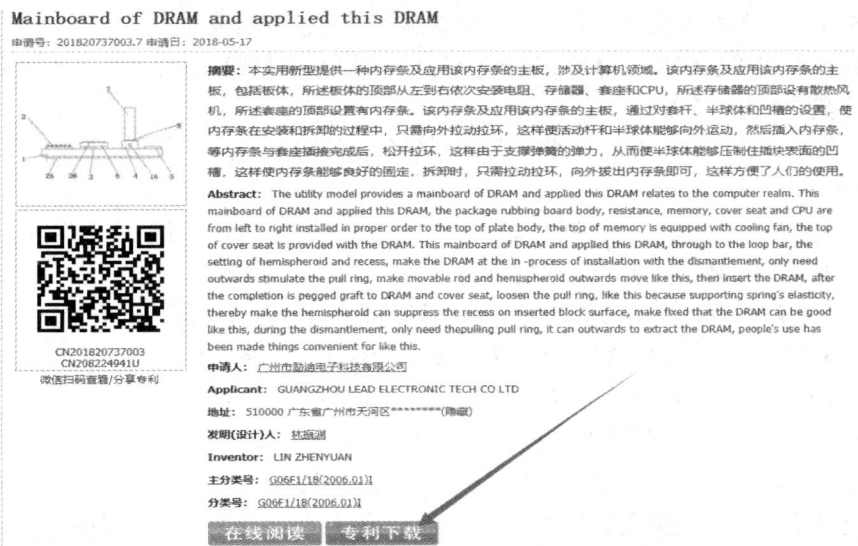

图 6-43　检索示例

6.3 标准文献检索

标准既是产品检验的依据，也是一种解析和探究国内外工农业产品、工程建设水平特点和技术发展水平的重要依据，对改进老产品具有重要的参考作用。

6.3.1 标准简介

标准是对重复性事物和概念所做的统一规定，是公认权威机构批准的标准化工作成果。它以科学、技术和实践经验的综合成果为基础，经有关方面协商，由主管机构批准，以特定形式发布，作为共同遵守的准则和依据。标准具有以下特点：

(1) 先进性：标准应对当前技术内容起领先的作用，并不断提高；

(2) 适用性：作为标准，应具有最能满足当前需求的能力；

(3) 经济性：这里的经济性不是指成本和收益上的效益，而是体现社会上的总体效益；

(4) 可证实性：标准中的统一规定，应是能用试验方法验证的，而不只是一些模糊性概念。

标准可按其性质分为技术标准、工作标准和管理标准；按标准的适用范围，可分为国际标准、区域标准、国家标准、部标准、行业标准和企业标准；按标准的内容，可分为基础标准、产品标准、零部件标准、原材料标准和方法标准；按标准的成熟程度又可分为法定标准、推荐标准和试行标准。一般而言，标准由三类要素构成：

(1) 概述要素：对标准的识别、对标准内容的介绍，包括标准背景的说明、制订及其与其他标准的关系等；

(2) 标准要素：规定了标准要求和必须遵守的条文；

(3) 补充要素：用以辅助理解标准的补充信息。

标准文献泛指与标准化活动有关的一切文献，通常由标准级别、分类号、标准号、标准名称、标准提出单位、审批单位、批准年月、实施日期以及具体内容项目等元素构成，并具有如下典型特征：

(1) 每个国家对于标准的制订和审批程序都有专门的规定，并有固定的代号，标准格式整齐划一；

(2) 是从事生产、设计、管理、产品检验、商品流通、科学研究的共同依据，在一定条件下具有某种法律效力，有一定的约束力；

(3) 时效性强，只以某个时间阶段的科技发展水平为基础，具有一定的陈旧性。随着经济发展和科学技术水平的提高，标准不断地进行修订、补充、替代或废止；

(4) 一个标准一般只解决一个问题，文字准确简练；

(5) 不同种类和级别的标准在不同范围内贯彻执行；

(6) 标准文献具有其自身的检索系统。

在工业化和信息化飞速发展的今天，标准文献在科研活动和生产过程中发挥着越来越重要的作用，具体可描述如下：

(1) 了解各国经济政策、技术政策、生产水平、资源状况和标准水平；

(2) 在工程设计、工业生产、企业管理、技术转让、商品流通中，采用标准化的概念、术语、符号、公式、量值、频率等有助于克服技术交流的障碍；

(3) 国内外先进的标准可推出新产品，提高工艺和技术水平；

(4) 标准文献是鉴定工程质量、校验产品、控制指标和统一试验方法的技术依据；

(5) 可以简化设计、缩短时间、节省人力，减少不必要的试验、计算，保证质量，减少成本；

(6) 进口设备可按标准文献进行装备、维修；

(7) 有利于企业或生产机构经营管理活动的统一化、制度化、科学化和文明化。

6.3.2　中国标准文献检索

在我国，标准文献检索方式主要有传统检索方式和网络检索方式两种。

1. 传统检索方式

传统标准检索方式有标准检索刊物检索、参考工具书检索、情报刊物检索等。进行标准文献检索时，常利用标准文献分类号、标准名称、关键词、标准编号、发布日期等作为检索关键字段，结合标准目录获取全文。以下是几种常用的传统检索工具。

(1)《中华人民共和国国家标准目录》收录现行所有的国家标准信息，同时也包括国家标准修改、更正、勘误通知等信息。

(2)《中国标准化年鉴》包括我国标准化事业的现状、国家标准分类目录、标准序号索引三部分。

(3)《中国国家标准汇编》收录了我国所有正式发行的现行标准。

(4)《国家标准代替、废止目录》收录了国家标准最新的代替、废止和更正转化信息。

(5)《中国标准导报》覆盖了全国各地区各部门的标准化机构、技术监督系统、大中型企业和三资企业的标准相关信息，是集政策、学术、技术、信息于一体的标准化综合性刊物。

(6)《世界标准信息》主要报道标准资料信息，国内外各种标准信息，国外标准资料，国外标准化期刊论文索引，国外标准化专利简介，国外标准译文题录，国外采用国际标准动态，国外标准制/修订动态、出版消息、标准情报等。

2. 网络检索方式

网络上关于标准检索的数据库大多数是收费的，只有国家强制性标准是免费的。用户可以利用政府网站免费的特点来获取行业标准。下面列出常用的标准文献检索数据库。

(1) 国家标准化管理委员会网站。

国家标准化管理委员会于 2001 年 10 月正式成立，是中华人民共和国国务院授权统一管理全国标准化工作的主管机构。该网站提供系统的国家标准检索数据库，具体有国家标准公告查询、国家标准全文在线阅读、国家标准目录查询、国家标准计划查询、专业标准化技术委员会查询、行业标准备案公告信息查询、地方标准备案公告信息查询等功能。用户可通过标准号、标准名称、国际标准分类号、中国标准分类号、发布日期、实施日期、标准制定单位等检索字段检索相关标准信息。用户可通过国家标准化管理委员会网站首页中的"标准服务平台"进行检索，如图 6-44 所示。

图 6-44　国家标准化管理委员会网站首页

图 6-45 为国家标准检索页面。国家标准化检索平台的检索范围包括国家标准计划、国家标准、行业标准、地方标准。在选定标准范围的情况下，输入相关检索主题，点击"检索"按钮进行标准文献检索。

图 6-45　国家标准检索页面

图 6-46 为"防护服"相关标准的检索结果。由该检索结果可知，检索界面提供该标准的国际标准分类号、中国标准分类号以及实施状态(即将实施或现行)等信息。

图 6-46　检索结果界面

(2) 中国标准服务网。

中国标准服务网由中国技术监督情报所开发，向社会提供标准动态跟踪、标准文献检索、标准文献全文传递和在线咨询等功能。用户可以免费使用中国国家标准、国际标准、发达国家的标准、地方标准等数据库，并获得部分标准全文。

图 6-47 所示为中国标准服务网首页。页面左侧有各个国家地区的标准分类，中间是对应分类下的标准信息。用户可以在正上方的检索框里输入检索信息，点击"查找或购买标准"查找相应的标准文献。

图 6-47　中国标准服务网首页

【例 6.3.1】　在检索框中输入"汽车标准"，出现如图 6-48 所示页面。用户可以选择需要的文献先进行预览，确认无误再选择购买电子版或纸质版。

图 6-48　"汽车标准"标准文献检索界面

点击图 6-47 上方的"标准服务"按钮进入如图 6-49 所示的标准服务界面。在该页面，读者可以找到包括国内外标准授权、标准体系研究、标准制修订服务、标准翻译服务(专家翻译)等，选择需要的服务点击进入即可。

图 6-49　标准服务界面

(3) 国家科技图书文献中心。

国家科技图书文献中心(National Science and Technology Library，NSTL)数据库包括中国国家标准数据库、国外标准数据库和计量检定规程数据库，其中国外标准数据库可检索包括国际标准化组织、国际电工委员会、英国标准化学会、德国标准化学会、法国标准化学会、IEEE、美国保险商实验室、日本工业标准等内容。

图 6-50 为国家科技图书文献中心的首页。用户点击其中的"标准"按钮进入标准检索界面，如图 6-51 所示。在其中的检索框中输入需要检索的标准信息，点击"查询"按钮进行检索，也可以通过左侧的首字母筛选和标准分类进行分类浏览。

图 6-50　国家科技图书文献中心首页

图 6-51 标准文献检索浏览界面

(4) ChinaGB 国家标准频道。

ChinaGB 国家标准频道是中国国家标准专业咨询服务网站，主要提供中国国家标准、行业标准、地方标准及国际标准、外国标准的全方位咨询服务，旨在解决人们生活中所面临的标准问题，比如国际贸易标准、社会道德标准、制度标准等。图 6-52 为 ChinaGB 国家标准频道首页，用户在检索框中输入需要检索的标准内容即可。

图 6-52 国家标准频道首页

【例 6.3.2】 在检索栏输入"食品"，弹出如图 6-53 所示页面，其中左侧为各项食品标准的基本信息。

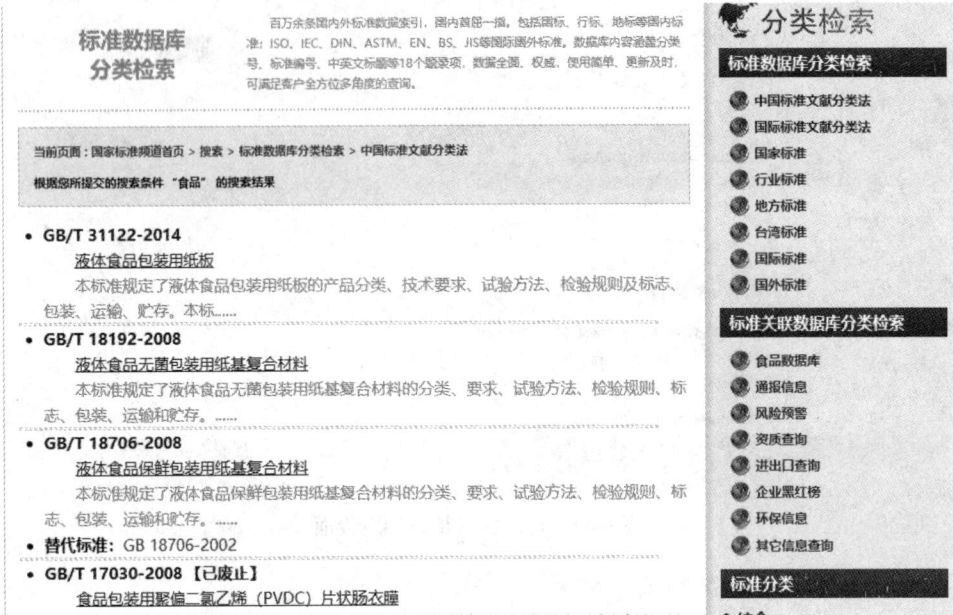

图 6-53 "食品"标准检索

(5) 中国标准在线服务网。

中国标准在线服务网主要收录中国国家标准、部分行业标准、美国国家标准、加拿大标准化协会标准等内容，可提供标准查询、原文订阅、强制性国家标准免费阅读等服务，并发布国家标准批准发布公告、行业标准备案公告、国家标准废止、国家标准与行业标准转换信息等政策信息。

图 6-54 为中国标准在线服务网首页，用户可在检索框内输入需要的标准信息进行检索，点击其中的"标准分类"按钮进入如图 6-55 所示页面，其中包含国家标准分类与行业标准分类。

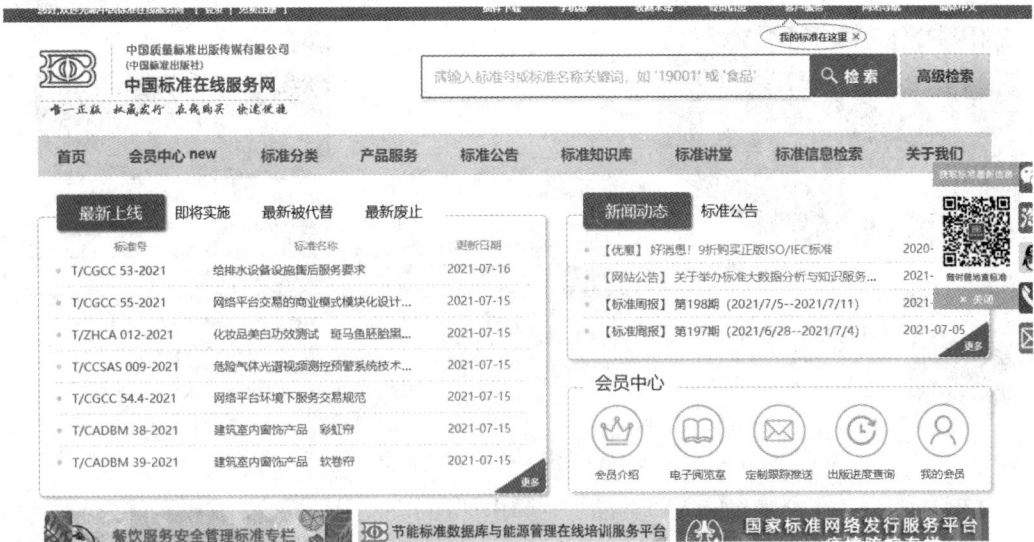

图 6-54 中国标准在线服务网首页

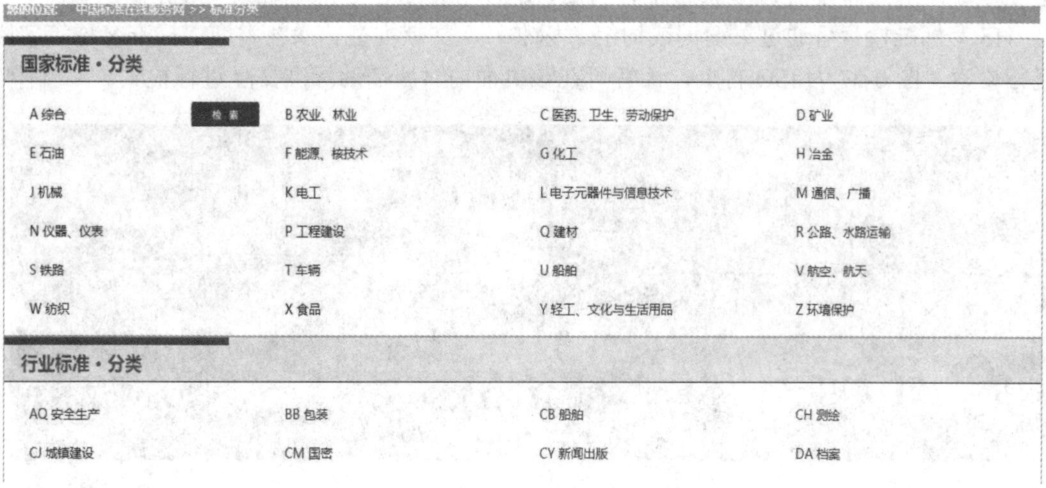

图 6-55　标准分类

【例 6.3.3】要浏览国家标准中的综合类，点击图 6-55 中的"综合"按钮进入如图 6-56 所示页面，用户可在该页面内阅读或购买标准。

图 6-56　国家标准"综合"

此外，我国还有许多部门提供网上标准信息检索服务，如中国标准服务网、中国环境标准网、中国质量信息网等，用户可以自行查阅。

6.3.3　国外标准文献检索

对于国际的标准文献，通常可通过国际标准化组织或相应专业领域的网站进行检索。

1. ISO 及其标准文献检索

国际标准化组织(International Organization for Standardization，ISO)是标准化领域中的一个国际性非政府组织，是全球最大、最权威的国际标准化组织。ISO 负责当今世界上除电工领域外绝大部分领域(包括军工、石油、船舶等垄断行业)的标准化事宜。

ISO 标准检索可通过关键词或词组、标准号、文献类型、增补类型、标准名称等字段进行检索。图 6-57 为 ISO 首页，读者可在该页面内对所需的标准文献进行检索。

图 6-57　ISO 首页

【例 6.3.4】 在检索框内输入"business"进行标准检索，弹出如图 6-58 所示页面。左侧为检索结果的分类，包括标准、新闻、出版物等，右侧是关于"business"的标准内容，用户可点击相应的条目进行浏览。

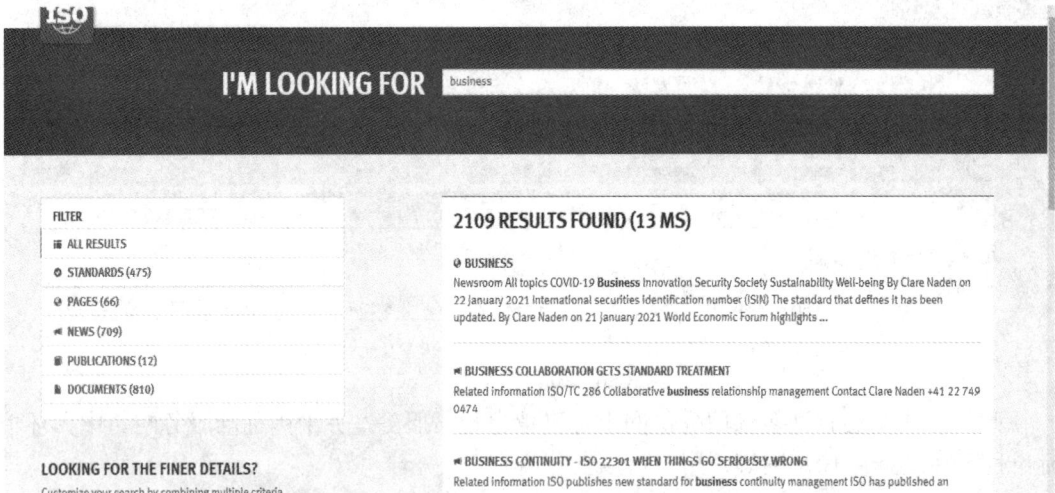

图 6-58　"business"检索结果

2. 国际电工委员会及其标准检索

国际电工委员会(International Electronical Commission，IEC)是世界上最早的国际性电工标准化机构，承担电子工程和电气工程领域的标准化工作，目前 IEC 提供新闻、公共信息、标准信息查询、标准及文件订购服务，用户可以通过标准号、主题词、分类号等途径检索标准文献，可免费获得标准文献名称、摘要、IEC 标准号等信息。IEC 的宗旨是促进

电工、电子和相关技术领域有关电工标准化(如标准的合格评定)的国际合作事宜。图 6-59
为 IEC 网站首页。

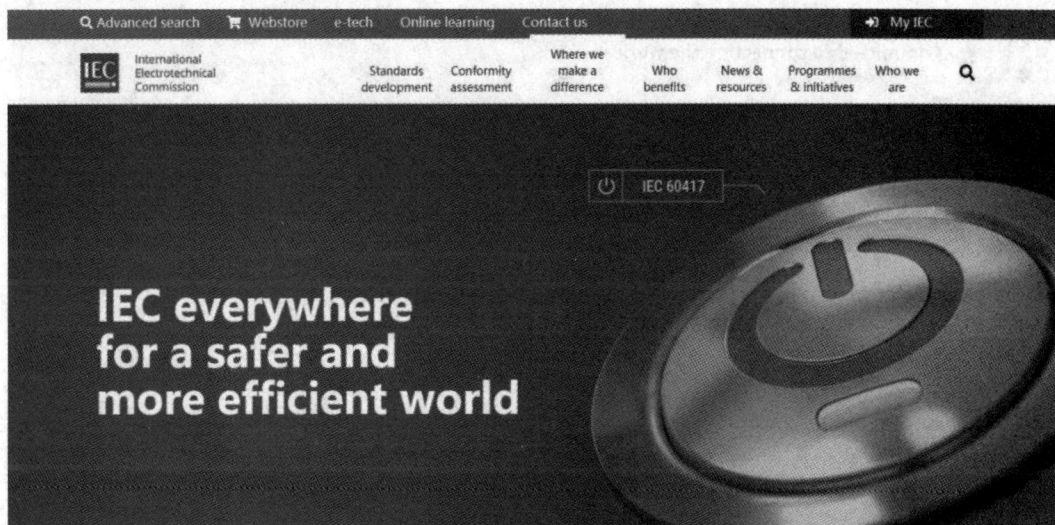

图 6-59　IEC 首页

点击 IEC 首页的"Advanced search"按钮进入高级检索页面，如图 6-60 所示。用户可
以选择对应类型进行精确检索。

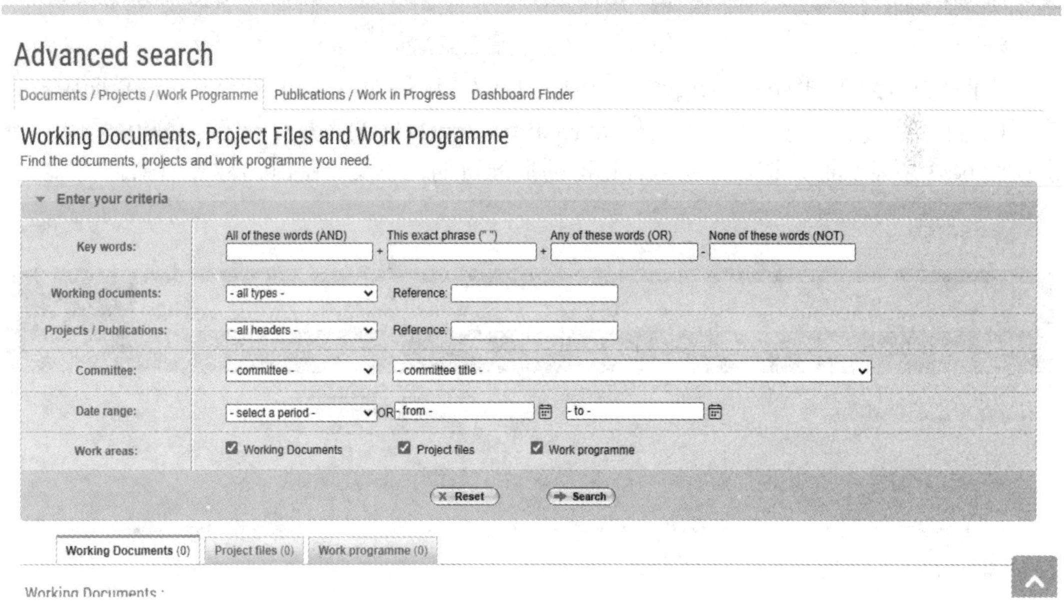

图 6-60　IEC 高级检索界面

3. 国际电信联盟

国际电信联盟(International Telecommunication Union，ITU)是联合国的一个重要专门机
构，主管信息通信事务。ITU 标准是信息通信技术网络基础，涵盖领域有无线通信研究领

域(ITU-R)、电信研究领域(ITU-T)、电信发展研究领域(ITU-D)等。图 6-61 为国际电信联盟首页，页面内的检索框即为标准检索入口。

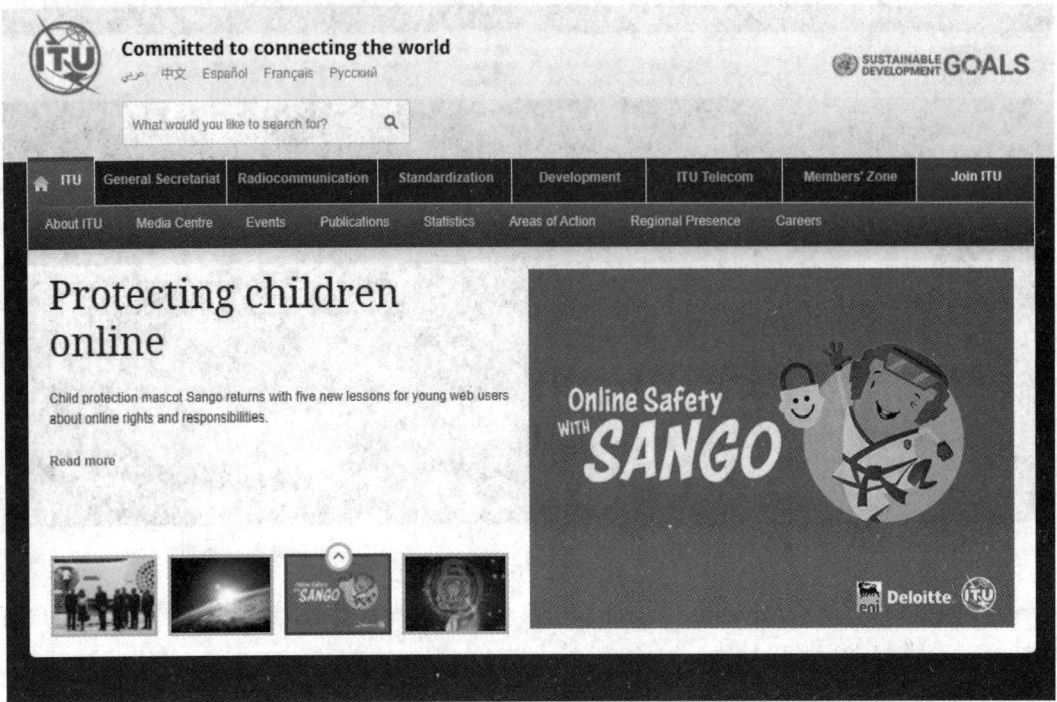

图 6-61　国际电信联盟首页

【例 6.3.5】　以"new energy"为例进行检索，结果如图 6-62 所示。在该页面中，用户可以对检索结果进行筛选。如选择"Standardization(ITU-T)"并点击第一条检索结果，弹出如图 6-63 所示页面，该页面内包含标准的批准日期、引文、临时名称等信息。

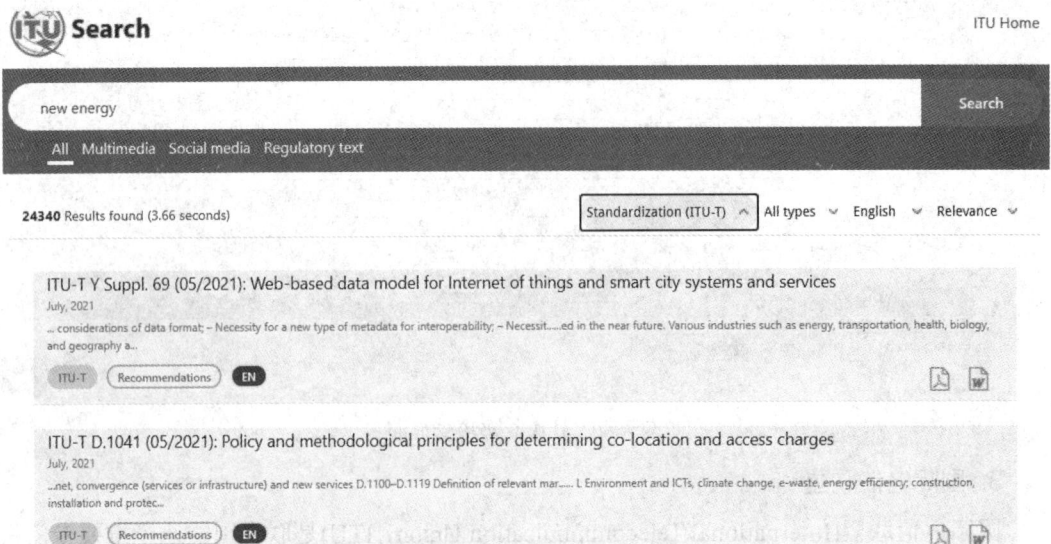

图 6-62　"new energy"检索界面

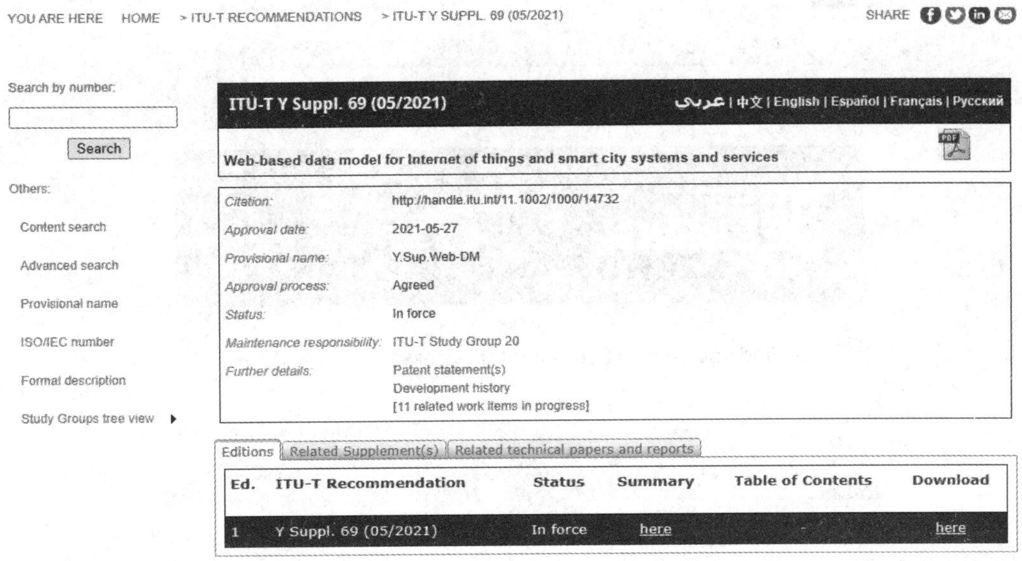

图 6-63　检索示例

4. 美国国家标准学会

美国国家标准学会于 1918 年由美国材料试验协会、美国机械工程师协会、美国矿业与冶金工程师协会、美国土木工程师协会、美国电气工程师协会等组织共同成立。美国商务部、陆军部、海军部也参与了该学会的筹备工作。图 6-64 为美国国家标准学会首页，首页内的检索框为标准检索入口。

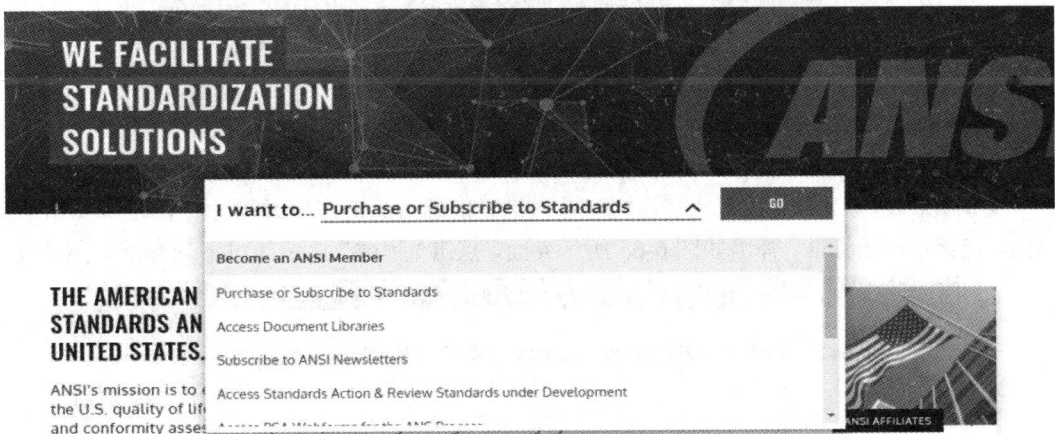

图 6-64　美国国家标准学会首页

在首页的下拉框中选择 "Access Standards Action & Review Standards under Development"，进入如图 6-65 所示页面。在方框内输入标准名称并点击 "go" 按钮进行检索。此外，美国国家标准学会还提供三种标准查阅选项应对不同的需求，包括 "Individual Standards" "Standards Connect" 和 "Standards Packages"。

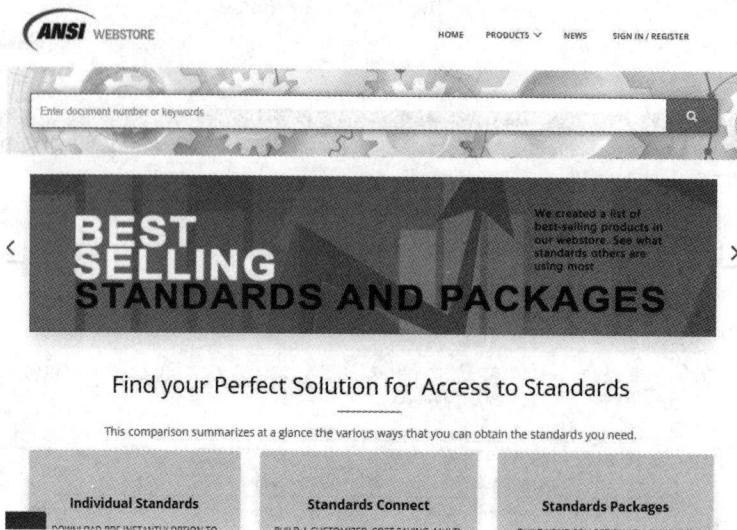

图 6-65　标准检索界面

6.3.4　标准文献原文的获取

1. 万方智搜

万方智搜提供标准文献的全文获取功能，如图 6-66 所示。用户点击首页上方的"标准"按钮，并在检索框内输入标准名称进行检索。

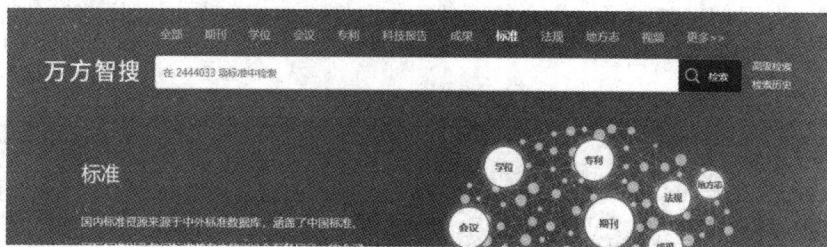

图 6-66　万方智搜首页

【例 6.3.6】 以"食品安全"为例，输入检索信息后点击"检索"，弹出如图 6-67 所示界面。选择第一条标准，弹出如图 6-68 所示界面，点击"下载"按钮即可下载标准文献全文。

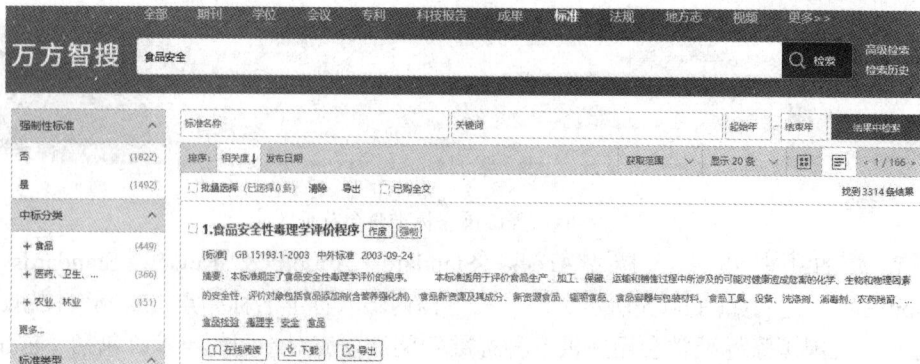

图 6-67　"食品安全"检索

图 6-68　标准具体信息界面

2. 知网标准数据库

知网标准数据库提供标准文献的全文获取功能，如图 6-69 所示，在检索框内输入需要检索的文献名称即可。

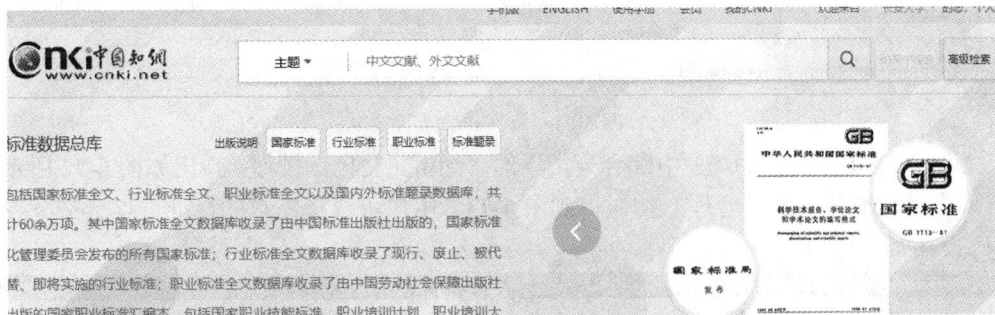

图 6-69　知网标准数据库

【例 6.3.7】 以"rezence 标准"为例，在检索框中输入"rezence"并点击"检索"按钮，检索结果如图 6-70 所示。点击图 6-70 中的"下载"图标获取标准文献全文。

图 6-70　检索示例界面

3. 工标网

工标网涵盖的标准包括国家标准、行业标准、国家军用标准、ISO(国际标准化组织)、ASTM(美国材料与实验协会)、IEC(国际电工委员会)、DIN(德国标准化学会)、EN(欧洲标准)、BS(英国国家标准学会)、JSA(日本标准)等数十个国家的近百万条标准。图 6-71 为工标网的首页，用户可直接在检索框内进行检索，也可根据需求进行标准分类浏览。

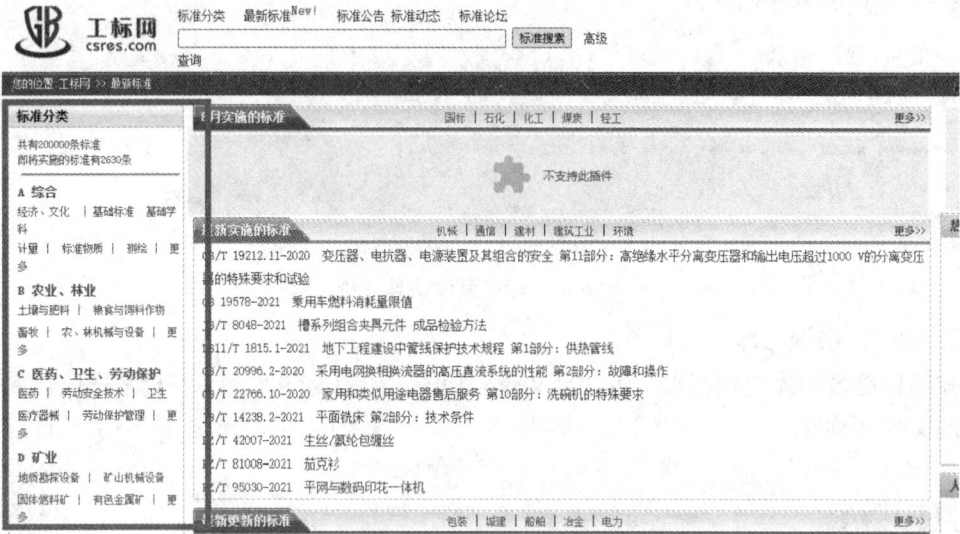

图 6-71 标准检索界面

【例 6.3.8】 点击图 6-71 中综合分类下的"经济、文化"按钮，弹出如图 6-72 所示页面。点击"标准化、质量管理"按钮得到图 6-73。用户可选择需求的标准进行全文下载。

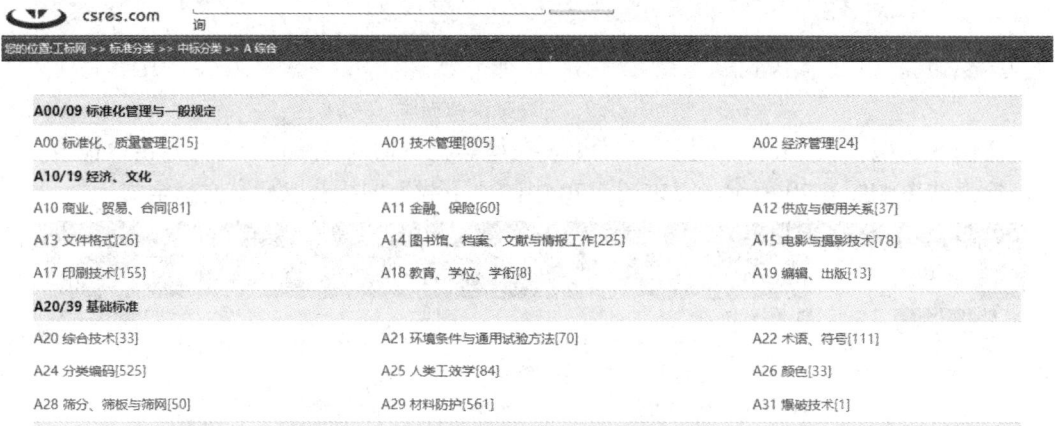

图 6-72 检索示例

图 6-73 "标准化、质量管理"标准界面

6.4　产品信息检索

在生产、生活中使用的各种产品绝大多数都是按照一定的标准制造出来的，为了有效地利用这些产品，生产厂家通常会提供产品的使用方法，即产品资料。这些产品资料也是一类具有实用价值的科技信息资源。下面分别对电子元器件、医药产品以及商标等产品资料的检索方法进行介绍。

6.4.1　电子元器件产品检索

电子工程世界是一家专为中国电子工程师提供电子技术开发应用资讯的网络传媒，其Datasheet 检索频道汇集了丰富的电子元器件资料，包括分立器件、集成电路 IC、传感器、可编程逻辑器件等。用户可通过 Datasheet 进行元器件检索。检索的关键词主要为电子元器件型号和电子元器件功能描述。Datasheet 的首页如图 6-74 所示。

图 6-74　Datasheet 首页

Datasheet 的检索字段为型号，用户也可以通过该页面下方的热门元器件进行分类浏览，如图 6-75 所示。

图 6-75　热门元器件

【例 6.3.9】 在检索框中输入"传感器"进行检索，用户可得到如图 6-76 所示的各种传感器产品资料，点击"下载"按钮获得相应的详细信息。

Datasheet > 器件分类 > 传感器 >

传感器

器件名	厂商	描　述	功能
59141-3-U-2-F	Littelfuse	Photoelectric Sensor,	下载
ST31050201F1000AX100352BD	KOA Speer	RTD Platinum Sensor, 100ohm, Rectangular	下载
660.2973.092	Altech	Inductive Sensor,	下载
657.2100.0011	Altech	Linear Position Sensor,	下载
6555822002	Altech	Linear Position Sensor,	下载
943-F4V-2D-001-180E	Honeywell	Ultrasonic Sensor, 200mm Min, 2000mm Max, 500mA	下载
26PCFND6G	Honeywell	Peizoresistive Sensor, 0Psi Min, 100Psi Max, Rectangular	下载

图 6-76　"传感器"检索界面

6.4.2　中国医药信息检索

中国医药信息网由国家药品监督管理局信息中心建设，内容涵盖食品药品相关的政策法规、产品信息、市场信息、企事业动态、海外信息等，首页如图 6-77 所示。中国医药信息网检索方式有全文检索与数据库检索两种。用户可以通过点击"产品与企业"进入产品检索界面，如图 6-78 所示。

图 6-77　中国医药信息网首页

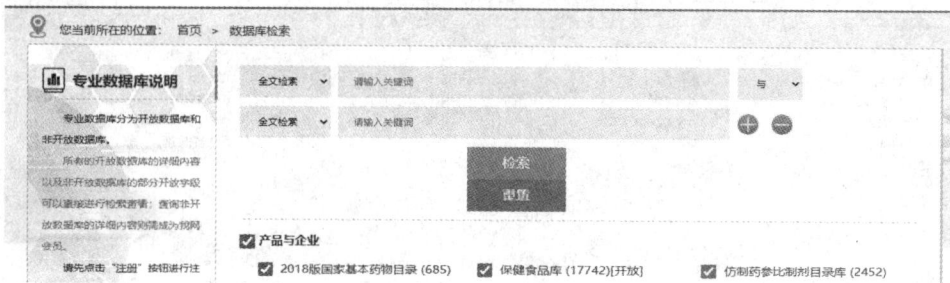

图 6-78　医药产品检索界面

6.4.3　商标信息检索

商标可通过国家知识产权局首页中的"商标查询"进行检索，如图 6-79 所示。图 6-80 为商标查询界面，包括商标近似查询、商标综合查询、商标状态查询、商标公告查询等。每个功能提供的内容不同，用户可以根据自己所需进行检索。

图 6-79　国家知识产权局首页

图 6-80　商标查询界面

本 章 小 结

特种信息资源在学习、科研和工作过程中发挥了重要作用，掌握相关特种信息资源的检索方法也是科研人员必备的一项技能。本章从科技报告、专利文献、标准文献以及产品信息四个方面出发，对特种资源信息的检索方法进行说明，详细介绍了相关特种信息资源的检索途径与原文获取方法，为读者快速、准确地检索特种信息资源奠定基础。

习　题

1. 阐述科技报告的特点和作用类型。
2. 检索一条关于新冠肺炎疫苗的专利。
3. 检索一条关于 5G 通信领域的标准。
4. 对"狂犬疫苗"产品进行检索，并列出它的编号、认证范围、证书有效期和生产企业名称。

第七章　科技论文基础知识

现代科学技术已经趋于国际化、综合化和社会化，科技工作者需要彼此联系、交流和借鉴，科技论文就成为这些科研活动的主要形式之一，因此，科技论文的水平和质量，通常会对科技发展产生直接的影响，也会对科研工作的深度、广度以及效率产生重要影响。一篇高水平的科技论文会对科技的发展起着不可估量的作用。熟练掌握科技论文的基础知识，是每一名科技工作者必不可少的技能。本章首先介绍科技论文写作的概念及特点、意义和分类，并对科技论文的基本构成进行详细介绍，最后给出了科技论文的总体要求，让读者对科技论文有一个整体的认识。

7.1　科技论文的概念及特点

科技论文的定义很多，有的简单，有的则比较复杂。最常见的定义有以下三种：

(1) 科技论文是科技工作者对其创造性研究成果进行理论分析和科学总结，并得以公开发表或通过答辩的科技写作文体。

(2) 科技论文是在科学研究、科学实验的基础上，通过对自然科学和专业技术领域里的某些现象或问题进行专题研究，运用概念、判断、推理、证明或反驳等逻辑思维手段，分析、阐述和揭示出这些现象和问题的本质及其规律性而撰写的。

(3) 科技论文在情报学中又称为原始论文或一次文献，它是科学技术人员或其他研究人员在科学实验(或试验)的基础上，对自然科学、工程技术科学，以及人文艺术研究领域的现象(或问题)进行科学分析、综合研究和阐述，进一步开展一些现象和问题的研究，总结和创新另外一些结果和结论，并按照各个科技期刊的要求进行电子和书面的表达。

科技论文是现代科技研究的结晶，对总结前人经验、开展后世科研工作都有着不可磨灭的作用。科技论文作为知识的载体，为抽象的知识赋予实体，已经成为学术交流必不可少的一部分。

科技论文通常具有如下特点：

(1) 科学性。科学性是指论文研究的概念、原理、定义和论证等内容的叙述必须清楚且确切，图表、数据、公式、符号、单位要真实，专业术语和参考文献需写得准确。

(2) 创新性。创新性是指论文所表达的内涵(该内涵可以是现象、属性、特征、某种规律、规律的运用)是有别于其他文章的特征所在，是论文作者首次发现或使用的，不能是模仿甚至抄袭他人的研究成果。

(3) 逻辑性。逻辑性是指文章的结构特点。它需要论文结构分明、前提完备、推演严谨、单位准确、文笔流畅、图表合理、前呼后应、体系完备。

(4) 规范性。为使论文方便传阅，提高读者对论文的理解速度，科技论文的排版格式、图表设计、表格样式、符号单位、参考文献等，都必须符合 GB/T 7713.1—2014《科技报告编写规则》的规定。

(5) 简洁性。简洁性要求论文要用尽可能简练的篇幅、内容、语言表达出作者的主要观点，做到篇幅简短，内容简练，语言简朴。科技论文的篇幅一般在六七千字左右，文章除包含主要观点和必要的支撑数据以外，对于一些基础知识、复杂的推算过程等，都可以适当地省略。

(6) 有效性。科技论文只有通过以下流程之一才能得到学术界的认可：在学术期刊上发表，在一定级别的学术会议上宣读，在答辩审查会上通过，只有这样的论文才具备有效性，它表明科技论文所表达的观点能方便地为人所用，是人类宝贵的知识财富之一。

7.2 科技论文写作的意义

科技论文写作主要有以下四个方面的意义。

(1) 科学积淀更好地实现。研究人员或学者们通过科学研究，不断地发现新知识、改进旧理论。同时，他们借助文字、图片、符号等载体将自己的研究成果记录下来，通过这种方式，人类科技能真正地做到取其精华，去其糟粕，使科学体系不断地更新和完善。

(2) 科学研究的重要方法。科学技术研究是一个不停思考、不断实验的过程，仅靠脑子想或纸笔演算不利于研究人员的深度思考与反复推敲。当我们按照一定的标准将某个研究写成论文时，就可以借此整理好研究的脉络，发现研究中异常的细节，甚至可以找到接下来的研究方向。因此，科技论文写作能有效地促进研究人员深度思考、推陈出新，是提高研究质量与研究效率的重要手段。

(3) 科技交流的载体。古往今来，任何领域科学技术的发展都是通过几代人的智慧交流累积起来的，大家通过交流传递思想并改进思想。科技交流，本质上就是科研人员了解别人研究内容的一个过程，而论文作为研究内容的载体，是科技交流的重中之重。科研成果一旦被写成论文公开发表，该研究就能跨越时间与空间的障碍，供人们学习、交流、借鉴和改进，最后写出新的研究内容并发表，这样反反复复，推动了人类在该领域的进步。

(4) 科研成果的指标。在学术领域，学者的研究成果都是通过论文来体现的，一位研究人员或学者所发表论文的数量和质量，是评价其工作效率与成就高度的重要指标。因此，将自己的研究内容写成论文并发表，对于个人的发展具有重大意义，也是保障个人知识产权的主要途径。

7.3 科技论文的分类

根据不同的角度，科技论文有着不同的分类方法。

1. 基于科技论文作用的分类

(1) 学术性论文。科技工作者发表在学术性期刊上，或提供给学术会议用于交流和讨论的科技论文,其主要内容是报道科学技术研究成果。它反映了该学科领域最新的、最前沿的研究水平和发展动向,或者应用已有的理论来解决设计、技术、工艺、设备和材料等具体问题,对科技事业的发展、进步,以及提高生产力起着直接的推动作用。学术性论文应该具有新观点、新方法和新数据(或新结论),并具有科学性。

(2) 工程技术性论文。工程技术性论文与学术性论文不同,它是由广大普通工程技术人员在长期工程建设实践的基础上,通过对工程建设实践过程中产生的现象或问题进行专题研究、分析和阐述,并揭示这些现象的本质、规律或解决问题的方法而撰写成的文章。

(3) 学位论文。学位申请者为申请相应的学位而提交评审用的科技论文即为学位论文。它又分为本科毕业设计(论文)、硕士学位论文和博士学位论文。

上述三类论文的撰写,研究生尤其是博士生都可能会遇到。学生学业结束时要撰写学位论文,自不必说;在平时学习和研究过程中,导师要求将课题组取得的阶段性成果或最后成果写成学术性或技术性论文并投稿至某一杂志发表的情况也是常有的。有的大学或科研院所,要求博士生必须在较高级别的公开刊物上,以第一作者正式发表 2 篇或 3 篇论文后方可答辩。因此,研究生对于这三类论文的撰写方法都应熟悉和掌握。

2. 基于研究内容的分类

(1) 理论论证型论文。理论论证型论文指用于讨论或证明数学、物理、化学等基础学科的原理、原则、定理、定律的论文。

(2) 研究报告型论文。研究报告型论文指对科学技术领域的某一课题进行调查与考察、实验与分析,得到系统而全面的事物现象、完整的实验数据等原始资料,并对其进行进一步的加工整理,运用已有的理论进行分析和讨论做出最后的判断,从而得出新的结论的论文。

(3) 发现、发明型论文。发现型论文是指论述新发现事物的背景、现象、本质、特性及其运动变化规律和使用前景的论文。发明型论文是指阐述新发明的设备、系统、工具、材料、工艺、形式或方法的性能、特点、原理及使用条件的论文。

(4) 设计、计算型论文。设计型论文是指为解决某些工程、技术和管理问题而进行方案设计的论文。计算型论文是指以数学运算和数学解析为主的论文,例如分析计算机辅助设计的原理、方法以及计算收敛性、稳定性和精确度等内容的论文。

(5) 综述型论文。综述型论文是指对某一科学技术领域在一定时期的发展沿革进行回顾和总结,对研究现状进行分析和评述,对未来趋势进行预测和展望,并提出建议、指明方向的论文。它不要求研究内容具有首创性,但要有指导性,能对科技发展起到承前启后的作用。

7.4 科技论文的基本结构

科技论文是按一定规范进行表述的特殊文体,其目的在于将科技成果以准确明晰的文字表达出来。一般而言,科技论文的规范表述形式由前置部分、主体部分、附录部分和结尾部分组成。其中,前置部分包含题名、作者署名及工作单位、摘要、关键词、中图分类号、文献标识码、论文编号和注释;主体部分包括引言、正文、结果、结论、致谢和参考文献；附录部分是对论文主体内容的补充说明，一般包括附录 A、附录 B 等；结尾部分通常包括索引、封三、封底等内容，附录与结尾均属于论文的可选项。图 7-1 给出了科技论文的基本结构。

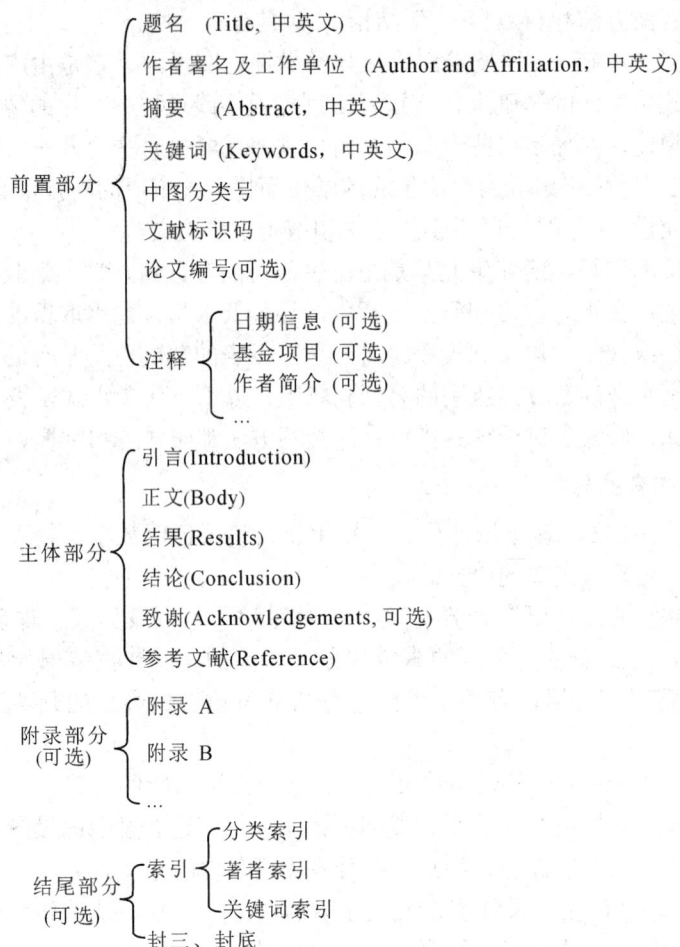

前置部分
- 题名　(Title，中英文)
- 作者署名及工作单位　(Author and Affiliation，中英文)
- 摘要　(Abstract，中英文)
- 关键词 (Keywords，中英文)
- 中图分类号
- 文献标识码
- 论文编号(可选)
- 注释
  - 日期信息 (可选)
  - 基金项目 (可选)
  - 作者简介 (可选)
  - …

主体部分
- 引言(Introduction)
- 正文(Body)
- 结果(Results)
- 结论(Conclusion)
- 致谢(Acknowledgements, 可选)
- 参考文献(Reference)

附录部分(可选)
- 附录 A
- 附录 B
- …

结尾部分(可选)
- 索引
  - 分类索引
  - 著者索引
  - 关键词索引
- 封三、封底

图 7-1　科技论文的基本结构

7.4.1　题名

　　科技论文的题名(Title)，又称题目、标题、篇名和文题。题名是科技论文的重要组成部分，由最合适、最精练的词语按照一定的逻辑关系组合而成。它不仅能够直接反映出论文的主题思想，还能够对论文的核心内容进行概述。此外，为了方便读者选读以及进行文献检索与追踪，题名还应精准、明了地反映论文的研究深度及广度。总的来说，科技论文题名的拟定，应满足"简洁、确切、鲜明"的要求。

　　(1) 简洁。在能够清楚表达意思的前提下，题名越短越好。题名应是一个短语(而非句子)，题名中尽量不要用标点符号。若题名太短无法清楚地概括内容，则可以加副标题补充说明。但是，需要注意的是，题名不应过于烦琐，否则会使读者抓不住重点，留下不鲜明的印象，从而难以记忆和引用。

(2) 确切。能恰如其分地反映研究的范围和深度、主要特征或内容属性，突出论文特点，即"人无我有"的地方。一般不能用学科或分支学科的科目作题名；应尽量避免使用数学公式、物理公式、化学结构式，不太为同行熟悉的符号、简称、缩写、代号以及商品名称等。为便于检索，题名通常包括论文的主要关键词。

(3) 鲜明。即让人一目了然，不会产生歧义。最好不要使用未被公认和不常见的缩略词、首字母缩写词、字符和代号等。

【例 7.4.1】 关于氩弧焊接新工艺在各种直流电机生产制造工艺上的应用问题研究。

例 7.4.1 的题名十分烦琐，可以删除"关于""研究"等字样。因为科技论文必然包括"研究"或"关于……研究"的意义。以此类推，"关于……观察""关于……探讨"等，在题名中一般都应该避免使用。此外，题名中一些多余的、重复的字词也可以省略。上述题名可改为："氩弧焊接在直流电机制造上的应用"。

【例 7.4.2】 抗生素的作用。

例 7.4.2 的题名太笼统。既然研究抗生素，那么究竟是哪种抗生素？由论文内容知是青霉素，且是"苯唑青霉素"。那么，到底研究它对什么菌种有作用呢？阅读该论文得知是对金黄色葡萄球菌的作用，因此，确切的题名应是"苯唑青霉素对金黄色葡萄球菌的作用"。

总之，撰写科技论文应首先拟定题名。拟定题目时，应先多拟出几个题名，然后根据论文内容和侧重点相互比较、反复推敲，最后定夺。有了题名，就等于明确了中心。一切材料安排都要服务于这个中心，一切论述都要围绕这个中心。尚未确定题名就动手写文章，往往会出现观点不明确、重点不突出、逻辑性不强、材料凌乱的缺点。但是题名也不是一成不变的，若在写作过程中思路发生了变化，或又有了新的材料，可重新修改题名。

7.4.2　作者署名及工作单位

在科技论文上署名能表明署名者的身份，即拥有著作权，并表明承担相应的义务。署名可以是单作者署名、多作者署名、团体或单位署名。下面从署名的作用、要求、规范，以及标注要求等方面进行介绍。

1. 科技论文署名的作用

(1) 表明作者对论文享有著作权。《中华人民共和国著作权法》规定，"著作权属于作者"，著作权也称版权(copyright)，包括发表权、署名权、修改权、保护作品完整权、使用权和获得报酬权等。论文署名是国家赋予作者的一种精神权利，受法律保护。实际上，作者对文章进行署名是理所应当的，它表明了作者及其科研成果得到了广大社会的认可，是一项荣誉。

(2) 体现作者文责自负的承诺。学生在自己的论文上与导师联署姓名(导师作为通讯作者)应慎重，必须征得导师同意(有的科技期刊要求有导师亲笔签名)，并请导师审定全文。论文一经发表，署名者就要对论文负法律上、政治上、科学上、技术上和道义上的责任。若论文出现剽窃、抄袭、伪造篡改实验数据的问题，或者存在《出版管理条例》禁止的内容，或者内容有严重的科学技术错误并造成严重后果，或者被指控有其他不道德问题，其署名者应负全部责任。研究生的论文一般出现剽窃抄袭问题，将会置导师于尴尬境地，给导师带来十分不利的影响。

(3) 便于读者与作者联系。读者在对论文进行研读后，若对论文中的某些特定内容存在疑问，希望请教作者或者与作者进行深层次的讨论，则可以与作者以电子邮件、在线聊天等方式进行联系。

(4) 便于被其他作者索引等。

2. 署名的要求

著名生物化学家、中国科学院院士邹承鲁指出，研究论文署名者必须对论文从选题、设计、具体实验到得出必要结论的全过程都有所了解，并确实对其中某一个或某几个具体环节做出贡献。作者在论文上署名，首先是责任，其次才是荣誉。学术论文中署名的作者限于那些对选定研究课题、制定研究方案、参与研究工作并作出主要贡献的人。作者署名的顺序也按贡献大小依次排序，对于那些参与部分工作或贡献较小的工作者，可在致谢或脚注部分予以感谢。

为便于读者联系和有关部门的统计分析，最好给出第一作者和通讯作者(Corresponding Author)的简介，包括出生年月、性别、籍贯、职称、单位、地址、邮编和 E-mail 地址，置于篇首页的脚注，也可以把单位、邮编写在作者姓名之下。

3. 署名的规范

我国科技期刊论文的作者署名，通常按照《中国学术期刊(光盘版)检索与评价数据规范》和国家标准(GB/T 28039—2011)《中国人名汉语拼音字母拼写规则》执行。

(1) 作者的姓名之间用","隔开，两字名之间用空格隔开。

【例 7.4.3】

> 左　磊，杨盼盼，闫茂德

(2) 中国作者姓名的汉语拼音写法：姓前名后，中间为空格，复姓应连写，姓和名的开头字母均大写。

【例 7.4.4】

> Li Xinchun(李新春)，Tang Hao(唐昊)，Ouyang Xiaohua(欧阳晓华)

(3) 中文信息处理中的人名索引，可以把姓的字母全大写。

【例 7.4.5】

> ZHANG Ying(张颖)，SHANGGUAN Xiaoyue(上官晓月)

(4) 中国大陆以外的华人姓名拼写尊重原译名：先名后姓，拼写不同。

【例 7.4.6】

杨振宁 Chen Ning Yang	林家翘 Chia-Chiao Lin
夏良宇 Liang Yu Hsia	张　理 Lee Chang
郑　佳 Chia Cheng	钟　侠 Hsia Chung

(5) 外国作者姓名的写法，遵照国际惯例。

在正文中，是姓前名后还是名前姓后，应遵从该国和民族的习惯。

【例 7.4.7】

> J. C. Smith

4. 作者单位

在作者署名的下面，要标注作者的工作单位(Author Affiliation)和通讯地址。这样做一方面是便于读者与作者联系，另一方面也表明科技论文与文学作品、文艺作品的差异。文学作品可以署作者的真名、笔名或艺名，且无须标出作者单位、邮编和通讯地址；而科技论文则不然，不仅不能署笔名或化名，而且必须写出作者真实、准确而简明的工作单位和通讯地址。

5. 作者单位的标注要求

在标注作者单位的过程中，通常需遵循以下要求：

(1) 准确。即作者的单位名称应该是社会上公认的、规范的全称，而不是简称或不为外人所知的内部称谓。例如，"XXXX 工业大学机械工程与自动化学院"若写成"XX 工大机院"，就是不准确的："工大"究竟是指工业大学还是工程大学，不确定；"机院"到底是指什么，则更是无从猜想。

(2) 简明。即在叙述准确、书写清楚的前提下，应力求简单、明了。换言之，即已列出邮编，就无须再写街、路、门牌号；单位名称既已冠有城市名，就无须再加入城市名。单位名称无法提示所在地的，应标注城市名(若单位所在城市不是直辖市，则还应标注省、自治区名)。

【例 7.4.8】

```
长安大学 电子与控制工程学院，陕西 西安 710064
上海交通大学 自动化系，上海 200030
浙江大学 控制学科与工程学院，浙江 杭州 310027
```

6. 作者单位的标注方法

根据具体情况的不同，作者的工作单位有以下三种标注方法，如例 7.4.9～例 7.4.11 所示。

【例 7.4.9】 多名作者均在同一工作单位。工作单位、所在城市名及邮编外加圆括号，置于作者姓名的下方，居中排。例如：

基于信息一致性的自主车辆变车距队列控制

闫茂德，宋家成，杨盼盼[†]，朱　旭

(长安大学 电子与控制工程学院，西安 710064)

【例 7.4.10】 多名作者在不同的工作单位。此时，通常采取在每位作者姓名后加注编号，然后在署名的下方按顺序标注的方法来表达。例如：

对迟滞三明治系统基于 Duhem 算子的自适应控制

赵新龙[1]，谭永红[2]，赵　彤[3]

(1.上海交通大学 自动化系，上海 200030; 2. 桂林电子科技大学 智能系统与工业控制研究室，广西 桂林 541004; 3.青岛科技大学 自动化系，山东 青岛 266042)

【例 7.4.11】 多名作者不都在同一工作单位。作者署名的排列顺序有交叉，为避免同一单位名称重复出现，通常也采取加注编号的方式来表达。例如：

自动驾驶测试场景研究进展

王润民[1,2]，朱 宇[1,3]，赵祥模[1,2,3]，徐志刚[1,2,3]，周文帅[2]，刘 童[4]

(1. 长安大学 交通运输部认定自动驾驶封闭场地测试基地(西安)，陕西 西安 710018；2. 长安大学 车联网教育部-
中国移动联合实验室，陕西 西安 710064；3. 长安大学 陕西省车联网与智能汽车测试技术工程研究中心，
陕西 西安 710018；4. 瑞典皇家理工学院 机械设计系，斯德哥尔摩 斯德哥尔摩 10044)

作者单位(由小到大)名称译成英文时，还应在邮编之后加上国名(规范的简称)，国名前以"，"分隔。为了适应某些数据库的需要，通常在最后列出第一作者最常用的 E-mail 地址。

【例 7.4.12】

Evolutionary algorithms in dynamic environments

WANG Hong-feng[1]，WANG Ding-wei[1]，YANG Sheng-xiang[2]

(1. College of Information Science and Engineering, Northeastern University, Shenyang 110004, China;
2. Department of Computer Science, University of Leicester, Leicester, U. K. Correspondent: WANG Hong-feng,
E-mail: hfwang@mail.neu.edu.cn)

如果多位作者属于同一单位中的不同下级单位，则应在姓名右上角加注小写的英文字母 a、b、c 等，并在其下级单位名称之前加上与作者姓名上相同的小写英文字母。

7.4.3 摘要

摘要，也称文摘、概要、内容提要。它是论文的重要组成部分，也是论文内容基本思想的高度"浓缩"。国家标准 GB 6447—86《文摘编写规则》指出，摘要是"以提供文献内容梗概为目的，不加评论和补充解释，简明、确切地记述文献重要内容的短文"。东北大学汪定伟先生认为，摘要应紧扣两点：问题的重要性和本文的创新性。

1. 摘要的作用

摘要是一篇论文的精髓，也是读者迅速了解论文基本内容的窗口，其作用主要体现在：

(1) 导读作用。对于一篇论文，读者常常看完题名就看摘要。摘要体现了论文的梗概和精华，读者可据此判定是否有必要阅读全文。因此，摘要承担着吸引读者和介绍论文主要内容的功能。

(2) 传播作用。科技期刊的发行数量往往有限，但是在其论文摘要被二次文献和数据库收录后，其传播范围就扩大了，可以通过互联网传播全球。

(3) 检索作用。论文摘要被文摘杂志或检索系统收录后，查询起来十分方便。读者通过文摘杂志或检索系统，在浩如烟海的科技文献中将会比较容易地检索到自己的目标，从而大大节省时间和精力。

由此，摘要的重要性可见一斑。在这个信息激增的时代，一篇内容新颖且研究课题对该领域具有深刻影响的论文，如果没有高质量的摘要部分，那么当这篇论文在某类学术期刊上发表后，读者将不能快速发现它的学术价值，进而忽视了它的重要意义，这将导致一篇高学术价值的论文不能很好地实现它的价值。因此，作者应该多下功夫，认真地写好论

文摘要。

2. 摘要的分类

按照摘要的不同功能来划分，摘要分为以下三类：

(1) 报道性摘要。即概述性摘要或简介性摘要，主要指明论文的主题范围和内容梗概，适用于新理论探索、新材料研制、新设备发明、新工艺采用等方面的论文。摘要篇幅通常为200～300字，英文摘要一般不超过250个实词。根据书写习惯，报道性摘要的结果、结论以及方法可以进行详细描写，而目的可以少些或视情况省略。

(2) 指示性摘要。它只需指出论文用什么方法研究了什么问题，不涉及结果和结论，使读者对论文的主要内容有一个概括性的了解，适用于学术性期刊的简报、问题讨论等栏目(如以数学解析为主的论文)。篇幅通常为100字左右。

(3) 报道-指示性摘要。它是指在一篇论文中的摘要中，重要内容以报道性摘要的形式表述，次要内容以指示性摘要的形式表达。篇幅以100～200字为宜。

科技论文一般应尽可能写成报道性摘要，而综述性、资料性或评论性的论文可写成指示性摘要或报道-指示性摘要。

3. 摘要的构成要素

摘要一般包括目的、方法、结果和结论四个要素。

(1) 目的是指研究、研制、调查等的前提、目的和任务，以及所涉及的主题范围。

(2) 方法是指所采用的原理、理论、条件、对象、材料、工艺、结构、手段、装备和程序等。

(3) 结果是指实验和研究的结果、数据、被确定的关系、观察结果、取得的效果、性能等。

(4) 结论是指对结果的分析、研究、比较、评价、应用、提出的问题、今后的课题、假设、启发、建议和预测等。

4. 摘要的写作要求

摘要的撰写应符合以下七个方面的要求。

(1) 第一人称。摘要作为一种可供阅读和检索的独立使用的文体，应采用第一人称的写法。可采用的词语有"本文"(应避免出现逻辑错误)"本文作者"。最好用"笔者"，建议不用"作者"，以免产生歧义。

(2) 篇幅简短。在书写中文摘要时，篇幅通常在250字左右，有时可能更少；若中文摘要总字数超过500字，则认为摘要过长，这将影响读者的阅读体验，进而对论文传播产生负面影响。

(3) 内容精练。摘要应集中论文的精华，概括论文的主要内容，包括主要结果和结论。那种过多介绍研究背景、缺少实质性内容的摘要，是不符合要求的。

(4) 结构完整。"麻雀虽小五脏俱全"，虽然摘要的篇幅较为简短，但是摘要可以作为一个拥有文章全部四要素的个体而独立于整篇论文存在，为各类数据库、期刊的收录工作提供方便。

(5) 格式规范。尽量不使用冷门或私用的符号和术语；不对题名中已存在的内容进行无营养的复写，杜绝在摘要中无意义地罗列各段落标题现象的出现。除了极其特殊的情况，一般不要出现插图、表格和参考文献序号，不要用数学公式和化学结构式。为了满足结构工整、重点突出的要求，摘要一般一气呵成，不进行分段。

(6) 不加评论。不应与其他研究工作相互比较，不要自我标榜自己的研究成果。

(7) 最后完成。摘要对于整篇论文来说是十分重要的，它能快速让读者了解整篇文章的大致内容以及中心思想，进而判断文章对自己的价值。为了满足此要求，摘要一般在整篇论文定稿后进行撰写，这样撰写时能够条理清晰、重点突出，真正做到见微知著。

7.4.4 关键词

关键词(Key Words)是指为了文献标引工作，从论文中选取出来的，用以表示全文主题内容信息款目的单词或术语。关键词具有如下特性：一是从论文中提炼出来的；二是最能反映论文的主要内容；三是在一篇论文中出现的频次最多；四是一般在论文的题名和摘要中都出现；五是可以为编制主题索引和检索系统使用。每篇论文通常选取 3～8 个词作为关键词，并另行排在摘要的左下方。为便于国际交流，应标注与中文对应的英文关键词。

1. 关键词的作用

关键词在论文中的作用如下：

(1) 导读作用。读者看一篇文献时，未读全文，仅从关键词即可了解文献的主题，把握文献的要点。

(2) 检索作用。读者若要查阅某方面的文献，只需在计算机中输入关键词，即可从数据库中搜索到包含该关键词的全部文献，既快捷又准确。

2. 关键词的类型

关键词一般包括主题词和自由词两类。

(1) 主题词，又称叙词，是指从《汉语主题词表》或其他专业性主题词表(如 NASA 词表、INIS 词表、TEST 词表、MeSH 词表)中选取的规范词。由于每个词在词表中规定为单义词，具有唯一性和专制性，因此应尽量选主题词作为关键词。

主题词的组配应是概念组配，有以下 2 种方式。

① 交叉组配，即 2 个以上(含 2 个)具有概念交叉的主题词所进行的组配，其结果表示 1 个专指概念。例如：模糊粗糙集＝粗糙集＋模糊集。

② 方面组配，即 1 个表示事物的主题词与 1 个表示事物某个属性或某个方面的主题词所进行的组配，其结果表示 1 个专指概念。例如：电子计算机稳定性＝电子计算机＋稳定性。

(2) 自由词，是指主题词表中未收入的，从论文的题名、摘要、层次标题和结论中提取出来的，能够反映该主题概念的自然语言的词或词组。

3. 关键词选取的原则

关键词的选取过程中，通常需遵循以下原则：

(1) 要选取与论文主题一致，能概括主题内容的词和词组(是原型而非缩略词)，使读者能据此判断出论文的研究对象、材料、方法和条件等。

(2) 关键词应该是名词或术语，形容词、动词、副词等不宜选作关键词。

(3) 尽量选择《汉语主题词表》中收录的规范词，一个词只能表示一个主题概念。例如：一篇主题为"工程结构设计"的论文，从《汉语主题词表》中可查出"工程结构""结构""设计""结构设计" 4 个主题词。其中，"结构""设计"不是专指的，应予以去除，故选"工程结构""结构设计"为宜。

(4) 选词要精练。同义词、近义词不可并列为关键词；复杂的有机化合物通常以基本结构名称作为关键词，化学分子式不能作为关键词；英文的冠词、介词、连词以及一些缺乏检索意义的副词和名词也不能作为关键词。

(5) 关键词的用词要统一规范，能准确体现不同学科的名称和术语。不能将未被普遍采用的或论文中未出现的缩写词、未被专业公认的缩写词作为关键词。

(6) 内容应为大家所熟知，在论文中虽然提及但未加探讨和改进的常规技术术语不能作为关键词。

(7) 关键词大多数从题名中选取，但当个别题名中未提供足以反映主题的关键词时，则应从摘要或正文中选取。

(8) 中英文关键词应相互对应，数量完全一致。

4. 关键词标引

关键词标引是对文献和某些有检索意义的特征(如研究对象、处理方法和实验设备等)进行主题分析，并利用主题词表给出主题检索标识的过程。进行主题分析是为了从内容复杂的文献中找出构成文献主题的基本要素，准确地标引所需的叙词。标引是检索的前提，没有正确的标引就不可能有正确的检索。科技论文应按叙词的标引方法标引关键词，尽可能将自由词规范为叙词。关键词标引可按 GB/T 3860—2009《文献主题标引规则》的原则和方法进行选取；未被主题词表收录的新学科、新技术中的术语及论文中的人名、地名也可作为关键词(自由词)标出。

(1) 基本原则。关键词标引应遵循专指性原则、组配原则和自由词标引原则。

① 专指性原则。专指性指一个词只能表达一个主题概念。若在叙词表中能找到与主题概念直接对应的专指性叙词，就不允许选用词表中的上位词或下位词；若在叙词表中找不到与主题概念直接对应的叙词，但词表中的上位词确实与主题概念相符，即可选用该上位词。

② 组配原则。当词表中没有文献主题概念直接相对应的专指叙词时，应选用两个或两个以上的叙词进行组配标引。参与组配的叙词必须是与文献主题概念关系最密切、最邻近的叙词，以避免越级组配。组配结果要求表达概念清楚、确切，而且只能表达一个概念。如果无法用组配方法表达主题概念，可选用最直接的上位词或相关叙词标引。

③ 自由词标引原则。当需要标引新学科、新理论、新概念时，可使用自由词标引。自由词标引原则与自由词的适用原则类似，应尽可能地从其他词表、参考书或工具书中进行选取。

(2) 标引方法。关键词标引的一般选择方法和步骤如下：

① 进行主题分析，弄清主题概念和主题内容；

② 尽量从论文题名、摘要、层次标题和重要段落中选取主题概念一致的词、词组；

③ 把找出的词进行排序，对照《汉语主题词表》，确定哪些可以直接引用，哪些可以

进行组配，哪些属于自由词。

7.4.5 中图分类号及文献标识码

中图分类号是指《中国图书馆分类法》分类表中给出的代号，它是分类语言文字的体现。中图分类号通常排印在"关键词"下面，其作用是标识出论文的类型，便于文献的存储、编制索引和检索。

一篇科技论文涉及多个学科时，可以给出几个分类号，其中主分类号置于前面。例如：《求解序区间偏好信息群决策问题的理想点法》一文的中图分类号有 2 个，分别为 C934 和 N945.25。其中，前者为决策学，后者为系统决策。

文献标识码是《中国学术期刊(光盘版)检索与评价数据规范》(由国家新闻出版署印发)中规定的。为便于文献统计和期刊评价，确定文献检索范围，提高检索结果的适用性，每篇文章按 5 类不同类型标识文献标识码。其中，文献标识码 A 指理论与应用研究学术论文；B 指实用性技术成果报告，理论学习与社会实践总结；C 指业务指导与技术管理性文章；D 指一般动态、信息，E 指文件、资料。不属于上述各类的文章不加文献标识码。

7.4.6 注释

注释通常是指对正文中某一内容作进一步解释或补充说明的文字。日期信息、基金项目、作者简介等，均可使用注释。能在行文时用括号直接注释的，尽量不单独列出。注释主要有以下几种情况：

(1) 日期信息。一般在每篇科技论文首页的地脚处，都注明该论文的收稿日期。有的科技期刊还在"收稿日期"后面另外注出修回日期，如图 7-2 所示。

收稿日期：2016-11-07；修回日期：2017-03-17.

图 7-2   收稿与修回日期注释

(2) 基金项目。基金项目通常编排在每篇科技论文首页地脚处"收稿日期"的下方。在基金项目名称之后还括注基金项目编号，如图 7-3 所示。

收稿日期：2016-11-07；修回日期：2017-03-17.
基金项目：国家自然科学基金项目 (61473233)；中央高校基本科研业务费专项资金项目 (310832171004, 310832163403).

图 7-3   基金项目注释

(3) 作者简介。作者简介一般编排在每篇科技论文首页地脚处"基金项目"的下方。作者简介通常包括：姓名、出生年、性别、籍贯、单位及职称、职务等，如图 7-4 和图 7-5 所示。

收稿日期：2016-11-07；修回日期：2017-03-17.
基金项目：国家自然科学基金项目 (61473233)；中央高校基本科研业务费专项资金项目 (310832171004, 310832163403).
作者简介：闫茂德(1974−)，男，教授，从事自主车辆队列控制及多移动机器人编队控制等研究；宋家成(1993−)，男，硕士生，从事自主车辆队列控制的研究.

图 7-4   作者简介注释(一)

Manuscript received April 25, 2017; revised September 8, 2017 and November 17, 2017; accepted November 18, 2017. Date of publication December 25, 2017; date of current version December 14, 2018. This work was supported in part by the Natural Science and Engineering Research Council of Canada, and in part by the National Natural Science Foundation of China under Grant 61473116. This paper was recommended by Associate Editor Z.-G. Hou. (*Corresponding author: Yang Shi.*)

L. Zuo is with the School of Electronic and Control Engineering, Chang'an University, Xi'an 710064, China (e-mail: l_zuo@chd.edu.cn).

Y. Shi is with the Department of Mechanical Engineering, University of Victoria, BC V8W 3P1, Canada (e-mail: yshi@uvic.ca).

W. Yan is with the School of Marine Science and Technology, Northwestern Polytechnical University, Xi'an, China (e-mail: wsyan@nwpu.edu.cn).

Color versions of one or more of the figures in this paper are available online at http://ieeexplore.ieee.org.

Digital Object Identifier 10.1109/TCYB.2017.2777959

图 7-5 作者简介注释(二)

(4) 其他注释。能在行文时用括号直接注释的内容，尽量不单独列出。有些注释较长，可将注释置于正文中，用注释 1、注释 2、注释 3 的形式给出，如图 7-6 所示。也可用圈码①、②、③作为标注符号，置于需要注释的词、词组或句子的右上角。注释内容应置于该页地脚，并在页面的左边用一短细水平线与正文分开，细线的长度为版面宽度的 1/4。

物理学报 Acta Phys. Sin. Vol. 61, No. 15 (2012) 150202

注释1 定理 1 的一致性条件只与每个智能体的局部信息有关，其中，智能体自身的输入时延要影响系统的收敛，而系统的收敛与智能体间的通信时延无关。

注释2 当 $T_{ij} = T$ 时，定理 1 的收敛条件与文献 [13] 的 (44) 一致。

注释3 文献 [26] 中所得到的收敛条件相比于定理 1，要显得保守。

基于 Ren 等人 [14] 讨论的一类二阶多智能体系统，提出了如下具有不同时延的控制算法：

$$u_i(t) = \alpha \sum_{v_j \in N_i} a_{ij}(x_j(t - T_{ij}) - x_i(t - T))$$
$$+ \beta \sum_{v_j \in N_i} a_{ij}(v_j(t - T_{ij})$$
$$- v_i(t - T)), \tag{18}$$

其中 T、T 分别为通信时延与输入时延，α、β 分别

图 7-6 正文中的注释

7.4.7 引言

引言(Introduction)，也称前言、导言、导论、序言、绪论等，是一篇论文正文的起始部分，应与全文风格浑然一体。有时，正文中并不特别写出"引言"这一标题，但在正文起始会有一小段文字，起着相同的作用。

1. 引言的作用

引言的作用是解释说明作者进行论文中所述工作的原因及目的，为不熟悉该研究领域的读者提供便利。因此，引言中需要包含论文的背景资料、研究现状以及存在的问题，最后还应点明本文研究内容的目的和主要创新之处。论文若缺引言，其结构就会残缺不全，后面的内容就会显得突兀和生硬。

2. 引言的内容

引言主要包括以下 5 个方面的内容。

(1) 研究背景和目的。研究背景即对相关重要的文献进行综述，扼要说明前人或他人在该领域已经做了哪些工作，解决了什么问题，还有哪些问题待解决；研究目的即作者研

究该问题的原因，本文打算解决什么问题，以便读者领会作者的写作意图。

(2) 研究范围。研究范围即本项研究所涉及的范围和成果的适用范围，可以起到限制标题的作用。

(3) 研究方法。研究方法即简要说明作者进行研究工作所采用的方法和途径。在引言中，作者无须展开叙述研究方法，只提到所采用方法的名称即可。通常的句式是"本文用 xxx 方法研究了 xxx 问题"。

(4) 取得的成果及意义。取得的成果及意义即扼要阐述本项研究取得的主要成果，以及社会效益和经济效益情况。

(5) 其他。实验型科技论文还应简要说明工作场所、协作单位和工作期限等，以及正文用到的专业术语或专业化的缩略词。

引言不一定长，不能冲淡主题，上述 5 个方面只是引言的大致内容，并非要求面面俱到。不同性质的论文，其引言内容各有侧重。

3. 引言的撰写要求

引言的撰写通常需要注意以下几点：

(1) 简洁明快，开门见山。引言的字数通常为 200～300 字，应起笔切题，不兜圈子，简明扼要地讲清论文研究的来龙去脉。

(2) 重点突出，言简意赅。引言只需扼要介绍相关研究的进展情况、论文写作背景、本文研究思路和结果等即可，不要"胡子眉毛一把抓"，将本该在正文中交代的内容放到引言中叙述，以免削弱引言的作用。

(3) 客观叙述，不作评价。引言要实事求是，客观公正地叙述，即不应动辄使用"填补空白""国内首创""国际先进水平"之类的词语自吹自鼓，也不要使用"本人才疏学浅""作者水平有限""请专家不吝赐教"之类的客套话，更不能贬低前人或他人的工作。究竟水平如何，读者自有公断，作者无须自我评价。

(4) 各有侧重，不要雷同。引言与摘要的作用不同，内容各有侧重，因此，引言的内容既不能与摘要雷同，也不能成为摘要的注释。

(5) 不现图表，无须证明。除非极特殊情况，引言中不应出现插图和表格，也不要推导和证明数学公式，更不能出现与主题无关的内容。

(6) 语言平实，勿用套话。不要使用"众所周知""大家知道"之类的开头语。

4. 引言的写作示例

【例 7.4.13】 文章中的引言示例。

Dynamic Coverage Control in a Time-Varying Environment Using Bayesian Prediction

Lei Zuo, *Member, IEEE*，Yang Shi, *Fellow，IEEE*，and Weisheng Yan

1. Introduction

The coverage control has received a substantially increasing interest in recent years [1]–[7]. Fundamentally, the main objective of coverage control is to offer a region partition strategy such that the more important regions can get more attentions. The distribution of interested information over the given region is described by a *density function*. Then, depending on both a metric and the density function, a *cost*

---

function is provided evaluate the performance of coverage network. On this basis，a distributed control law is proposed to minimize the cost function through optimization. Due to these compelling features, the coverage control has emerged in many applications [8]–[13].

In general, the coverage control can be classified into static and dynamic cases. In static coverage control, the main objective is to find out an optimal configuration of sensors over the given domain. Practical limitations are usually taken into consideration. For example, a coverage algorithm for wheeled vehicles is proposed in [14], where the convergence of nonholonomic vehicle systems is guaranteed through locational optimization and Delaunay graph. The coverage control with a network of heterogeneous mobile sensors is addressed in [15], where a distributed control scheme with input saturation is developed to drive the sensors to the optimal configuration. In [16], a distributed coverage control law for vehicles with limited-range anisotropic sensors is proposed, in which an alternative aggregate objective function is defined to approximate the performance. Moreover, the coverage control problem for vehicles with various sensing capabilities is studied in [17]. In [18], a novel coverage control strategy is presented for a group of fixed-wing unmanned aerial vehicles. When there are measurement errors for the positions of agents, a distributed deployment strategy is provided by using the informations on error bounds in [19]. Some other related works can be found in [20]–[25].

For the dynamic coverage control problems，the agents have to explore the given domain instead of directly moving to the final optimal locations as in the static case. The key point of dynamic coverage control is to obtain the information of interest over the given region in real time. The information of interest includes the boundaries of the mission region, the obstacles in mission region, the density function over the mission region, and so on. A large number of relevant results have been proposed in the past years. For instance, a dynamic path planning approach is presented for a group of sensor-based agents in [26], while considering the energy constraints of agents. In [27] and [28], a discrete region partition strategy is proposed for gossiping robots in a nonconvex region. A coverage control scheme is developed to increase the uncovered regions in [29], where a central controller is introduced to avoid collisions in the given region. In [30], a persistent awareness coverage control strategy is proposed for the mobile sensor network with certain sensing capabilities.

Particularly，an interesting challenge that remains in this field is how to perform the coverage control with *unknown* density function. A major means of dealing with this problem is to develop a spatial estimation algorithm for the density function. A decentralized，adaptive spatial estimation algorithm is developed for the coverage network using noise-free measurements in [31]. In [32], an adaptive control strategy is proposed such that the agents can accomplish the coverage task and learning task simultaneously. When the measurements are noise-corrupted, the Kalman filtering techniques can be exploited to achieve the spatial estimation. For instance, the discrete Kalman filter is employed to estimate a spatially decoupled scalar in [33], and in [34], a distributed Kriged Kalman filter is proposed to approximate the density function. To further proceed, an experimental examination of Kalman filter-based coverage control is presented in [35]. These Kalman filter-based approaches, however，assume that the state-transition matrices in the estimation systems are known *a priori*, which is usually not the case in practice. One can find some other approaches about the coverage control with unknown density function.

For example, a novel spatial estimation algorithm is proposed by using the neural networks in [36]. However, the computational load of this approach is heavy. Moreover, in the literatures regarding the coverage control with a time-varying density function，the agents are assumed to know the time-varying density function *a priori* [37]–[39]. According to the above review, the dynamic coverage control with unknown density function，especially for the time-varying case, has by no means been fully studied，thus requiring further pursuits. Motivated by the above fact, we propose a novel Bayesian prediction-based coverage control strategy for the multiagent system. The main contributions of this paper are twofold.

1) The density function over the mission region is estimated through the Bayesian prediction approaches. In this Bayesian framework，a coverage-control-customized algorithm is developed to acquire the related parameters in Bayesian prediction. The main advantages of this paper lie in the consideration of measurement noise and the capability of approximating a wide range of density functions, including the time-varying case. Comparing with the existing results in [33]–[35], Bayesian prediction can approximate the density function without any assumption about the state-transition matrices. Moreover, since our proposed estimation algorithm employs the characteristics of Voronoi partition, the computational load of this algorithm is less than the spatial estimation methods in [36] and [40].

2) Due to the fact that the estimated density function from Bayesian framework is in a normal distribution, the cost function becomes a random variable. To ensure the convergence of coverage system, a discrete control scheme is proposed such that the agents can reach a near-optimal deployment. Moreover, we show that the proposed control law can guarantee the mean-square stability of coverage system.

The remainder of this paper is organized as follows. The preliminaries and problem formulation are presented in Section II. In Section III, a Bayesian prediction-based spatial estimation algorithm is developed for the coverage network. Then, a novel discrete coverage control scheme is proposed in Section IV. In Section V, numerical simulations are provided to verify the proposed approaches. Finally，Section VI concludes this paper.

(该文发表在 IEEE Transactions on Cybernetics，2019 年第 49 卷第 1 期上，被 SCI 收录)

7.4.8 正文

正文是引言之后、结论之前的部分，是科技论文的主体和核心部分，是体现研究工作成果和学术水平的主要部分，占据全文的主要篇幅。正文主要介绍论点的提出、论据的安排、论证的展开、过程的描述、结果和讨论等。不同的科研成果，在研究方法、实验观察过程、逻辑推理、结果表现形式等方面有所不同，需要用不同结构形式的科技论文来反映。正文写作中，若某一标题下包含的内容较多，通常需增加子标题以使论文结构更为清晰，从而形成层次化的标题。

1. 正文的标题层次

(1) 标题层次的形式。

一般而言，对于不同领域的文章，正文的结构会有较大不同，但是标题层次的形式却有统一的要求。

正文分成几章作为第一层次，其序号为 1，2，3，…后面写出概括该部分内容的标题，谓之一级标题；章下设节，序号如 2.1，2.2，2.3，…后面写出概括该节内容的标题，谓之二级标题；节下设条，序号为 2.1.1，2.2.2，2.2.3，…后面写出概括该条内容的标题，谓之三级标题。通常，一级标题用四号(或小四号)黑体或宋体，二级标题用五号黑体，三级标题用五号宋体。

(2) 层次标题的拟定。

根据《科技书刊的章节编号方法》(CY/T 35—2001)，层次标题通常使用词和词组，应能够概括该章或该节的中心意思，一般不超过 15 个字。其要求是：准确得体、简短精练。对于同一级标题来说，编写时讲求内容工整、格式统一，即使用排比的方法进行编写。

【例 7.4.14】 标题层次示例。

> 3 敏感度函数未知下的非均匀直线覆盖控制
> 3.1 非均匀直线上的敏感度函数估计
> 3.2 非均匀直线覆盖控制算法

2. 正文的内容

作为一篇论文的主体，正文内容是论文研究内容、研究方法、研究结果的集中体现。不同类型的论文，其正文内容也略有不同。

(1) 综述性论文。

综述性论文的主要内容包括：

① 问题的提出。即说明作者写综述的原因和必要性。有这部分内容时，引言可省略。

② 历史的回顾。通过历史对比(纵向对比)，来表明目前的研究达到了什么水平，目的在于探索其发展规律。

③ 现状的分析。客观地介绍和分析各国各学派的观点、方法和成就，这是横向对比。

④ 展望与建议。预测该课题未来的研究趋势，提出方案，以起到导向作用。

撰写综述性论文应注意以下几点：

① 不应将作者自己的某一具体研究工作掺杂进去。综述的目的是对前人和他人的工作进行比较和评价，不是介绍作者自己的成果。

② 作者应在阅读大量原始文献的基础上来写综述性论文。文献要全，不要仅仅局限于某一方面；要新，最好是近 5～10 年的文献。不得在他人综述的基础上做"二次综述"。

③ 应坚持材料与观点、理论与实践的统一。

④ 作者通常是本学科领域的学术权威和大家。那些缺少实际专业经验和较高理论研究水平的人，不适宜写综述。研究生的开题报告属于综述性论文，但只宜作开题之用，而不宜在刊物上发表。信息工作者辑录有关文献、编译动态报道不在此列。

⑤ 综述性论文应提纲挈领、抓住重点。

⑥ 综述性论文不要求首创性，但必须具有导向性。

(2) 论证计算型论文。

论证计算型论文是指以数学分析、理论论证为主要研究手段的论文，其主要内容包括：

① 解析方法。即交代理论假说、理论分析的前提、研究的对象、使用的理论、采用的分析方法等。

② 解析过程。即由理论分析依据或方法来说明推导、运算、证明过程。

③ 解析结果。即通过理论分析证明定理、导出公式、建立模型。

④ 分析与讨论。即讨论上述解析结果的可靠性和适用性。

(3) 研究报告型、发现发明型论文。

研究报告型、发现发明型论文是指以实验为主要研究手段的论文，其主要内容包括：

① 实验原材料。即交代实验目的、实验材料(包括材料名称、来源、性质、数量、选取方法和处理方法)。

② 仪器及设备。若是已有的实验设备，交代其名称和型号即可；若是自制设备，则应详细说明，并画出示意图。

③ 方法及过程。若是采用前人和他人的实验方法，仅写出方法名称即可；若是自己设计的实验方法，则应详细说明。

④ 结果及分析。将观察到的实验现象拍成照片，将测得的实验数据制成插图或表格。分析是以实验结果为基础的，用已有的理论对结果进行解释。

3. 正文的撰写要求

(1) 对主题的要求。

主题，也称基本论点或论旨，是指论文作者所要表达的总体意图或基本观点。它是作者思想和观点的集中反映，对论文的价值起主导和决定作用。如果一篇论文的主题属于该领域的热门话题且能够对科研工作起着积极的引领作用，论文的价值就大，作用就强；倘若选取的主题属于冷门话题，对实际科研工作没有多大的意义，即使论文结构很精巧、材料选取广度大、结论再完美，也算不上是一篇好论文。科技论文的主题应体现"新颖、集中、深刻、鲜明"八字要求。

① 新颖。对于一篇论文来说，新颖意味着论文所研究的内容应是相关领域尚未攻克的难题；论文结论能够提出全新的观点，甚至是研究的课题属于相关领域前所未有的，起"拓荒"作用。为使主题新颖，在选题时就应该广泛涉猎相关课题的各类材料，了解国内外有关该课题研究的历史沿革和最新动态；在研究时，努力将研究内容提升到全新的层面；在写作时，通过总结反复实验、观察、测试、计算、调查、统计获得的结果，得出新观点、新见解。

② 集中。即一篇论文只能确定一个主攻目标。要使主题集中，就要避免处处兼顾、面面俱到。在选材料时，有利于表现主题的则选取，无利的则抛弃；在写作时，不要涉及与主题关联不大甚至无关的内容，以免喧宾夺主、淡化主题。

③ 深刻。即论文应该透过现象揭示研究对象的本质，抓住研究对象现阶段存在的主要问题"对症下药"，以实验为依托，根据实验数据总结事物的客观规律，进而给出问题的解决方案，而非针对一些无意义或过于肤浅的问题进行大篇幅讨论。要使主题深刻，就不能简单地描述现象、堆砌材料、罗列实验(或观测)数据，而应"在调查中挖掘深一点，在实验中观察细一点，在分析时道理讲得透一点，在写作时表达要清楚一点"。在综合分析、整理材料和实验(或观测)结果的基础上，提出符合客观规律的新见解，得出有价值的新结论。

④ 鲜明。即论文内容应该有主有次，除了在题名、摘要、引言、结论的显著位置明确地点出主题外，在正文中更应该对主题内容进行深度的讨论，而不能大篇幅介绍与主题关联性不大的内容，避免冲淡主题。

(2) 对材料的要求。

材料，是指作者用于阐述论文主题的各种事实、数据和观点等。科技论文的材料应遵循 "必要而充分，真实而准确，典型而新颖" 的选取原则。作者为了撰写论文，对材料往往是 "博采约取"：写作前广泛收集材料，"以十当一"；写作中严格筛选材料，"以一当十"，这就涉及对材料的遴选问题。作者选取材料应遵循以下 3 条原则。

① 必要而充分。所谓必要，即所选取的材料必不可少，缺少它就无法阐述论文主题，那些跟主题无关紧要的材料，即使得来很不容易，也应予舍弃；否则，就会分散、冲淡甚至湮没主题。

所谓充分，即所选取的材料要数量充足，否则，即使材料很好，但若很单薄的话，也不足以支撑主题，难以让人信服。

材料的必要性与充分性的关系，是质与量的关系。质是根本要求，量是质的保证，两者相辅相成、缺一不可。

② 真实而准确。所谓真实，即所选取的材料是客观存在的，并反映事物的本质，绝无半点虚假、篡改或主观臆断。只有真实的材料，才能有力地表现主题。假设一篇论文选取了 20 个材料，即使其中 19 个材料是完全真实的，但只要有 1 个材料不真实，那么就会让人对其他 19 个材料的真实性产生疑虑，进而怀疑整篇论文的价值。论文中采用的数据应反复核实、验证，既不能夸大或缩小，也不应凭空捏造。

所谓准确，包含两方面的含义：

- 文字表述明确、具体，不可有模棱两可、含混不清的字词和句子；
- 材料无虚假，且数据采集、实验记录和分析整理均无技术性差错。

材料有误是科技论文之大忌。尤其是数据多一个 0 或少一个 0，或小数点位置出错，或正负号弄错，都可能造成论文的重大错误，有时甚至会导致严重损失。例如在 20 世纪 90 年代，某报载文，称给感染某病的鸡喂药，配方是每克水兑 0.25 克药。一养殖户按此配方给鸡喂药，造成数百只鸡当场死亡，原来是文章作者将 "0.025 克" 误写成了 "0.25 克"。药的浓度一下子扩大 10 倍，后果可想而知。造成论文材料失真或有误的因素较多，但主要原因有 3 点：一是作者学术行为不端，有意弄虚作假；二是作者调查研究不深入，以假乱真；三是作者学术作风不严谨，疏忽大意。

要使材料真实准确，作者应注意以下几点：

- 严肃认真，实事求是，尽量采用调研所得的第一手材料；
- 仔细观察，正确操作，实验记录应准确；
- 核对原文，忠实原意，引用他人材料不能断章取义或歪曲原意；
- 端正学风，求真务实，不用未经核实的材料，切忌以讹传讹。

③ 典型而新颖。所谓典型，即所选取的材料要有代表性，能够反映事物的特征，揭示事物的本质。那些可用可不用的材料，最好不用。典型性与必要性是一致的：必要的材料，均应具有典型性；非典型的材料，大多是不必要的，应予舍弃。

所谓新颖，即所选取的材料是他人未见过、未听过和未用过的，避免材料同质 "撞车"。俗话说："产品没有特性，就找不到卖点。" 一篇论文的 "亮点" 在于主题新颖，而新颖的主题要靠新颖的材料来支撑。只有新颖的材料，才能支持新颖的观点。一篇论文即使结构再严谨、文字再流畅、格式再规范，如果没有新颖的材料，仍然不是好文章。

论文所选取的材料要兼顾典型性和新颖性。有的材料尽管很新，但欠缺典型性，表现不了主题，也不能选取。

(3) 对结构的要求。

科技论文的结构设计应遵循以下原则。

① 严谨自然，反映规律。科技论文应正确地反映客观事物的内在联系和发展规律。要反映这种联系，就要设计严谨的结构，使各部分内容衔接紧密，环环相扣，符合逻辑，无懈可击；要反映这种规律，就要使结构设计层次清楚，顺其自然，顺理成章。

② 完整协调，表现主题。所谓完整，就是论文的各部分应齐全，无残缺。例如：实验研究类论文包括引言、实验方法、结果与讨论、结论和参考文献 5 个部分。这 5 部分内容要齐全，缺一不可。所谓协调，就是根据表现主题的需要来确定各部分内容的篇幅大小和详略事宜。例如：实验研究型论文中，引言应简明扼要，结论应高度概括，而"实验方法"和"结果与讨论"部分则应充实丰满，篇幅较大。

③ 灵活变化，适应体裁。由于论文所涉及的学科专业不同，表现的主题不同，其结构也应有所不同。论文结构应适应体裁而灵活变化，不可千人一面、千篇一律。

(4) 对论证的要求。

论证是指用论据来证明论点的推理过程，其作用是使读者相信作者论题的正确性，即"以理服人"。科技论文对认证有以下几点要求。

① 论题应清晰明了，无争议。论题是整篇论文的"地基"，将直接决定论证的方法和内容。如果论题无意义，那么整篇论文也就失去了意义，论证自然也是无用的。

② 论题唯一。一个完整的论证过程只服务于一个唯一的论题，且在论证过程中论题应保持不变，否则将会造成"偷换论题"的逻辑错误发生。

③ 论据应是真实的判断。论据，即所选取的各种材料，它是论题的根据。在论证中，只有论据真实，才能推出论题的真实性。例如："任何实数的平方都是正数"就不是真实的判断，不能作为论据使用。举 1 个反例就够了：0 是实数，但 0 的平方仍是 0。有时，在论证过程中由于论据缺乏论证就会出现论据虚假的情况，然而这并不代表论题也是虚假的。此外，在选取论据时应该将确切的事物作为论据，而不能将道听途说的事物选作论据。

④ 论据是"因"，论题是"果"。在论证过程中，论题的真实性应通过论据证明，二者构成严格的因果关系，即因为有论据所述的事物，所以论题是真。因此，在选取论据时一定要避免无关论据的出现，以及由于论据太少造成的论证过程说服力不足的情况出现。

7.4.9 结果

论文的核心部分就是数据，在论文中这部分称为"结果"(Results)。结果通常包含两方面的内容。首先，对所做实验给出总体描述，但不要重复描述材料与方法部分已给出的实验细节；其次，给出实验数据，以图或表等手段整理实验结果，并进行结果的分析和讨论，内容包括：通过数理统计和误差分析说明结果的可靠性、可重复性、范围等；对实验结果与理论计算结果进行比较。

1. 结果的内容

撰写结果部分并不容易。如何把实验数据展现出来呢？简单地把实验室笔记本上的内容搬到论文上显然行不通。结果部分应该展示有代表性的数据，而不是重复性的数据。如果科技人员重复相同的实验 100 遍，并且取得的实验数据没有什么大的出入，那么项目负责人对此还可能颇为欣赏。但是，期刊编辑和期刊读者还是希望只看到有代表性的数据。Aaronson(1977 年)是这样说的："把所有数据都写到论文里并不意味着作者掌握了大量信息；相反，这意味着作者缺乏鉴别能力。"一个世纪前的地理学家 John Wesley Powell(曾于 1888 年担任美国科学进步协会的主席)也表达了相同的观点，"庸才罗列事实，智者甄别材料。"（"The fool collects facts；the wise man selects them."）

2. 结果的处理方式

结果部分如果只有几个数据，可以逐个列出。但是，如果数据很多，应该用表格或图片的形式来给出。

结果部分给出的数据应该都是有意义的。假设在一个特定的化学实验里，科技人员逐个测试了一些变量，那些能影响化学反应的变量就是有意义的数据，并且如果这些变量为数众多，应该用表格和图片的形式给出；而那些对化学反应没什么影响的变量就不用在结果部分给出。结果部分也可以指出实验结果不尽如人意的地方，或者是在一定实验条件下未能产生预期的结果，而其他科技人员很有可能在别的实验条件下得到不同的实验结果。

3. 结果的描述方法

描述实验结果时应力求简洁清楚而没有废话。Mitchell(1968 年)曾引用爱因斯坦的话："在描述事实真相的时候，把修辞工作留给裁缝去做吧。"

结果部分是论文中最重要部分，但是这部分也是论文中最短小的部分，尤其是在材料与方法部分、讨论部分都写得很好的时候。因为实验结果就是作者科研工作所要贡献的新知识，所以结果部分要叙述得非常简洁清楚。论文的引言、正文告诉读者，作者为什么开展这项科研工作，以及作者如何开展科研并取得实验结果；论文的讨论则告诉读者这些实验结果的意义。显然，论文全文都是因为结果部分的内容才得以立足，所以，结果部分务必要做到意思清楚。除此之外，在对结果进行陈述时，应尽量使用简单句，避免使用过多修饰词。

7.4.10　结论

结论(Conclusion)是经过严密的逻辑推理所做出的总体观点总结，有些论文也称为结论与讨论(Conclusion and Discussion)。除作者做出的总体观点外，还可以提出建议、研究设想、仪器设备的改进意见等问题。需要注意的是，区分结论和结果两个概念。论文的结果是指观察和实验的结果，而结论则是指通过对实验获得的数据进行理论分析、推理，最终总结出来的规律。结论有时可以写成简单明了的几条，当无法得出确切的结论时，可用结语的形式代替。

1. 结论的内容

作为对论文研究工作的总结，结论在写作过程中应涵盖以下内容：

(1) 研究结果说明了什么，解决了什么问题，得出了什么规律。

(2) 对前人、他人或自己先前的研究结果做了哪些验证、修改、补充、扩展、发展、或否定。

(3) 本项研究有无意外发现(如反常现象)或不足之处，以及暂时无法解释和解决的问题。

(4) 本项研究的理论意义和应用价值。

(5) 对事后研究的建设和展望。

结论的内容较多时，可以逐条来写，并编序号，每条自成一段(可以是一句话或几句话)；内容较少时，可以仅写成一段话，而无须分条。上述(2)～(5)项不是结论的必备项，有则写，没有则不写；而(1)则是必不可少的，否则论文就失去了价值，没有发表的必要。

2. 结论的撰写要求

在结论的撰写过程中，通常需要遵循以下要求：

(1) 明确具体，简短精练。结论应明确而具体，不应使用抽象、笼统的语言；可读性要强，通常使用量名称(而不是量符号)。例如说"电阻一定时，电压与电流成正比关系"，而不说"R 一定时，U 与 I 成正比"；结论表述要简洁，不必展开叙述；语言要凝练，对于一些无关紧要的词语可以适当删除。

(2) 概念确切，推理严密。概念要准确，经得起事实的考验，推理要符合逻辑。

(3) 观点鲜明，重点突出。结论的语句要像法律条文那样只能做一种解释，不能含糊其辞、模棱两可，切忌使用"大概""可能""也许"之类的词，以免给人似是而非的感觉，从而怀疑论文的真实价值；要分清主次、突出重点，仅写出最重要的几条。

(4) 实事求是，慎用否定。评价自己的研究成果时不要言过其实，尤其是使用"国际先进水平""国内首创""填补国内空白"之类的词语时要慎重；要尊重他人，不应轻易否定他人的观点，不要轻易批判他人。

3. 结论的撰写示例

【例 7.4.15】 论文的结论示例。

---

5. Conclusion

In this paper, we study the high precision way-point tracking control problems for dynamic unicycle. A simplified electrical motor is employed to provide the torques in unicycle's dy-namic model. Then, a novel tracking control scheme is proposed such that the unicycle can reach its given target with high precision. In this tracking scheme, a kinematic controller and a dynamic controller are presented, respectively, where the dynamic controller is derived from the kinematic controller by using the feedback control and back-stepping techniques. Moreover, a group of parameter conditions are developed to avoid the singularity for tracking system. Comparing with the other general tracking methods, our proposed controller can drive the dynamic unicycle to its targets with high precision. The stability and performance of pro- posed kinematic controller and dynamic controller are both analysed. In final, two numerical simulations are provided to verify the effectiveness and advantages of proposed approaches.

7.4.11 致谢

现代科学技术研究通常不是一个人或几个人单枪匹马所能完成的，往往需要与他人合作以及他人的帮助。因此，当研究成果以论文形式发表时，作者应对曾经在研究过程中及论文撰写过程中给予指导和帮助的组织和个人表示感谢。

1. 致谢对象

国家标准 GB 7713.1—2014《科技报告编写规则》明确规定，下列对象可以在正文后致谢：

(1) 国家科学基金、资助研究工作的奖学金基金、合作单位、资助或支持的企业、组织和个人；

(2) 协助完成研究工作和提供便利条件的组织或个人；

(3) 在研究工作中提出建议和提供帮助的人；

(4) 给予转载和引用权的资料、图片、文献、研究思想和设想的所有者；

(5) 其他应感谢的组织或个人。

综上可见，致谢对象可分为两类：一是在研究经费上给予支持或资助的机构、企业、组织或个人；二是在技术、条件、资料和信息等工作上给予支持和帮助的组织或个人。据此可知，以下组织或个人应予致谢：参加部分工作者，承担某项测试任务者，对研究工作提供过技术协助或有益建设者，提供过实验材料、试样、加工样品或实验设备、仪器的组织或个人，在论文的撰写过程中曾帮助审阅、修改并给予指导的有关人员，帮助绘制插图、查找资料等有关的人员。

2. 致谢的撰写要求

致谢的撰写，通常需遵循以下原则：

(1) 直书其名，可加职务。对于被感谢者，可以在致谢中直书其名(若是个人，还应写出其单位名称)，也可以在人名后加上"教授""高级工程师"等技术职务或专业技术职称，以示尊敬。

(2) 言辞恳切，实事求是。言辞恳切，应对被感谢者曾给予的支持或帮助表示诚挚的敬意；实事求是，切忌为突出自己而埋没他人。

(3) 端正态度，不落俗套。切忌借致谢之名而列出一些未曾给予过实质性帮助的名家姓名，行拉关系之实；切忌以名家的青睐来抬高自己论文的身价，或掩饰论文中的缺陷和错误；切忌强加于人，即论文未被感谢者审阅，或者论文虽经审阅却与审阅者观点相左，而强行"致谢"。

3. 致谢的撰写示例

【例 7.4.16】　致谢示例。

Acknowledgements

This work was supported by the National Natural Science Foundation of China (No. 61803040), China Postdoctoral Science Foundation (No. 2018M643556), the Natural Science Basic Research Plan in Shaanxi Province of China(Nos. 2017JQ6060，2018JQ6098) and the Fundamental Research Funds for the Central University of China(Nos. 300102328403，300102328303, 310832163403).

7.4.12 参考文献

参考文献(References)是指作者在著述过程中曾经参考引用过的文献资料。参考文献排在致谢之后；无致谢时，排在结论之后。

1. 参考文献的作用

科技论文之所以要著录文后参考文献，是因为它有以下四个作用：

(1) 可以反映作者的科学态度和求实精神，体现对前人及其劳动成果的尊重。同时，可使读者看出哪些是前人已有的成果，哪些是作者劳动的结晶。否则，引用他人的观点、数据或成果而不在参考文献中列出，就难免有剽窃、抄袭之嫌。

(2) 可以省去诸多不必要的重复性叙述，以节省书刊篇幅。同时，提高作品的文字水平，使其结构紧凑，核心突出。

(3) 可以表明作者对该学科领域了解的广度和深度，便于读者衡量该论著的水平与价值。

(4) 可以指明所引用的文献的出处及其依据，便于读者溯本求源，进一步学习和研究。

2. 参考文献的引用原则

参考文献引用过程中，需遵循以下原则：

(1) 凡是引用他人的数据、观点、方法和结论，均应在文中标注，并在文后参考文献中列出。

(2) 所引用文献的主题应与论文密切相关，可适量引用高水平的综述性论文。

(3) 引用的文献应尽量是新近的，能够反映当前某学科领域的研究动向和水平(应优先引用著名期刊上发表的论文)。

(4) 引用的文献首选公开发表的，不涉及保密等问题的内部资料也可以列入参考文献。

(5) 只引用自己直接阅读过的参考文献，尽量不转引；不得将阅读过的某一文献后边参考文献表中所列的文献作为本文的参考文献。

(6) 应避免过多地(甚至是不必要地)引用作者本人的文献。

(7) 严格按照国家标准 GB/T 7714—2015《信息与文献　参考文献著录规则》规范的格式著录文献，确保各著录项目正确无误。

3. 参考文献的著录格式

论文后的参考文献有两种组织形式：既可以按顺序编码制组织，也可以按著者-出版年制组织。不同的组织形式，其著录格式是不同的。

1) 顺序编码制参考文献著录格式

① 专著的著录格式。这里所说的专著指以单行本或多卷册(在限定的期限内出齐)形式出版的印刷型或非印刷型出版物，包括普通图书、学位论文、会议文集、汇编、标准、古籍、报告、多卷书、丛书等等。

专著的著录格式如下：

主要责任者. 题名：其他书名信息[文献类型标识/文献载体标识]. 其他责任者. 版本项. 出版地：出版者，出版年：引文页码 [引用日期]. 获取和访问路径. 数字对象唯一标识符.

② 专著中的析出文献的著录格式。

析出文献主要责任者. 析出文献题名 [文献类型标识/文献载体标识]. 析出文献其他责任者//专著主要责任者. 专著题名: 其他题名信息. 版本项. 出版地: 出版者,出版年:析出文献的页码[引用日期]. 获取和访问路径. 数字对象唯一标识符.

③ 连续出版物的著录格式。

主要责任者. 题名:其他题名信息 [文献类型标识/文献载体标识]. 年,卷(期)-年,卷(期). 出版地:出版者,出版年[引用日期]. 获取和访问路径. 数字对象唯一标识符.

④ 连续出版物中的析出文献的著录格式。

析出文献的作者. 析出文献题名 [文献类型标识/文献载体标识]. 连续出版物题名:其他题名信息,年,卷(期):页码[引用日期]. 获取和访问路径. 数字对象唯一标识符.

⑤ 专利文献的著录格式。

专利申请者或所有者. 专利题名:专利号 [文献类型标识/文献载体标识]. 公告日期或公开日期[引用日期]. 获取和访问路径. 数字对象唯一标识符.

⑥ 学位论文的著录格式。

学位论文撰写者. 学位论文题名 [文献类型标识/文献载体标识]. 保存地点:保存单位,年份:引文页码[引用日期]. 获取和访问路径. 数字对象唯一标识服务.

⑦ 报告的著录格式。

报告撰写者. 科技报告题名:其他题名信息 [文献类型标识/文献载体标识]. 保存地点:保存单位,年份:引文页码(更新日期) [引用日期]. 获取和访问路径. 数字对象唯一标识服务.

⑧ 档案的著录格式。

档案的主要责任者. 档案的题名:其他题名信息 [文献类型标识/文献载体标识]. 出版地:出版者,出版年:引文页码(更新或修改日期) [引用日期]. 获取和访问路径. 数字对象唯一标识服务.

⑨ 电子公告的著作格式。

电子公告的主要责任者. 电子公告的题名:其他题名信息[文献类型标识/文献载体标识]. (更新或修改日期) [引用日期]. 获取和访问路径. 数字对象唯一标识服务.

2) 著者-出版年制参考文献标注法

① 正文引用的文献采用著者-出版年制时,各篇文献的标注内容由著者姓氏与出版年构成,并置于"( )"内。倘若只标注著者姓氏无法识别该人名时,可标注著者姓名,例如中国人、韩国人、日本人用汉字书写的姓名。集体著者著述的文献可标注机关团体名称。倘若正文中已提及著者姓名,则在其后的"( )"内只著录出版年。

② 正文中引用多著者文献时,对于欧美著者只需标注第一个著者的姓,其后附"et al.";对于中国著者应标注第一著者的姓名,其后附"等"字。姓氏与"et al.""等"之间留适当空隙。

③ 在参考文献表中著录同一著者在同一年出版的多篇文献时,出版年后应用小写字母a,b,c …区别。

④ 多次引用同一著者的同一文献，在正文中标注著者与出版年，并在"( )"外以上角标的形式著录引文页码。

3) 著者-出版年制参考文献著录格式

参考文献表采用著者-出版年制组织时，各篇文献首先按文种集中，可分为中文、日文、西文、俄文、其他文种五部分；然后按著者字顺和出版年排列。中文文献可以按著者汉语拼音音节顺序排列，也可以按著者的笔画笔顺排列。

无论是顺序编码制，还是著者-出版年制，一篇科技论文中只能采用一种形式，不应两者混用，也不应两者并用(即前面已按顺序编码制标注，后面又加个括号注明出版年份)。

4. 参考文献著录中的常见问题

参考文献的引用与标注是最容易被作者忽视的环节，文献标注经常存在各种不规范问题，主要表现在：

(1) 引用别人的重要研究成果而不注明，致使读者分不清哪些是作者的成果，哪些是别人的成果；

(2) 罗列了一些无须著录的参考文献(如教科书、最普通的常识等)，且有的文献太陈旧，不能反映前沿水平和最新成果，没有参考价值；

(3) 引用了内部资料或保密资料(如内部期刊、会议资料、成果论文、技术鉴定、试验报告和私人通讯等)，由于这些资料不是公开发表的，因而使读者无法查阅和使用；

(4) 有些参考文献的著录项目不齐全、不规范，有的文献甚至用了"同上"或"ibib"的字样；

(5) 将没有直接阅读过的一些论著中的参考文献也作为自己论文的参考文献；

(6) 对于正文内容紧密呼应的参考文献，未按照文献出现的先后顺序编码，不便于读者查阅和使用。

7.4.13 附录

附录是科技论文主体部分的补充项，并非必备项，多数论文无此项。如有附录，应排在参考文献之后。

附录包括以下五类内容：

(1) 能对正文内容起补充作用，但放在正文中有损于编排的条理性和逻辑性的材料；

(2) 因篇幅过大或取材于复制品而不便于编入正文的材料；

(3) 不便于编入正文的珍贵材料；

(4) 对一般读者并非必要阅读，但对本专业同行有参考价值的资料；

(5) 某些重要的原始数据、数学推导、计算程序、框图、结构图、注释、统计表和计算机打印输出件等。

7.5 科技论文的总体要求

一篇高质量的论文不但能让读者更快地了解研究过程，而且对于文章主旨的把握也会事半功倍。科技论文是服务于读者的，而文章质量决定着服务水平的高低。对论文的"读者"们进行研究发现，无论是编辑、审稿人抑或同行，他们或多或少都没有太多的时间，多重压力之下，一篇主旨明确、语句通顺、结构合理的高品质文章更像是与一位体贴的老友交谈那般，轻松而又愉快。试问，又有哪位读者不希望看到这样子的论文呢。因此，科技论文一定要多为读者考虑，其有以下几点总体要求：

(1) 主旨明确。主旨是指一篇科技论文的研究主题，是整个科技论文论述、写作的中心。在写作的时候，我们从选定题目开始，包括正文的引言、研究方法、结论、讨论等全程都要一直贯彻主旨的思想；在个别情况下，也有可能是"证伪"，即证明自己当初的想法或设想不对。

(2) 框架合理。科技论文的写作又像古代的"八股文"，要严格按照各个部分的规定来写作。这样，既能保证论文结构的完整性，又可以让熟悉科技论文结构的读者快速把握文章脉络，提高阅读效率。除了在整体上保证科技论文结构的完整性外，对于每一个组成部分，作者都应该遵守相应部分的写作规则。

(3) 通体易读。科技论文应当文笔通顺、语言流畅且不易产生歧义，它是保证读者能快速把握论文主旨的关键所在，文笔烦琐、语句晦涩的论文不仅加重了读者的阅读负担，还容易造成理解错误，使文章效果大打折扣。

(4) 逻辑清晰。逻辑清晰是指论文的叙述顺序、脉络层次合乎常理。有写作基础的人肯定知道，我们讲述某件事情的时候可以通过不同的角度，采用不同的顺序来叙述，能产生不同的表达效果。以时间顺序分类，有正叙式、倒叙式、插叙式。在科技论文的写作中，考虑到文章的性质、读者百忙的状态，合适的写作顺序只有一个，那就是正叙式。正叙式的叙述方式可以让读者在阅读时长驱直入，读者在读文章时是从下到上搭积木的感觉，而不是"拼图"。而采用正叙式的表达顺序，也呼应了"文章通体易读"这一写作要求。

(5) 表达合理。客观性是科技论文的鲜明特征，但科技论文毕竟是表达新发现、新结论的手段，在科技论文的撰写中，还要注重合理地表达自己的主观看法。不论是在分析数据还是在总结结论时，难免会出现一些程度副词和判断性语句，如"具有显著影响""研究某课题将对某方面发展大有裨益"均是作者基于自己的经验所做出的主观判断。

(6) 排版规范。科技论文内容排版有一定的规范，许多期刊和大学都会提供"标准格式模板"，对论文标题、内容、表名、图名的字体、字号及图、表中文字的字号、字体和图表的尺寸等都有着严格的要求。

本 章 小 结

本章首先介绍科技论文写作的概念及特点、意义和分类，详细介绍了科技论文的基本构成，包括题名、作者署名及工作单位、摘要、关键词、中图分类号、文献标识码、注释、引言、正文、结果、结论、致谢、参考文献、附录等，并给出了注意事项和示例，最后给出了科技论文的总体要求，便于读者理解和掌握。

习　题

1. 科技论文的概念是什么？其与普通新闻或文学类作品的区别是什么？
2. 根据科技论文的作用，科技论文可以分为几类？分别是什么？
3. 请说明科技论文题名的作用。
4. 科技论文摘要的四大要素和写作要求是什么？
5. 科技论文的前置部分有什么？
6. 找到并学习《控制与决策》期刊的论文模板。
7. 请简要说明科技论文的总体要求。

第八章　学术规范与科技论文写作

随着社会的飞速发展，熟练掌握科技论文的撰写规范已经成为每一个学者必不可少的技能。因此，从长远角度看，培养大学生、研究生的科技论文写作能力是非常有必要的。本科生要获得学士学位必须撰写合格的本科毕业设计(论文)，研究生要获得硕士或博士学位，除了完成毕业论文外，还必须撰写和发表一定数量的高质量学术论文。因此，要成为合格的毕业生，必须具备一定的论文写作能力。本章首先介绍科技论文写作的学术规范，再对学术性科技论文、本科毕业设计(论文)、硕士学位论文的选题、准备、写作等过程进行详细阐述，便于读者理解掌握。

8.1　学　术　规　范

学术规范是指学术共同体根据学术发展规律制定的、有关各方共同遵守的、有利于学术积累和创新的各种准则和要求。"前人之书当明引，不当暗袭""凡采用旧说，必明引之""诚实做学问"，这些学术基本传统，古已有之。现代学术规范产生于 17 世纪后期，我国学术界对学术规范问题的正式讨论，则始于倡导学术研究与国际接轨的 20 世纪 90 年代。

8.1.1　学术规范的层次

学术规范大体可以分为三个层次：

(1) 技术层次，包括各种符号的使用、成果的署名、引文的注释等；

(2) 内容层次，包括理论、概念和研究方法的运用；

(3) 道德层次，包括对待学术事业的态度、学术责任等。

技术层次的规范，虽然是外在的、形式上的，但在很大程度上反映了规范在内容和道德层次上所达到的水平，是基础性、核心性的，也是最重要的规范要求。

如果从学科角度考察，学术规范还可分为两个层次：

(1) 各学科通行的基础性规范；

(2) 在某一学科内通行的学科规范，如史学规范、经济学规范等。

学术规范是科学研究理论的有机组成部分，它的研究是一个涉及伦理学、法学、社会学、科学以及文章学等广泛领域复杂问题的新课题。当前学界存在的"规范"不足和"规范"过度两种方向相反的弊端，对学术创新都会形成约束。

8.1.2 学术规范的体系

学术研究活动大体包括学术研究、学术写作、学术评价(包括学术批评)和学术管理等形式。学术规范则体现在学术实践活动的全过程,并集中表现为道德规范、法律规范、技术规范三个基本组成部分。

1. 学术道德规范

学术道德规范是从思想修养和职业道德方面对学术工作者提出的要求,是学术规范的基本内容之一。近年来,教育部先后发布了《关于加强学术道德建设的若干意见》《高等学校哲学社会科学研究学术规范(试行)》《关于进一步加强和改进师德建设的意见》等文件,对学术道德规范做出了明确的界定。其内容主要有:

(1) 增强献身科教、服务社会的历史使命感和社会责任感。要将自己置身于科教兴国和中华民族伟大复兴的宏图伟业之中,以繁荣学术、发展先进文化、推动社会进步为己任,努力攀登科学高峰。要增强事业心、责任感,正确对待学术研究中的名和利,将个人的事业发展与国家、民族的发展需要结合起来,反对沽名钓誉、急功近利、自私自利、损人利己等不良风气。

(2) 坚持实事求是的科学精神和严谨的治学态度。要忠于真理、探求真知,自觉维护学术尊严和学者的声誉。要严格遵守学术研究的基本规范,将知识创新和技术创新作为科学研究的直接目标和动力,把学术价值和创新性作为衡量学术水平的标准。在学术研究工作中要坚持严肃认真、严谨细致、一丝不苟的科学态度,不得虚报教育教学和科研成果,反对投机取巧、粗制滥造、盲目追求数量不顾质量的浮躁作风和行为。

(3) 树立法制观念,保护知识产权,尊重他人劳动和权益。要严以律己,依照学术规范,按照有关规定引用和应用他人的研究成果,不得剽窃、抄袭他人成果,不得在未参与工作的研究成果中署名,反对以任何不正当手段牟取利益的行为。

(4) 认真履行职责,维护学术评价的客观公正。认真负责地参与学术评价,正确运用学术权力,公正地发表评审意见是评审专家的职责。在参与各种推荐、评审、鉴定、答辩和评奖等活动中,要坚持客观公正的评价标准,支持按章办事,不徇私情,自觉抵制不良社会风气的影响和干扰。

(5) 为人师表、言传身教,加强对青年学生进行学术道德教育。要向青年学生积极倡导求真务实的学术作风,传播科学方法。要以德修身、率先垂范,用自己高尚的品德和人格力量教育和感染学生,引导学生树立良好的学术道德,帮助学生养成恪守学术规范的习惯。

2017 年 7 月,中国科协(中国科学技术协会)印发的《科技工作者道德行为自律规范》,提出学术道德规范的"高线"与"底线",即要求广大科技工作者要严于自律,坚持"自觉遵守科学道德规范"的"高线",坚守"反对科研数据成果造假、反对抄袭剽窃科研成果、反对委托代写代发论文、反对庸俗化学术评价"的"底线"。

目前,国家有关部门和一些高校、科研院所一般都制定了相关的学术道德规范方面的管理性文件。例如,中科院(中国科学院)于 2007 年 2 月颁布《关于科学理念的宣言》《关于加强科研行为规范建设的意见》;中国科协、教育部、科技部等七个部门于 2015 年 11 月印发了《发表学术论文"五不准"》；国务院办公厅于 2016 年 1 月发布《关于优化学术环境的指导意见》；教育部于 2016 年 6 月颁布《高等学校预防与处理学术不端行为办法》，旨在规范学术行为，树立良好的学术风气，促进和保障学术事业的健康发展。

2. 学术法律规范

学术法律规范是指学术活动中必须遵循的国家法律法规的要求。我国目前尚未制定专门的法律来规范人们的学术活动，与学术活动有关的行为规则分散在《中华人民共和国民法通则》《著作权法》《专利法》《保密法》《统计法》《出版管理条例》等法律法规和《公民道德实施纲要》、教育部《关于加强学术道德建设若干意见》《关于树立社会主义荣辱观，进一步加强学术道德建设的意见》《高等学校哲学社会科学研究学术规范》《学位论文作假行为处理办法》和中国科学技术协会《科技工作者科学道德规范》等文件中。如《高等学校哲学社会科学研究学术规范(试行)》第 5 条规定：高校哲学社会科学研究工作者应遵守《中华人民共和国著作权法》《中华人民共和国专利法》《中华人民共和国国家通用语言文字法》等相关法律、法规。

学术法律规范主要内容可以概括为以下几个方面：

(1) 学术研究不得泄露国家秘密和单位的技术秘密。国家秘密是关系国家安全和利益，依照法定程序确定，在一定时间内只限一定范围的人员知悉的事项。这些事项主要包括国家事务重大决策中的秘密事项、国防建设和武装力量活动中的秘密事项、外交和外事活动中的秘密事项以及对外承担保密义务的事项、国民经济和社会发展中的秘密事项、科学技术中的秘密事项、维护国家安全活动和追查刑事犯罪中的秘密事项、政党的秘密事项，以及其他经国家保密工作部门确定应当保守的国家秘密事项等。学术活动中对涉及的国家秘密必须保密，否则将承担相应的法律责任。

(2) 学术活动不得干涉宗教事务。根据《宗教事务条例》的规定，学术著作中不得含有破坏信教公民与不信教公民和睦相处的内容，破坏不同宗教之间和睦以及宗教内部和睦的内容，歧视、侮辱信教公民或者不信教公民的内容，宣扬宗教极端主义和违背宗教的独立自主自办原则的内容等。

(3) 学术活动应遵守《著作权法》《专利法》的规定。学术活动涉及最多的就是知识产权问题，因此，《著作权法》等知识产权方面的法律法规，往往就是学术活动应遵守的行为准则。其主要内容包括：未经合作者许可，不能将与他人合作创作的作品当作自己单独创作的作品发表；未参加创作，不可在他人作品上署名；不允许剽窃、抄袭他人作品；禁止在法定期限内一稿多投或多发；合理使用他人作品等。

(4) 应遵守语言文字规范。学术活动中，应使用国家通用的语言文字，方言、繁体字、异体字只有在特殊情况下，即在出版、教学、研究中确需使用时方可使用；汉语文出版物应当符合国家通用语言文字的规范和标准，汉语文出版物中需要使用外国语言文字的，应当用国家通用语言文字作必要的注释。

3. 学术技术规范

学术技术规范应主要包括学术论文写作规范、学术评价规范、学术批评规范和学术引用规范，其中学术论文写作规范最为重要。学术论文写作技术规范的内容主要包括以下三方面：

(1) 学术成果应观点明确，资料充分，论证严密；内容与形式应完美统一，达到观点鲜明，结构严谨，条理分明，文字通畅。

(2) 学术成果的格式应符合要求。各刊物目前对成果的格式要求并不统一。就学术论文而言，既有执行国家标准 GB/T 7713.3—2014 的，也有执行自定标准的，如《大学图书馆学报》。不论刊物执行何种标准，论文中一般须具有题名、作者姓名及工作单位、摘要、关键词、中图分类号、英文题名、作者姓名及工作单位、英文摘要、英文关键词、正文、参考文献、作者简介等信息，基金资助项目论文应对项目信息加以注明。

(3) 参考文献的著录格式应符合要求。我国于 2015 年修订国家标准《信息与文献参考文献著录规则》(GB/T 7714—2015)，并于 2015 年 12 月 1 日开始实施。作为一名作者，在日常学术活动中应自觉遵守相关的要求，不做违反条例规定的事。在进行写作时，不允许以增加引证率为目的，将未引用的文献添加到参考文献目录中，或者直接将未查阅的文献添加到参考文献目录中。

随着科学技术日趋繁杂，起源于西方的现代学术技术规范对现代学术而言，已不是"最高标准"，而只是"最低标准"。只有将这种"西式规范"与中国文化固有的"专家之上的文人"传统相结合，学术新人才有可能成长为"大家"。

8.1.3　学术剽窃及其防范

在科技论文的写作中，学术不端是指在科学研究及相关活动中发生的违反公认的学术准则、违背学术诚信的行为。具体包括剽窃、抄袭、侵占他人学术成果，篡改他人研究成果，伪造数据或捏造事实，不当署名，提供虚假学术信息，买卖或代写论文六类情形。剽窃是目前最严重的学术道德问题，对社会各界均会造成恶劣影响。

1. 学术剽窃

美国现代语言协会(Modern Language Association of America，MLA)出版的《MLA 文体手册和学术出版指南》(MLA style Manual and Guide to Scholarly Publishing)(第 3 版)指出，"剽窃"是一种违反道德和伦理规范的行为，即在自己的文章中使用他人的思想见解或语言表述，而没有申明其来源，其形式包括在"复述他人行文或特定的习语""变换措词使用他人的论点和论证""呈示他人的思路"等情形下，没有适当地标明出处。

我国虽有多部法律、法规、规章禁止剽窃，但只有国家版权局版权管理司对"剽窃"有明确的认定(版权司(1999)第 6 号)："剽窃指将他人作品或作品片段窃为己有。分'低级剽窃'和'高级剽窃'两种形式。前者指'原封不动复制他人作品'，认定较容易；后者指'改头换面后将他人独创成分窃为己有'，需经认真辨别甚至专家鉴定后方能认定。"商务印书馆出版的《现代汉语词典》对剽窃的解释为："抄袭窃取(别人的著作)。"据此，抄袭(书面语为"剿袭")与剽窃为同一概念，国家版权局版权管理司也持相同意见。

国外著名的"Turnitin"网站界定的剽窃行为有：
① 把别人的作品当成自己的交上来；
② 拷贝别人的句子或观点，却没有说明；
③ 在引用的话上没有打引号；
④ 对于所引材料的来源提供了错误的信息；

⑤ 拷贝原文的结构，改动了其中的字词，却没有说明；

⑥ 如果大量拷贝他人的句子和观点构成文章的大部分内容，那么无论有没有说明，都被视作剽窃。

总体而言，凡是在自己的文章中有意或无意地重复使用自己原有的作品，或他人的思想见解、语言表述，而没有申明其来源的，就是剽窃。剽窃行为可大致分为恶性剽窃(Blatant Plagiarism)与偶发性剽窃(Casual Plagiarism)两种。前者是整篇文章几乎全部挪用他人的作品，性质极其恶劣；后者则表现为文章的主题、构思等由自己完成，但在文章中掺杂使用他人的内容。如果对剽窃进行细分，则主要的情形有：

(1) 总体剽窃：整体立论、构思、框架等方面抄袭。

(2) 直接抄袭：直接从他人论著中寻章摘句，整段、整页地抄袭；为了隐蔽，同时照搬原著中的引文和注释。

(3) 在通篇照搬他人文字的情况下，只将极少数的文字作注，这对读者有严重的误导作用。

(4) 为改而改，略改动几个无关紧要的字或换一种句型。

(5) 错误理解综述的概念："综述"的意义在于，相同或相近的思想出自不同的论者，因而有必要将其归纳整合，形成一种更有普遍意义的分析视角。抄袭是将部分综述对象照单全收。

(6) 跳跃颠转式抄袭：从同一文本中寻章摘句，却并不完全遵循原文的行文次第和论述逻辑。

(7) 拼贴组合式抄袭：将来自不同源文本的语句拼凑起来，完全不顾这些语句在源文本中的文脉走向。

2. 学术剽窃的防范

由于学术论文一般是在较长时间内由个人单独完成的，这就具备了剽窃的客观可能性。在教育领域，美国针对学术造假有着一系列的预防及惩处措施：

(1) 利用互联网、媒体等手段宣传预防学术造假的有关知识；

(2) 利用课堂资源对预防学术造假进行讲解，并列举真实案例进行分析讲解；

(3) 在学生日常生活中渗透防止学术造假的意识。如无人监考、签订承诺书等，校方一经发现学生进行学术造假，则严肃处理。

在法律上，我国的台湾、澳门等地已把学术剽窃纳入到法律规制的范围。如《澳门著作权法》规定：窃取和赝造他人作品是犯罪行为，对作案者可判处 1 年的监禁以及相关的罚金。《台湾著作权法》中也规定：利用他人著作时，未注明著作的出处，即为犯罪。

20 世纪 90 年代以来，国内外出现了一些比较著名的 Turnitin、CrossCheck、知网(CNKI)、万方、维普、PaperPass、PaperRight 等商业性质的查重系统，是防止学术剽窃的一种很好的技术手段。Turnitin 为 Turn It In 的连写(中文"交上来"的意思)，是一个以网站为平台的"论文防抄袭扫描系统"，是学术不端检测系统的鼻祖，分为国际版和英国(UK)版。前者支持英文、中文(繁体和简体)等 30 多种语言论文的检测，后者适合绝大多数英国学校发表投稿使用。这个软件系统于 1996 年推出，2009 年 8 月推出了中文、日文等亚洲语言服务，目前已在全世界 140 个国家或地区使用。随着大数据时代的到来，在线查重系统已经发展成为集快速、准确、便利于一体的智能化系统，成为预防学术不端等行为的重要手段之一。

8.2 学术性科技论文写作

学术性科技论文不同于一般科学研究成果的简单记录，它是作者对科技成果的总结与提高，是对主题内容认识上的重要升华，具有科学性、创新性、逻辑性、规范性、简洁性和有效性的特点。学术性科技论文的写作包括选题、材料准备、结构设计、实验与结果分析、写作与修改定稿等过程。

8.2.1 论文选题

论文选题是指确定好论文所要探讨问题的主要方向和研究范围。选题的正确与否，对论文的写作成败起着关键性作用。选题定得好，容易完成一篇有价值、有影响力的论文；若选题不当，则可能费时费力，很难写出价值大、质量高的科技论文。下面从选题的来源以及途径介绍科技论文如何进行选题。

1. 选题来源

国内遗传学家李汝琪教授认为："科研应该是论文写作的前提。所以，在谈论文写作之前，一定要在别人指导或合作下完成一些科学试验并获得了值得报道的科研成果。"由此可见，科研是撰写科研论文的前提，科技论文的选题来源于科研课题。一般来说，科研课题是指科技工作者根据自己的专长，结合自己专业领域内尚未解决的问题，通过理论分析或实践对问题进行的探讨或解答，是科技工作者的研究方向和目标。科技论文质量的高低、科研成果的数量很大程度上取决于科研课题。课题选得好，就会出更多的科研成果和更高质量的论文；反之，如果科研课题的选择不够合适，就不容易产出科研成果，写出的论文也难以满足高质量的要求。

应当注意的是，科技论文的选题来自科研课题但又不完全是科研课题。对于科技工作者来说，科研课题往往较为复杂，涉及的领域较多、问题范围较广。在进行论文选题时，应当选择科研课题中最为重要、意义最大、价值最高的部分，对这些内容再进行较为深入的研究，通过理论推导或实践探究来获得成果。谭炳煜先生曾经说过："科学技术论文是科技研究成果的文字体现，但不是全部研究成果都写成可供发表的学术论文，也不是每一项研究工作的所有实验过程和观测结果都必须写入学术论文。"除此之外，选题时还应遵循科学性、前沿性、创新性、可行性等原则。

2. 选题途径

科技论文选题途径很多，既可以依靠现有的科研项目直接选题，也可以基于自身的科研积累，将本领域亟待解决的关键问题作为选题方向。总体而言，常用的论文选题途径可分为以下几种：

(1) 科研项目。对于科技论文初写者来说，往往缺乏创新思维、观察总结和发明发现等能力，对于科研领域的探索也往往较为浅显。因此，在选题时，如果仅仅依靠自己的探索发现，容易导致所选择研究方向与当前主流研究方向不一致、选题的创新性不高、选题难度过大等问题。因此，对于科技论文写作来说，科研项目是选题的理想平台，科研项目特别是国家自然科学基金和国家重点研发计划项目都有难度，创新性也有保证，并且在研究时遇到问题可以不断提高自己的能力，逐步培养独立研究的能力。

(2) 检索已发表的科技论文。科技论文写作要善于利用已经发表的科技论文，仔细查阅与自己研究方向有关的文献资料，并对其进行认真归纳分析，了解该领域已经做了哪些工作，取得了哪些重要的成果，还有哪些难点问题没有解决等。这样做不仅可以避免因不了解情况而进行不必要的重复研究，还可以少走弯路，更重要的是很可能找到新的发现，选到好的课题。在寻找课题时，应注意从科学技术的"空白点"上找突破，找到人们忽视的事物之间的联系和相互渗透，多注意学科的边缘或交叉点。

(3) 观察与实践。随着科学技术的不断进步和各种研究手段的不断发展，现有的理论可能还无法解释生产或生活中出现的一些新的矛盾现象，如果能够敏锐地捕捉到这些问题，就可能会发现新的理论或新的方法。

(4) 个人知识的积累。搞科研需要大量的信息资源和方方面面的资料，这些资料不可能靠一时突击取得，靠的是平时的知识积累。这就要求在日常的学习中，自觉地对科学技术和当前研究领域的发展做必要的记录和整理，也就是建立科学笔记。当前社会科技信息传播速度很快、数量很多，在这海量的信息面前，只能靠平日的记录和日常的积累。量变产生质变，随着知识的积累，个人能力也会发生变化，得到提高。

8.2.2　论文材料准备

科技论文的材料准备一般包括材料分类、材料获取、材料选取三个方面。

1. 材料分类

论文的材料，是指科研工作者为了支撑自己的论文主题，通过搜集得到的各种事实、数据和观点等。一篇论文，内容可能只有一万字或几千字，但是收集的支撑材料往往就需要几十万字。俗话说，"巧妇难为无米之炊"。在科技论文的写作中，"米"指的就是搜集的材料，如果没有充分的材料支持，是无法写出优秀的论文的。根据材料的获取途径不同，论文材料可分为直接材料、间接材料和融合材料。

(1) 直接材料，也称为一手材料、动态材料。直接材料是指这些材料直接来自论文作者本身。此类材料应该是论文中最重要的部分，特别是对于理论性、实验性和技术性科技论文来说，直接材料具有独特的价值。在实际的论文写作中，直接材料往往来自作者实验的过程、实际测量的数据、调查的数据及实验结果等。

(2) 间接材料，也称为二手材料、静态材料。间接材料是指材料来自他人而并非论文作者本人，故称为间接材料或二手材料。间接材料主要包括论文作者通过报纸、图书、期刊、论文、视频、网络资源等方式查询的前人研究成果、科研领域一些已经被证明的结论、他人提出的公式算法、专家学者的有关论述、统计获得的数据等材料。

(3) 融合材料，也称为发展材料。融合材料是指论文作者根据直接材料和间接材料综合分析、研究、推导得到的材料。在论文写作过程中，融合材料也是必不可少的，直接材料较多，论文的质量和水平得不到保障；间接材料较多，论文则会显得创新性不够，所以在科技论文写作中，要善于使用融合材料。

2. 材料获取

论文的直接材料和间接材料需要作者通过各种方式去搜集获取。

1) 直接材料的获取

直接材料可以很好地体现出论文的创新性，同时还可以体现出作者撰写论文的工作量。直接材料的获取有以下四种方法。

(1) 调查法。调查法主要包括全面调查、典型调查、抽样调查和追踪调查四种。在调查时，应当根据调查对象的特点来选择调查方式。

① 全面调查的涉及范围广，一般需要投入较大的力量，选取的指标必须统一，能够取得较为接近实际的全面材料。

② 典型调查是在一定范围内有重点地选择典型对象来进行调查，从而得出一般性的结论，但此方法往往难以获得全面的材料，应当在全面调查基础上进行抽样调查。

③ 抽样调查是全面调查与典型调查相结合的方式，这种调查方法以概率作为理论基础，所以在力量有限的情况下，抽样调查与真实的情况是近似的。

④ 追踪调查适用于对某一事物有特殊观测需求而进行的持续性地收集数据。调查方式主要有访谈法、问卷法等。

(2) 观察法。观察法是对各种物质形式的直接反映和直接描述，是人们对事物的一种主观认识，是通过观察可以直接获得科学事实。从某种意义上说，科学是始于观察的。观察法获得的信息是较为客观的，同时观察法十分便利，但它同样存在着时空局限性，因此，通过观察法获取材料时，应该在条件允许的情况下尽可能借助专业的设备器材，在记录数据时应尽可能详细，及时处理所采集到的材料并进行分类。

(3) 实验法。实验法是在观察法的基础上发展而来的，是指通过实验工具人为地对研究对象进行干预，排除其他变化因素的影响，突出控制变量的影响，从而观察事物发展与控制变量变化关系的过程。在科研中，实验法能够克服主观条件的限制来检验科学理论。通过实验法获取材料时，应详尽记录与实验相关的所有信息，对获取的数据要妥善保管，同时应尽可能在条件允许的情况下长时间保存实验条件，以便补做实验。

(4) 勘测法。勘测法常用于工程项目论文的数据获取，它是直接获取数据的重要方法。勘测法需要借助专业的器材设备，勘测的数据应该绝对专业可靠，同时应当注明测量条件，严禁编造数据。

2) 间接材料的获取

间接材料的获取，又称为文献检索。对于科技论文写作来说，获取间接材料主要有以下两种方法。

(1) 查阅纸质文献。根据确定的论文选题，查阅相关的书籍、期刊、科技报告和论文集等。常用的方法有使用检索工具、借助参考文献和通过学术会议三种。

(2) 利用互联网进行电子文献的查询。随着互联网的发展，国内外网络上开始出现各类文献数据库可供用户查询论文，这使得论文查询十分便捷。

3. 材料选取

在撰写论文的过程中，为了充分了解学科目前的发展情况，往往在前期的材料选择阶段需要"博采众长""以十当一"。博采众长，就是广泛采纳众多材料中的优点和长处。但是在科技论文的写作过程中，并非所有材料都可以用到，而是需要严格筛选材料，因此需要做到"以一当十"，这时就涉及材料选取的原则。

(1) 选择必要的材料。必要的材料是指所选取的材料是必不可少的，即论文缺少了该材料的支撑就无法论述论文的主题。在做前期准备工作收集材料时，往往会发现有很多材料与主题关系不大。对于这种材料，即使搜集过程十分辛苦，也应该舍弃；否则，材料过多、过杂，就会分散、冲淡甚至淹没主题。

(2) 选择充分的材料。充分的材料是指所选择的材料数量要充足，能够支撑论文的主题。在科技论文写作过程中，往往会出现参考文献太少的情况。材料过少，会给人造成文章很单薄的印象，即使材料质量很高，也应该保证数量充足。

(3) 选择真实的材料。真实的材料是指所选取的材料必须是真实的，能够反映事物的客观事实，没有半点虚假或主观臆断。材料的真实性在论文撰写中尤为重要，无论选取多少材料，必须保证所有材料都是真实可靠的，但凡有一个材料是虚假的，就会让别人怀疑其他所有材料的真实性，进而怀疑整篇论文的真实性。在科技论文写作中，尤其要注意数据的真实性，有些作者为了得到令人满意的实验结果，会采取编造数据的行为，这种行为是绝对不允许的。

(4) 选择准确的材料。材料的准确性，一是指选取的材料文字表达要清晰准确，不能选择语言含糊不清、态度模棱两可的材料；二是指选取的材料没有虚假的信息，并且材料数据的采集处理过程没有技术性的差错。选取的材料有误是论文的大忌，尤其是数据一定要精确。要保证材料的准确性，应当尽可能采用直接材料，在数据的获取阶段认真操作，避免人为因素导致的错误。同时应当正确引用他人的材料，避免断章取义的情况出现。

(5) 选择典型的材料。材料的典型性是指选取的材料要有代表性，能反映事物的特征、揭示事物的本质。对于可用可不用的材料，最好不用。同时要注意到，典型性与必要性是一致的：必要的材料，均具有典型性；非典型的材料，大多数是不必要的，应该舍弃。

(6) 选择新颖的材料。材料的新颖性是指选材时应该尽量选取他人未见过、未听过和未用过的材料。论文的新颖体现在论文主题的新颖，要想得到新颖的主题，新颖的材料是必不可少的。只有新颖的材料才能支撑新颖的观点。一篇文章即使结构严谨、文字流畅、格式规范，如果没有新颖的材料，仍然不是好文章。

8.2.3　论文结构设计

论文的结构是指论文各个部分的总体布局和收集材料的具体安排，包括层次的设置、段落之间的衔接、材料的安排、内容的过渡和开头结尾的布局等。科技论文涉及的学科、主题很多，不同学科、不同主题的科技论文结构各有千秋，但是总体的结构要求是相同的：即应满足层次设置清晰、段落衔接紧凑、内容过渡自然、符合读者的认知规律。

论文的结构设计就是要保证论文"言之有序"。科技论文写作不是简单的材料堆砌，就算搜集的材料再合适、再充分，如果不加规划地粘贴材料，不通过设计将材料按照需要进行科学的穿插和编排，也不可能写出一篇高质量的论文。正因如此，有人将主题比作文章的"灵魂"，将材料比作文章的"血肉"，而把结构比作文章的"骨骼"。只有"骨骼"

强健，"血肉"才能有所依附，"灵魂"也才能有所寄托。因此，作者在动笔之前，应当潜心设计论文的结构，结构设计得合理，论文的写作就会事半功倍。

1. 提纲的作用

在设计论文结构时，拟定提纲是最重要的工作。提纲是骨架，提纲设计得好，论文写作就像有了中心线，将材料按照性质放到适当的位置，就像往骨架上添加血肉一样，论文的撰写就容易得多。大家都知道纲举目张的道理，拟定提纲不仅能指导和完善文章的具体写作，还能使文章所表达的内容条理化、系统化、周密化，拟定好论文的提纲，一篇论文就有了基本的框架。

拟定论文的写作提纲，大致有以下作用。

(1) 写作前设计提纲，有利于作者对论文全文有一个全局掌握，更加方便作者在写作时做到全文前后统一、融会贯通。

(2) 确保全文逻辑清晰、层次分明，为作者周密地思考问题、严谨地论述问题提供帮助。

(3) 避免"跑题"的情况出现，使得结构紧凑。

(4) 有利于使用材料，避免前后重复使用材料或漏用材料的情况出现，为选择合适的材料创造良好的条件。

(5) 如果论文撰写的过程较长，可以分几部分来写，这时就需要连接各部分内容。首先确定提纲有利于前后衔接，思路连贯。对于多人合作的论文，写作提纲不仅可以起到统一认识、协调衔接的作用，还为完成写作、整理修改和沟通交流提供不可或缺的便利条件。

2. 提纲的形式

论文的写作提纲主要有以下三种形式。

(1) 标题式提纲，也叫简单提纲，即用标题的形式概括内容。其优点是简明扼要，一目了然；缺点是通识性差，除了作者本人能够看懂，其他人不容易看明白。

【例 8.2.1】 Panpan Yang 等撰写的 "Observer-based event-triggered tracking control for large-scale high order nonlinear uncertain systems" 一文(发表在 *Nonlinear Dynamics*，2021，Vol. 105 上)，其写作提纲如图 8-1 所示。

```
1   Introduction
2   Problem formulation and preliminaries
3   Main results
    3.1   RBF NNs based state observer design
    3.2   Event-triggered control design and stability analysis
4   Simulation
    4.1   Example 1
    4.2   Example 2
    4.3   Example 3
5   Conclusion
References
```

图 8-1 标题式提纲

(2) 语句式提纲，也叫详细提纲，即用句子的形式来提出要点，表达某一部分的完整内容。其优点是清晰明确，别人也能够看懂，时间长也不会忘记；缺点是文字多，不醒目，在前期撰写的时候费时费力，效率不高。

【例 8.2.2】 左磊等撰写的《敏感度函数未知下的非均匀直线覆盖控制算法设计与PLEXE 仿真》一文(发表在《控制与决策》，2021 年第 36 卷第 9 期上)，其写作提纲如图 8-2所示。

```
0   介绍直线覆盖控制的研究意义、研究现状以及本文的贡献
1   将本文拟解决的问题进行数学化描述
2   敏感度函数未知下的非均匀直线覆盖控制
    2.1  研究非均匀直线上的敏感度函数估计方法
    2.2  研究非均匀直线覆盖控制算法
3   仿真实验
    3.1  PLEXE 仿真软件的简介与基本使用方法
    3.2  给定场景下敏感度函数未知的非均匀直线覆盖控制方法参数配置
    3.3  给定场景下敏感度函数未知的非均匀直线覆盖控制方法仿真结果
4   结论
参考文献
```

图 8-2　语句式提纲

(3) 混合式提纲。混合式提纲，顾名思义就是将标题式和语句式提纲两种方法混用，来达到取长补短的目的。

8.2.4　论文实验与结果分析

科技论文强调首创性和有效性，要求文章必须有所发现、有所创造。一篇高水平的科技论文，其实验过程、实验结果及分析是十分重要的，它能够体现论文的创新性和真实性。

1. 实验材料与设备

在撰写实验部分时，应详细说明实验所用的原材料。如材料的技术规格、数量、来源、物理性能等，切勿采用材料的商品名称，应采用材料的通用名称。对于电子产品来说，不仅要说明器件的品牌来源，还要说明器件的内部构造、工作原理、主要的物理性能等，做到尽可能详细。如果实验所用到的材料涉及自己加工处理的，如自行设计的电路板，应当写明处理过程，并且说明设计原理。对于特殊的材料，应当给出必要的补充说明，对材料的工作条件等进行详细的说明。在描述材料的参数指标时，应当采用官方的信息；在引用前人的数据参数时，一定要指明引用，并保证数据的完整性和真实性，避免篡改数据信息。

对于实验设备，不需要详尽地记录所有设备的具体技术参数。一定要叙述主要的、关

键的、非一般常用的、不同于一般类型的实验设备和仪器。对于通用的、标准的、常见的设备，在保证精度足够高的前提下，只需要提供型号、规格、主要性能指标；如沿用前人用过的设备，在保证可靠性的基础上，只需要给出参考文献；属于自己设计或改装的设备仪器，需要比较详细地说明其特点、可达到的准确度和精度，必要时可给出构造的示意图或流程图。同时，列出实验用到的设备并说明其详细使用过程，并且还要对实验过程中条件发生变化的原因进行解释说明，最后还应说明解释的依据。

2. 实验原理和方法

在介绍实验原理与方法时，若涉及的原理和方法是已有的或通用的基础理论，只需简要介绍即可。而对于一些由作者本人设计的实验，则需对实验的核心原理及方法进行详细介绍。在介绍过程中，应把握重点，详略得当，重点突出实验过程中的关键环节以及一些具有创新性的环节。

注意，在叙述实验原理与方法时，一般按照实验工作的逻辑顺序而非时间顺序。当使用别人的实验方法时，需点明所用的实验方法，并以参考文献的形式进行标注，无须详细介绍。若对别人的实验方法有所改进，则需说明具体情况。

总而言之，对实验原理与方法的介绍十分重要。它不仅为其他研究人员提供了一个可供重复实验的框架，还可以方便读者理解文章的研究内容，提高文章的说服力。

3. 实验结果

实验结果是对实验或研究中重要发现的一种归纳。后续论文的讨论、对问题的判断都由结果来推导，论文的一切结论都要根据实验结果来得到，所以说实验结果是论文的核心。应当使用文字、插图、表格、照片等材料来表达与论文有关的实验数据和结果。

(1) 描述实验结果时，应挑选出重要的结果，并且对实验误差加以分析和讨论。不能简单地在文章中罗列实验数据，应该运用表格、曲线图等统计学工具对实验数据进行处理并展示，应注意突出具有代表性的数据。以上这些做法均旨在使实验数据直观易懂、规律鲜明、重点突出。

(2) 善于使用图表与文字相结合的方式合理表达。要学会借助计算机，尽可能将实验数据模型化。在介绍结果时，要指明公式、图表所表达的结果，要对结果进行说明解释，说明数据的趋势和意义。需要注意的是，在解释图表中的内容时应避免重复描述与图表中相同的内容，而应该着重对实验数据进行分析。

(3) 要对异常结果进行解释说明。在实际实验中，往往会出现异常数据或异常结果，这些结果即便不能证明论文的观点，也应在论文的结果中进行讨论说明，切忌为了追求数据完美而编造、篡改数据。

(4) 注意各层次、段落间的逻辑关系。在描述结果时通常将结果分成多个层次分别描述，也可将结果分段描述，但无论如何表述，都需要注意各层次、段落间的逻辑关系。

4. 实验结果的分析与讨论

对实验结果进行分析讨论，能够给读者以启迪，并且能够让读者直观地看到论文对提出问题的解决效果。在这部分内容中，作者应该回答引言提出的问题，评估实验获得的结果，用结果去论证问题的答案。

分析与讨论可作为独立部分放在结果(Results)之后、结论(Conclusion)之前，也可与结果部分合并在一起。分析与讨论需要解决的重点是论文内容的可靠性、外延性、创新性和可用性，具体包括：

(1) 可靠性是指论文提供的实测值或计算值是正确的，并且可供读者重复实验。作者可通过实验的重复性与误差分析来说明实验结果的可靠性，还可以采用将结果与他人成果进行对比分析的方法。总而言之，应尽可能多地搜集同类型的优秀论文和实验结果，来说明论文结果的可靠性。

(2) 外延性是指论文结果可以扩展。实验条件不同，得出的结论也不同，所以实验结果与实验条件息息相关，因此，要保证论文提供的数据可供读者在更大范围内使用，要尽可能地给出数据关联式。

(3) 创新性的内容应该与引言一致。引言中指出论文总的创新性，在结果分析中要把这一点具体化。创新性体现在其他文献有无此方法，或对原有方法进行改进，得到了精度的提高或测量范围的扩大等。最好采用与其他文献对比的方式来说明论文的创新性。

(4) 可用性有两层意思：第一层意思与外延性一致，是指结果分析后能够让读者使用实验的结果数据；另一层意思是把数据变活，对不同条件下的数据进行对比，并尽可能做出优化选择，提出最优条件或最佳结果，让读者能够直观地看出。

在分析与讨论时，应注意以下几个问题：

(1) 选择讨论重点。在对结果进行讨论时要有主有次，选择适当的实验结果进行深度分析，讨论结果要突出论文主题并体现出论文的创新点。

(2) 与结果的一致性。要求讨论和结果一一对应。对于效果不好的情况或异常结果也要予以讨论，以便给以后进行研究的人以借鉴，避免重蹈覆辙。

(3) 讨论时可适当添加参考文献。在讨论过程中引用参考文献是有必要的，这样不仅可以提高讨论的说服力，还能增强文章的专业性，同时应避免有意不引用参考文献的现象发生。

(4) 避免简单重复引言与结果部分。在讨论部分中，虽然讨论的内容与引言有所关联，但不应该简单地重复引言部分的内容，而是应该将引言部分展开讨论，并结合实验结果进行深入分析。此外，讨论部分应避免再次复述实验结果部分的内容，但是可以适当地提及结果部分中的图表，但不应出现新的实验数据。

8.2.5　论文写作及修改定稿

科技论文历经论文选题、材料准备、结构设计、实验及结果分析等过程，可认为是"万事俱备，只欠东风"。接下来，可以着手进行科技论文写作和修改定稿工作。

1. 文献查新

进一步查阅近期发表的文献，看是否有与自己研究成果相近的、已经发表的论文。若有，则这种情况会影响论文的创新性，此时最好暂时放弃发表论文，仔细研究他人的最新研究成果，发现其中还有哪些不足，将自己的研究结果做得更加深入、新颖之后再考虑发表。通过文献查询确定没有与自己研究成果相似的情况后，再开始动笔写论文，否则缺乏创新性的论文很难被接收，即使接收了也会涉及知识产权的纠纷问题。

2. 确定合作作者

科学技术研究往往需要集体的合作才能完成，而科技论文的选题往往来自科研课题，因此科技论文也是集体智慧的结晶。如果在撰写论文之前不确定好论文的作者以及署名的顺序，就会为日后埋下纠纷的隐患。因此，在进行准备工作时，要计划好合作作者。如果一个人就可以完成课题并撰写论文，则无须选择合作作者。如果有合作作者，则应该根据每个人的特长和能力进行分工，即确定由谁执笔、组织和协调，由谁负责整理材料，由谁负责数据的处理分析等任务，并且根据对论文贡献的大小来确定署名的顺序。

3. 确定投稿期刊

在确定了作者后，就要选定拟投稿的科技期刊。科技论文写作需要了解待选期刊的情况，包括期刊近几期发表的论文、征稿范围、主要栏目、常用格式等。如果撰写的科技论文与期刊的征稿范围、主要栏目不符，即便该期刊再好也不应该投稿，否则等来的只有退稿；如果论文与期刊已刊载的同类论文相比没有创新点，那么也不要投稿。只有论文符合期刊的征稿范围、主要栏目和常用格式，并且与已发表的同类论文相比有创新性，才有可能被该期刊采用。

上述对期刊的了解过程应该在文献检索阶段就进行，并贯穿科研工作的始终。因为整个过程实际上是在评估期刊，确定期刊是否适合发表自己的论文，避免出现因为稿件不符合期刊征稿范围或主要栏目导致的退稿，耽搁了科研成果与同行的及时交流。若错过最佳发表时间，甚至可能影响到研究成果(尤其是专利)优先权的获得。

在确定了投稿期刊后，还需要认真阅读期刊的"投稿须知"或"作者须知"，咨询期刊的稿件发表周期，了解期刊发表稿件的准时性。在了解期刊过程中需注意以下几点：

首先，有些期刊对论文的标题、中英文摘要、单位、插图、表格等会提出明确的要求，甚至对标题、插图和表格的字体、字号等都会有明确的标注，所以在确定投稿的期刊后，一定要认真阅读期刊的"投稿须知"或"作者须知"，避免因为格式不符合期刊要求造成的退稿。

其次，不同的期刊发稿周期也不同，有的期刊影响因子高，但发稿周期长；有的期刊影响因子低，但发稿速度快；即便是影响因子相差无几的期刊，发稿的周期也往往不同。因此，论文作者应当了解期刊的稿件发表周期，并根据自己的实际需求来选择期刊，避免出现因为发稿周期过长而造成损失。

最后，应该尽量远离出版周期不稳定、经常脱期出版的期刊，因为这样的期刊往往会失去稳定的读者群，并且影响力也大打折扣。在选择期刊时应该了解该刊是否准时出版，尽量选择连续、稳定、坚持出版的期刊。

4. 起草初稿

在论文的起草过程中，需要注意以下几点。

(1) 先打腹稿。所谓腹稿，是指在起草论文的初稿时，在论文总体框架的基础上，作者对每一部分内容在心里已经构思好的大致文稿。有了腹稿，在写作时就会效率很高，并且不容易跑题。

(2) 切合提纲。在初稿的起草过程中，应该按照提纲的顺序来撰写，这样不容易造成多写或漏写内容。当然，如果在写作过程中有一些新的认识，也可以对提纲进行局部的完善或调整。

(3) 分块书写。无论是学术论文还是学位论文，往往难以一次性完成，这时就需要化整为零，把文章划为若干部分，每次写一部分，这样写起来会轻松容易，并且效率较高。

(4) 开门见山。不论文章是长是短，都要做到主题突出、中心明确、开门见山。与主题无关的话不说，与主题无关的材料不用。

(5) 把握重点。应充分把握各部分写作的重点，合理掌握各部分展开的深度。首先，引言的作用是提出问题，在文章中必不可少，但不是文章的主体，写作时不要过于啰嗦，一定要简洁、明了地交代清楚为什么要提出这个问题，以及问题的研究背景，以免喧宾夺主。其次，正文部分是文章的重点，在引言提出的问题的基础上，正文的写作重点是如何分析问题和解决问题。因此在这一部分要不惜笔墨，设计的研究方法一定要科学。再次，给出的结果数据一定要客观、真实、细致，并配以必要的图表以使表达更加直观；分析和讨论问题时要把原因分析透彻，给出合理的解决方法。最后，结论部分起到画龙点睛的作用，写作重点是作者对自己的研究成果做出恰当的评论，并对以后工作提出建议或展望，不必展开论述。

此外，应该注意论文初稿的写作顺序。书写顺序不当，往往会使作者写起来十分费力，挫败感很强。如果不加规划地书写，也会导致返工次数较多，效率低下。

一般而言，较为推荐的科技论文写作顺序如下：

(1) 先写论文的主要研究内容和研究成果，包括仿真分析或实验的内容，因为这部分内容较为直观，写起来思路清晰，不容易跑题。

(2) 再写论文的原理部分，有了研究内容和成果的支持，在写原理部分时就会有的放矢，容易弄清楚哪些材料是重要的，从而提取出中心材料。

(3) 然后写论文的绪论和最后的总结，以及参考文献部分。

(4) 最后写中英文摘要。之所以将摘要放在最后写，是因为当整篇论文的内容都写完了，作者心中对整篇论文的整体情况也有了一个详细的了解，这时候写摘要就会事半功倍。

5. 修改定稿

论文的初稿完成后，并不意味着可以投稿了。曾经一位著名的科学家被问到是否修改论文的问题时，他回答道："如果走运，我只修改 10 遍。"可见论文的修改是必不可少的。当初稿完成后，最好先搁置一段时间，经过一段时间的思考再去看论文，往往会发现一些之前忽略、遗漏的问题。

论文在投稿之前一定要请导师审阅修改，认真听取导师的意见和看法，尤其是论文署了导师的名字，一定要请导师过目，绝不可只署导师的名字而不经导师审阅就将稿子投出去。否则，文章若有原则性的错误，对导师的声誉将是严重的损害。

修改论文时，应当思考如下问题：论文中是否包含了全部必要的信息；是否存在应当删除的内容；所有信息是否正确；所有推理是否正确；内容是否通篇一致；结构是否合理；措辞是否清晰；要点是否表述直接、简洁、扼要；语法、拼写、标点和单词用法是否正确；全部图表设计是否得体；是否符合《投稿须知》等。

8.2.6 论文写作示例解析

依照科技论文的写作方法和要点，本小节选择编者 2021 年在《控制与决策》上发表的论文"敏感度函数未知下的非均匀直线覆盖控制算法设计与 PLEXE 仿真"为例，实例解析科技论文的写作特点和规范性等，以便读者加深理解和掌握。

一般情况下，论文由前置部分、主体部分、附录部分以及结尾部分组成，其中附录部分与结尾部分均属于可选内容，例如本小节介绍的科技论文只有前置部分与主体部分两部分组成。

1. 前置部分

论文的前置部分与本书讲述的要求基本吻合，即由标题、作者署名及单位、摘要、关键词和中文分类号及文献标志码等几部分组成。

由图 8-3 可知，在论文的标题中，列出了该论文所研究的问题(非均匀直线覆盖控制)以及相应的限制条件(敏感度函数未知)等要素。简而言之，在构思论文标题的过程中，要求标题简洁、清楚、准确，以达到使读者在读完标题后，即能初步了解该论文的主要内容。

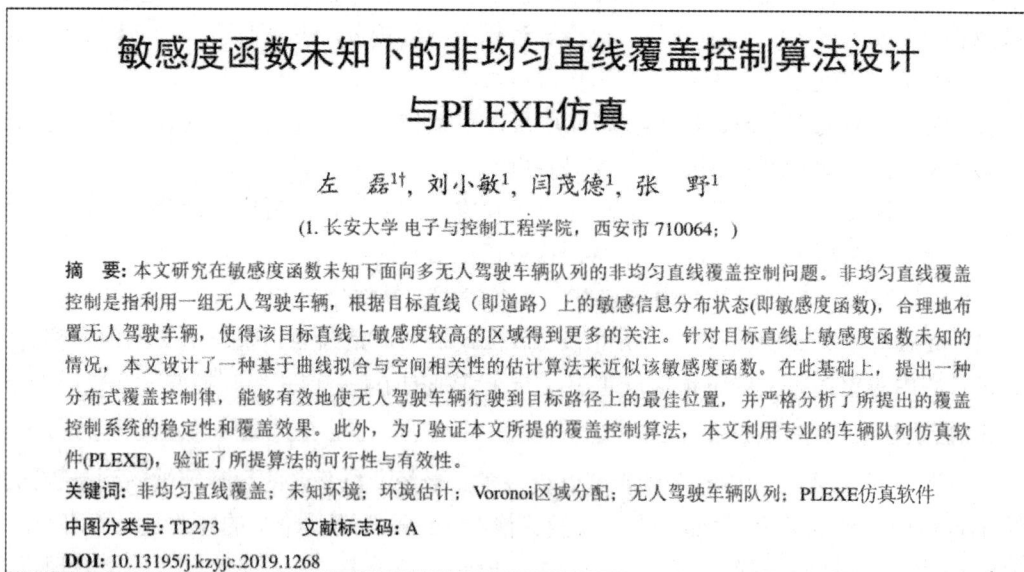

敏感度函数未知下的非均匀直线覆盖控制算法设计与PLEXE仿真

左 磊[1†], 刘小敏[1], 闫茂德[1], 张 野[1]

(1. 长安大学 电子与控制工程学院，西安市 710064；)

摘 要：本文研究在敏感度函数未知下面向多无人驾驶车辆队列的非均匀直线覆盖控制问题。非均匀直线覆盖控制是指利用一组无人驾驶车辆，根据目标直线（即道路）上的敏感信息分布状态(即敏感度函数)，合理地布置无人驾驶车辆，使得该目标直线上敏感度较高的区域得到更多的关注。针对目标直线上敏感度函数未知的情况，本文设计了一种基于曲线拟合与空间相关性的估计算法来近似该敏感度函数。在此基础上，提出一种分布式覆盖控制律，能够有效地使无人驾驶车辆行驶到目标路径上的最佳位置，并严格分析了所提出的覆盖控制系统的稳定性和覆盖效果。此外，为了验证本文所提的覆盖控制算法，本文利用专业的车辆队列仿真软件(PLEXE)，验证了所提算法的可行性与有效性。

关键词：非均匀直线覆盖；未知环境；环境估计；Voronoi区域分配；无人驾驶车辆队列；PLEXE仿真软件

中图分类号：TP273   **文献标志码**：A

DOI: 10.13195/j.kzyjc.2019.1268

图 8-3 论文的标题与署名等

作者署名表明作者对论文的著作权以及对论文内容的承诺。图 8-3 中论文的作者有四人，为共同署名。作者的姓名之间用"，"隔间；两字名之间用空格隔开，如：左 磊。总而言之，论文的署名要求清楚、准确，且符合期刊的具体要求。作者工作单位通常在作者署名的正下方，其中包括作者的工作单位以及工作单位所在的城市与邮编。

此外，论文脚注通常位于论文页面的最下方，是对某些内容的说明和补充。图 8-4 为某论文的脚注，其中包含了日期信息、基金信息以及通讯作者信息三部分。

收稿日期：2019-09-07；回修日期：2020-02-21.
基金项目：国家自然科学基金项目(51909008,61803040)；陕西省自然科学基金青年项目(2018JQ6098)；
　　　　　陕西省科技厅重点研发项目(2019GY-218).
通讯作者．E-mail:1_zuo@chd.edu.cn.

图 8-4　论文脚注

摘要是论文前置部分的重要组成部分，要求能够在有限的篇幅内完整地反映出论文的主要内容。如图 8-3 所示，摘要在篇幅上根据期刊要求，字数低于 200 字。在内容方面，首先通过一句话描述了该论文所针对的问题，如"本文研究在敏感度函数未知下面向多无人驾驶车辆队列的非均匀直线覆盖控制问题"。接着采用层层递进的方式，描述了该论文所采用的方法、得到的结论以及对结论的分析与验证。需要注意的是，在编写摘要的过程中，不同层次内容之间通过适当关系介词连接，以凸显摘要的层次感。如该摘要中采用的"此外""在此基础上"等。

关键词也属于论文的前置部分，通常紧跟摘要之后。关键词要选择那些能够高度概括和反映论文研究主题、方法、重要结果和结论的词语。在如图 8-3 所示的关键词中，研究对象为"无人驾驶车辆队列"，研究问题为"非均匀直线覆盖"，所受到的限制条件为"未知环境"，使用方法包括"环境估计""Voronoi 区域分配"等。

中图分类号及文献标志码通常排印在"关键词"下面，作用是标示出论文的类型，便于文献的存储、编制索引和检索。如图 8-3 中的中图分类号为 TP273，文献标志码为 A。其具体含义为：T 工业技术，P 自动化技术、计算机技术，TP2 自动化技术及设备，TP27，自动化系统，TP273 自动控制、自动控制系统。文献标志码 A 指理论与应用研究学术论文。

需要说明的是，尽管摘要和关键词位于文章的前置部分，且位置靠前。然而在写作层次上来讲，这两部分通常是一篇科技论文最后才完成的工作。因为只有完成了论文的主要内容之后，才能对该论文的研究内容做出更简单、精准的总结。

2. 主体部分

论文的主体部分一般由引言、正文、结果、结论、参考文献等几部分组成，有的论文还包含致谢，每一部分可以包含多个章节以体现文章的层次结构。

引言在不同的科技期刊中也被称作"前言"或者"序言"，其作用是介绍必要的研究背景与研究现状，指出现存研究中的问题，并在此基础上说明论文的研究内容与贡献，最后概括介绍整篇论文的内容安排。如图 8-5 所示，论文首先介绍了覆盖控制的研究现状，并指出了文章的研究领域"非均匀直线覆盖"。从第二段开始，对现有的覆盖控制研究成果进行文献综述。在介绍文献的过程中，除了陈述该文献的研究内容外，还需对此类文献进行分析，进而总结出当前覆盖控制研究中存在的问题。在此基础上，提出本论文的主要研究内容及贡献。如在该论文中，首先点明论文的第一个贡献点：针对非均匀直线上的未知敏感度分布状况，提出了基于曲线拟合理论的分布式自适应估计算法。然后阐述了论文的第二个贡献点：提出了一种敏感度函数分布的车辆队列覆盖控制方法。最后给出结论，分析结论对所提算法的作用，并通过仿真手段验证本文所提方法的可行性与有效性。

1、引 言

1.1 覆盖控制的研究现状

近年来，多智能体覆盖控制得到了广泛的应用，包括环境监测，区域监视和以及工业控制等领域[1-3]。覆盖控制的目的是将多智能体合理部署，使得目标区域内信息敏感度较高的区域能够获得更多的关注，其中目标区域内的敏感度分布状态通常由敏感度函数描述。而目标区域的空间特性也决定了每个智能体的覆盖类型。根据目标区域的空间类

型，现有的覆盖控制文献可以分为三个方面：三维覆盖(3D覆盖)，二维覆盖(平面覆盖)和一维覆盖(直线覆盖)。

一般情况下，覆盖控制的基本控制策略和主要限制条件是类似的。例如，敏感度函数未知下覆盖控制的主要解决思想是：首先设计空间估计算法用来估计敏感度函数。然后根据估计的敏感度函数设计相应的覆盖控制律。具体的，文献[4]研究了三维空间中一组无人飞行器的覆盖控制，其中任务区

图 8-5 引言

正文是科技论文的主体，也是论文所承载研究内容的主要部分。正文部分一般由问题描述、主要成果等几部分组成。如图 8-6 所示，该论文属于工科类科技论文，第一个章节为"问题描述"，即从数学的角度建立了车辆的运动学模型并给出各种符号的定义(如车辆的位置、控制输入等)。第二个章节为成果的具体名称。需要说明的是，这里仅给出了控制领域的论文示例，其风格、内容与物理或生物领域内的科技论文有所差别，更侧重于数学层面上控制律的设计与证明，因此，不同领域内的读者可以将本示例中的分析思路与自己领域内的科技论文相结合解读，更有利于理解科技论文的写作思路。

2、问题描述

2.1 非均匀直线覆盖控制

考虑一条直线 $\mathcal{L}$ 上随机分布的 n 个无人驾驶车辆，其运动模型可描述为

$$\dot{p}_i = u_i, i = 1, \cdots, n \qquad (1)$$

其中 p_i 和 u_i 分别表示第 i 个车辆的位置与控制输入。

⋮

3、敏感度函数未知下的非均匀直线覆盖控制

3.1 非均匀直线上的敏感度函数估计

令 $\bar{y}_i(k)$ 表示第 i 个车辆在 k 时刻的采样值，则第 i 个无人驾驶车辆得到的采样信息为

⋮

3.2 非均匀直线覆盖控制算法

由式(2)中的代价函数可知，多无人驾驶车辆队列在目标直线上的最优覆盖结果取决于两部分内容：每个无人驾驶车辆的覆盖区域以及其在覆盖区域内的最优位置。因此，为了确定多无人驾驶车辆队列在目标直线上的最优覆盖策略，引入如下引理。

⋮

4、仿真实验

4.1 PLEXE仿真软件简介

由于数值仿真是用来验证算法有效性的重要方法，在本文中采用专业的车辆队列仿真软件PLEXE来进行仿真验证。PLEXE仿真软件是

⋮

4.2 参数配置

本文利用专业的车辆队列仿真软件PLEXE进行验证。考虑9个无人驾驶车辆随机分布在目标直线 $\mathcal{L}$ ($\mathcal{L} = 100km$) 上，每个无人驾驶车辆的运动学模型

图 8-6 论文的主体与结果部分

结果部分一般通过设置适当的场景、参数来验证论文提出的方法在此场景中的效果，如图 8-6 中的"仿真实验"部分。

论文的结论部分是对整篇论文的研究问题、研究方法以及相关的研究结果进行总结性的描述，如图 8-7 所示。

5、结论

本文研究了敏感度函数未知下的多无人驾驶车辆队列非均匀直线覆盖控制问题。根据覆盖控制的控制目标，结合目标直线上的敏感度分布状态与消耗度量函数，提出了一种针对非均匀直线覆盖控制的覆盖效果评价函数。对于目标直线上的敏感度分布状态，首先利用多无人驾驶车辆队列的信息采样信息，设计了一种分布式的自适应估计算法。在此基础上，结合无人驾驶车辆的运动学模型，提出了一种基于估计敏感度函数的分布式覆盖控制律，使得多无人驾驶车辆队列能够从目标直线上的任意位置逐渐收敛到最优覆盖位置，并严格分析了该非均匀直线覆盖系统的稳定性。此外，利用专业的车辆队列仿真软件(PLEXE)，验证了本文所提算法的可行性与有效性。

图 8-7　结论

参考文献是科技论文不可缺少的部分，本论文共列出了 11 条参考文献，部分如图 8-8 所示。

参考文献(References)

[1] Bullo F , Carli R , Frasca P . Gossip Coverage Control for Robotic Networks: Dynamical Systems on the Space of Partitions[J]. SIAM Journal on Control and Optimization, 2012, 50(1):419-447.

[2] Ru Y, Martinez S. Coverage control in constant flow environments based on a mixed energy–time metric[J]. Automatica, 2013, 49(9): 2632-2640.

[3] Cheng T M, Savkin A V. Self-deployment of mobile robotic sensor networks for multilevel barrier coverage[J]. Robotica, 2012, 30(4): 661-669.

图 8-8　参考文献

8.2.7　论文的投稿与发表

学术性科技论文历经选题、准备材料、设计结构、分析结果、撰写初稿和修改定稿等过程后，就可以考虑将稿件投到期刊或会议上发表了。投稿与发表是科技论文写作的最终环节，也是至关重要的一环。一篇高水平、高质量的论文，如果投稿工作做得不好，将导致论文退稿或增加稿件的审稿时间，甚至会错过论文发表的最佳时机。本小节主要介绍著作权与许可、稿件投稿、稿件审稿以及论文发表等内容来提高论文的中稿率，并在录用后使论文质量得到进一步提升。

1. 著作权与许可

著作权又称版权，是基于文学、艺术和科学作品而产生的权利，是作者对自己作品依法享有的发表权、署名权、修改权、保护作品完整权等人身权和以各种方式使用作品并获得报酬的权利。

近年来，期刊出版的著作权问题逐渐成为社会热点。由于科技期刊的商品属性较弱，文化属性较强的特点，期刊社大多更重视编辑校对，而发行出版和相关经营则未能予以重视。因此在科技期刊的编辑出版过程中，科技期刊编辑和科技论文作者之间经常会出现利益冲突，导致侵权现象的发生。为了解决双方之间的矛盾，在实际工作中，需要依据著作权法律，明确划分科技期刊作为汇编作品以及科技论文作为原创作品之间的权力。一方面，科技期刊作为学术信息的传播载体，应尊重、保护作者的著作权；另一方面，科技论文作者也要遵守学术道德，避免侵犯期刊的利益。

在数字化迅速发展的趋势下，科技论文的著作权在作者、科技期刊出版单位、信息服务提供商等主体的流转中往往会因为权利归属不明而产生纠纷。因此，著作权许可在规定各方权利方面就显得尤为重要。著作权许可使用是著作权人授权他人以一定的方式、在一定的时期和一定的地域范围内商业性使用其作品并收取报酬的行为，对保障作者合法权益、规范学术行为有着重要的作用。

著作权的专有使用权是指著作权所有人对其作品排他性使用的权利。著作权人对其作品享有的权利(法律规定的)可以自己行使，也可以授权他人行使。著作权许可主要有三种基本类型，分别为普通许可、排他许可和独占许可。

(1) 普通许可，也可称"一般实施许可"或"非独占性许可"，是指许可方许可被许可方在规定范围内使用作品，同时保留自己在该范围内使用作品以及许可其他人使用该作品的许可方式。

(2) 排他许可，是指许可方许可被许可方在规定范围内使用作品，同时保留自己在该范围内继续使用该作品的权利，但是不得另行许可其他人使用该作品的许可方式。

(3) 独占许可，是指许可方许可被许可方在约定范围内使用作品，同时在约定许可期内自己也无权行使相关权利，更不得另行许可其他人使用该作品的许可方式。

一般情况下，著作权许可分为九步。

① 许可方和被许可方就许可范围达成协议，签订许可合同；

② 申请人提交登记申请材料；

③ 登记机构核查接收材料；

④ 通知缴费；

⑤ 申请人缴纳登记费用；

⑥ 登记机构受理申请；

⑦ 审查；

⑧ 制作发放登记证书；

⑨ 公告。

综上，著作权许可的使用并不改变著作权的归属，仍然属于著作权人，被许可人所获得的仅仅是在一定期限(5 至 10 年较为常见)、在约定的范围内(一般以国家为界限)、以一定的方式对作品的使用权。同时，被许可人的权利受制于合同的约定，根据许可程度的大小而享有不同程度的权利，被许可人不能行使超出权力范围外的权利，同时也只能以约定的方式在约定的地域和期限内行使著作权。需要注意的是，被许可人对第三人侵犯自己权益的行为一般不能以自己的名义向侵权者提起诉讼，因为被许可人并不是著作权的主体，除非著作权人许可的是专有使用权。

2. 稿件投稿和发表

在进行稿件的提交之前，应了解拟投稿期刊的整体学术影响，尽量选择 SCI、EI 检索的期刊或者核心期刊，抑或选择总被引频次、影响因子、即年指标、他引总引比、被引期刊数、基金论文比较理想的期刊进行投稿。一篇科技论文如果被 SCI、EI 等国际检索系统收录，一方面能够提高作者、工作单位在本国的学术地位和知名度，另一方面也可以推动国际学术交流，促进科学研究工作。

(1) 投稿方向。

要提前找准投稿方向，即在论文起草之前做好打算，而不能等到论文完成之后才确定投稿方向。如果投稿方向不对，即使论文的学术水平再高，也无法做到正确、快捷地投稿。每个期刊都有自己独特的办刊风格和刊载范围，对论文的内容、格式等要求也不同。针对如何合理地选择投稿方向，有以下几点建议：

① 稿件的主题是否适合于期刊所规定的范围。首先，应在 SCI、EI 等数据库进行检索分析；其次，要认真阅读意向投稿期刊的作者指南，特别要关注其中刊载论文范围的相关说明；再次，仔细阅读最近几期拟投稿期刊的目录和相关论文。

② 期刊的读者群体如何。作者需要了解是哪一类群体阅读这份期刊，进而考虑将论文发表在最合适的期刊上。

③ 期刊的学术质量和影响力如何，录用率是否适当。利用 JCR 检索该期刊的总被引频次和影响因子来了解期刊的学术影响力，判断期刊对来稿的录用率和倾向性。在不能确定拟投稿期刊在稿件录用是否具有倾向性时，可以在 SCI 数据库中检索分析、统计该期刊中论文作者的国家来源，以帮助作者选择投稿期刊。

(2) 投稿技巧。

① 论文题名要准确，切忌题不对文。论文题名常见的"Study on"应尽量少用。实验方法描述要清晰，达到让同行能明白、可重复的水平。使用国际上承认和通用的仪器设备、化学试剂和实验动物等，尽量不使用他人无法找到的仪器和试剂。

② 实验结果要简明，无须评论。论文中适当多用插图、表格或照片描述实验结果，图表或照片要清晰。

③ 讨论部分尤为重要。中文科技论文中讨论的内容相对较少，而英文科技论文的讨论部分要求包括实验的意义、实验中出现的问题、实验结果的分析、某些结果引申的意义和问题，以及下一步设想等内容。

④ 撰写格式要合乎要求。在拟投寄期刊的封二、封三或封四上，一般都印有对来稿书写格式的要求。最简单方法是参阅拟投寄期刊最新一期上的论文，按照该文的格式书写。

(3) 稿件录排。

在投递稿件之前，要做好论文稿件的录排工作。期刊编辑部收到投稿后，首先会审查稿件的版式，因此我们要保证稿件使用计算机录排；稿件的体例格式、插图描绘、表格设计等应符合拟投稿期刊的特定要求。若稿件达不到上述要求，就可能被期刊编辑部初审后直接退回。此外，务必阅读"投稿须知"，尽量按照期刊给出的录排规范或已录用论文的模板进行录排。例如，《控制与决策》《自动化学报》和 IEEE 期刊杂志给出了 Word Template和 LaTeX Template 等录排模板，分别如图 8-9～图 8-11 所示。

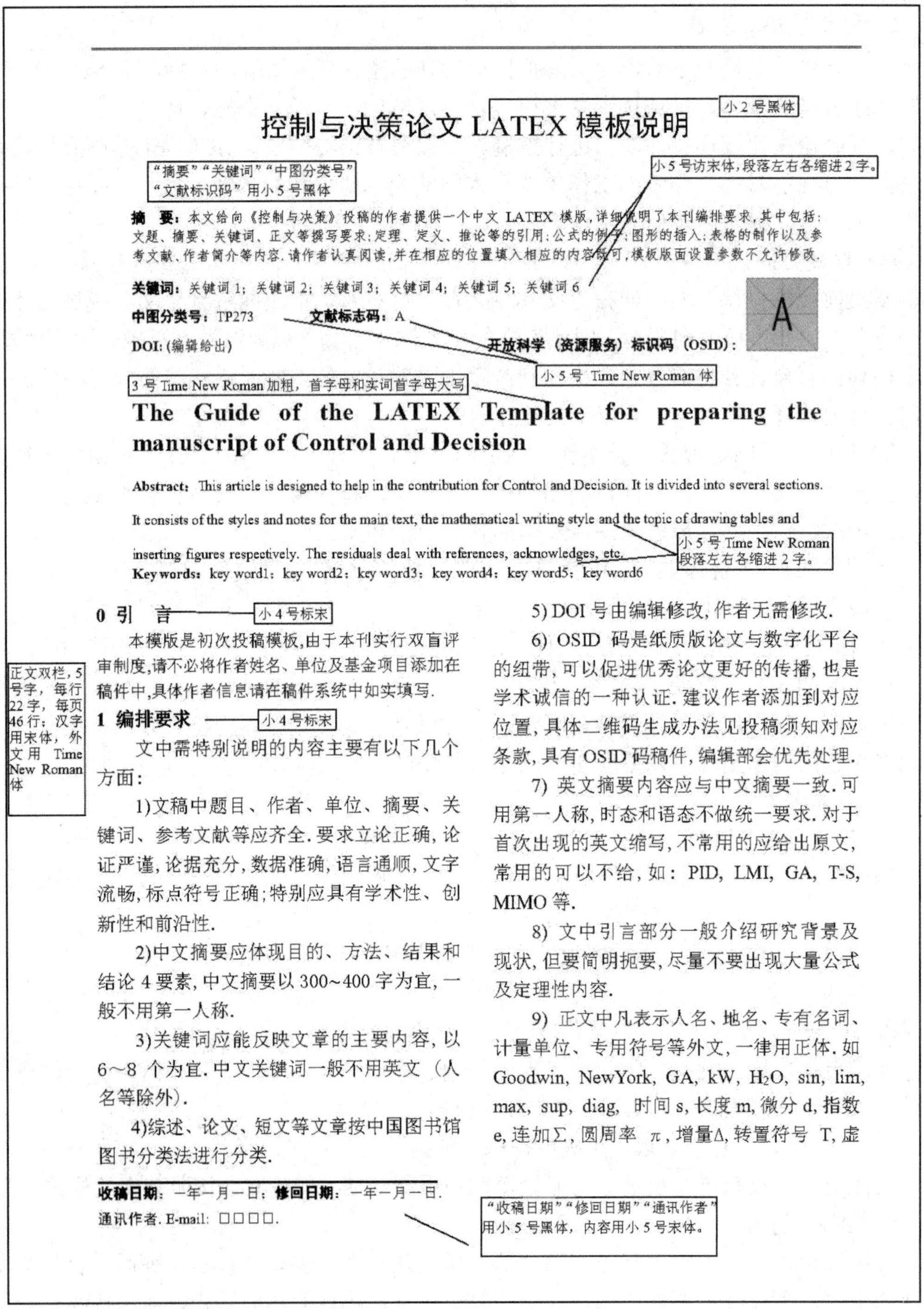

控制与决策论文 LATEX 模板说明

小 2 号黑体

"摘要""关键词""中图分类号""文献标识码"用小 5 号黑体

小 5 号访宋体，段落左右各缩进 2 字。

摘　要： 本文给向《控制与决策》投稿的作者提供一个中文 LATEX 模版，详细说明了本刊编排要求，其中包括：文题、摘要、关键词、正文等撰写要求；定理、定义、推论等的引用；公式的例字；图形的插入；表格的制作以及参考文献、作者简介等内容。请作者认真阅读，并在相应的位置填入相应的内容便可，模版版面设置参数不允许修改。

关键词： 关键词 1；关键词 2；关键词 3；关键词 4；关键词 5；关键词 6

中图分类号： TP273　　　　**文献标志码：** A

DOI: (编辑给出)

开放科学（资源服务）标识码（OSID）：

A

小 5 号 Time New Roman 体

3 号 Time New Roman 加粗，首字母和实词首字母大写

The Guide of the LATEX Template for preparing the manuscript of Control and Decision

Abstract: This article is designed to help in the contribution for Control and Decision. It is divided into several sections.

It consists of the styles and notes for the main text, the mathematical writing style and the topic of drawing tables and

inserting figures respectively. The residuals deal with references, acknowledges, etc.

小 5 号 Time New Roman 段落左右各缩进 2 字。

Key words: key word1; key word2; key word3; key word4; key word5; key word6

正文双栏，5 号字，每行 22 字，每页 46 行；汉字用宋体，外文用 Time New Roman 体

0 引　言

小 4 号标宋

本模版是初次投稿模板，由于本刊实行双盲评审制度，请不必将作者姓名、单位及基金项目添加在稿件中，具体作者信息请在稿件系统中如实填写。

1 编排要求

小 4 号标宋

文中需特别说明的内容主要有以下几个方面：

1)文稿中题目、作者、单位、摘要、关键词、参考文献等应齐全。要求立论正确，论证严谨，论据充分，数据准确，语言通顺，文字流畅，标点符号正确；特别应具有学术性、创新性和前沿性。

2)中文摘要应体现目的、方法、结果和结论 4 要素，中文摘要以 300~400 字为宜，一般不用第一人称。

3)关键词应能反映文章的主要内容，以 6~8 个为宜。中文关键词一般不用英文（人名等除外）。

4)综述、论文、短文等文章按中国图书馆图书分类法进行分类。

5)DOI 号由编辑修改，作者无需修改。

6)OSID 码是纸质版论文与数字化平台的纽带，可以促进优秀论文更好的传播，也是学术诚信的一种认证。建议作者添加到对应位置，具体二维码生成办法见投稿须知对应条款，具有 OSID 码稿件，编辑部会优先处理。

7)英文摘要内容应与中文摘要一致。可用第一人称，时态和语态不做统一要求。对于首次出现的英文缩写，不常用的应给出原文，常用的可以不给，如：PID, LMI, GA, T-S, MIMO 等。

8)文中引言部分一般介绍研究背景及现状，但要简明扼要，尽量不要出现大量公式及定理性内容。

9)正文中凡表示人名、地名、专有名词、计量单位、专用符号等外文，一律用正体。如 Goodwin, NewYork, GA, kW, H_2O, sin, lim, max, sup, diag, 时间 s, 长度 m, 微分 d, 指数 e, 连加 Σ, 圆周率 π, 增量 Δ, 转置符号 T, 虚

收稿日期： 一年一月一日.　**修回日期：** 一年一月一日.

通讯作者. E-mail: □□□□.

"收稿日期""修回日期""通讯作者"用小 5 号黑体，内容用小 5 号宋体。

图 8-9　《控制与决策》论文编排模板

第 XX 卷 第 X 期
20XX 年 X 月

自 动 化 学 报
ACTA AUTOMATICA SINICA

Vol. XX, No. X
Month, 20XX

《自动化学报》稿件加工样本

作者一[1,2] 作者二[2] 作者三[1]

摘要 中文摘要应在文章总字数的 5% 左右, 一般不超过 200 字. 摘要应涵盖全文. 摘要内容包括研究目的、方法、结果等, 注意不是标题的罗列, 能独立成文, 不能出现公式号和文献号. 英文摘要的书写, 请按英语习惯, 无文法及拼写错误, 用词准确.

关键词 关键词 1, 关键词 2, 关键词 3

引用格式 文章标题. 自动化学报, 20XX,XX(X): X—X

DOI 10.16383/j.aas.20xx.cxxxxxx

Preparation of Papers for Acta Automatica Sinica

FIRST Author-Aa[1,2] SECOND Author-Bb[2] THIRD Author-Cc[1]

Abstract An abstract should be a concise summary of the significant items in the paper, including the results and conclusions. It should be about 5% of the length of the article, but not more than about 200 words. Define all nonstandard symbols, abbreviations and acronyms used in the abstract. Do not cite references in the abstract.

Key words Keyword 1, keyword 2, keyword 3

Citation Preparation of Papers for Acta Automatica Sinica. *Acta Automatica Sinica*, 20XX, XX(X): X—X

稿件首页应包括下列内容: 中英文的标题、作者姓名、详细工作单位或通信地址、邮政编码、E-mail、摘要、关键词(3~5 个). 如该稿件不是原始性稿件(如在某会议上发表过), 请作者务必在第一页用脚注注明. 获基金资助的课题请在首页脚注说明.

1 录用稿的格式及要求

修改稿要求论点明确, 论证充分, 语句通

收稿日期 XXXX-XX-XX 收修改稿日期 XXXX-XX-XX
Received Month Date, Year; in revised form Month Date, Year
国家自然科学基金(XXXXXXXX)资助(不同基金项目间用"","分隔)
Supported by National Natural Science Foundation of P. R. China (XXXXXXXX)
1. 中国科学院自动化研究所高技术创新中心 北京 100080
2. 中国科学院自动化研究所模式识别国家重点实验室 北京 100080 3. 中国科学院自动化研究所《国际自动化与计算杂志》编辑部 北京 100080 4. 中国科学院自动化研究所《自动化学报》编辑部 北京 100080
1. Hi-Tech Innovation Centre, Institute of Automation, Chinese Academy of Sciences, Beijing 100080 2. National Laboratory of Pattern Recognition, Institute of Automation, Chinese Academy of Sciences, Beijing 100080 3. Editorial Office of *International Journal of Automation and Computing*, Institute of Automation,

Chinese Academy of Sciences, Beijing 100080 4. Editorial Office of *Acta Automatica Sinica*, Institute of Automation, Chinese Academy of Sciences, Beijing 100080

顺, 文字简练, 字迹工整. 凡文字不流畅、编排混乱的稿件不给予发表.

1.1 公式

公式请用阿拉伯数字全文统一编号, 外文字母大小写及文种易混淆的, 如 C, K, O, P, S, V, W, X, Y, Z, a 和 α, r 和 γ 等请在打印稿上用铅笔标注"英大、英小、希大、希小", 上下角标位置明显, 书写准确. 请用公式编辑器排公式. 一般变量排斜体, 专有名词及数学符号如微分、积分、偏微分符号, 数学期望、转置等排非斜体. 向量请排小写黑体字, 在打印稿上另用铅笔下划曲线表示, 矩阵请排大写非黑体字.

$$P_{ij} = t'_{i,j} = \frac{t_{i,j}}{m_{jk}} \tag{1}$$

1.2 参考文献

参考文献只列公开出版的文献. 内部资

图 8-10 《自动化学报》论文编排模板

JOURNAL OF LATEX CLASS FILES, VOL. 11, NO. 4, DECEMBER 2012

Bare Demo of IEEEtran.cls for Journals

Michael Shell, *Member, IEEE*, John Doe, *Fellow, OSA*, and Jane Doe, *Life Fellow, IEEE*

Abstract—The abstract goes here.

Index Terms—IEEEtran, journal, LATEX, paper, template.

I. INTRODUCTION

THIS demo file is intended to serve as a "starter file" for IEEE journal papers produced under LATEX using IEEEtran.cls version 1.8 and later. I wish you the best of success.

mds
December 27, 2012

A. Subsection Heading Here

Subsection text here.

1) Subsubsection Heading Here: Subsubsection text here.

II. CONCLUSION

The conclusion goes here.

APPENDIX A
PROOF OF THE FIRST ZONKLAR EQUATION

Appendix one text goes here.

APPENDIX B

Appendix two text goes here.

ACKNOWLEDGMENT

The authors would like to thank...

REFERENCES

[1] H. Kopka and P. W. Daly, *A Guide to LATEX*, 3rd ed. Harlow, England: Addison-Wesley, 1999.

John Doe Biography text here.

Jane Doe Biography text here.

Michael Shell Biography text here.

PLACE
PHOTO
HERE

M. Shell is with the Department of Electrical and Computer Engineering, Georgia Institute of Technology, Atlanta, GA, 30332 USA e-mail: (see http://www.michaelshell.org/contact.html).
J. Doe and J. Doe are with Anonymous University.
Manuscript received April 19, 2005; revised December 27, 2012.

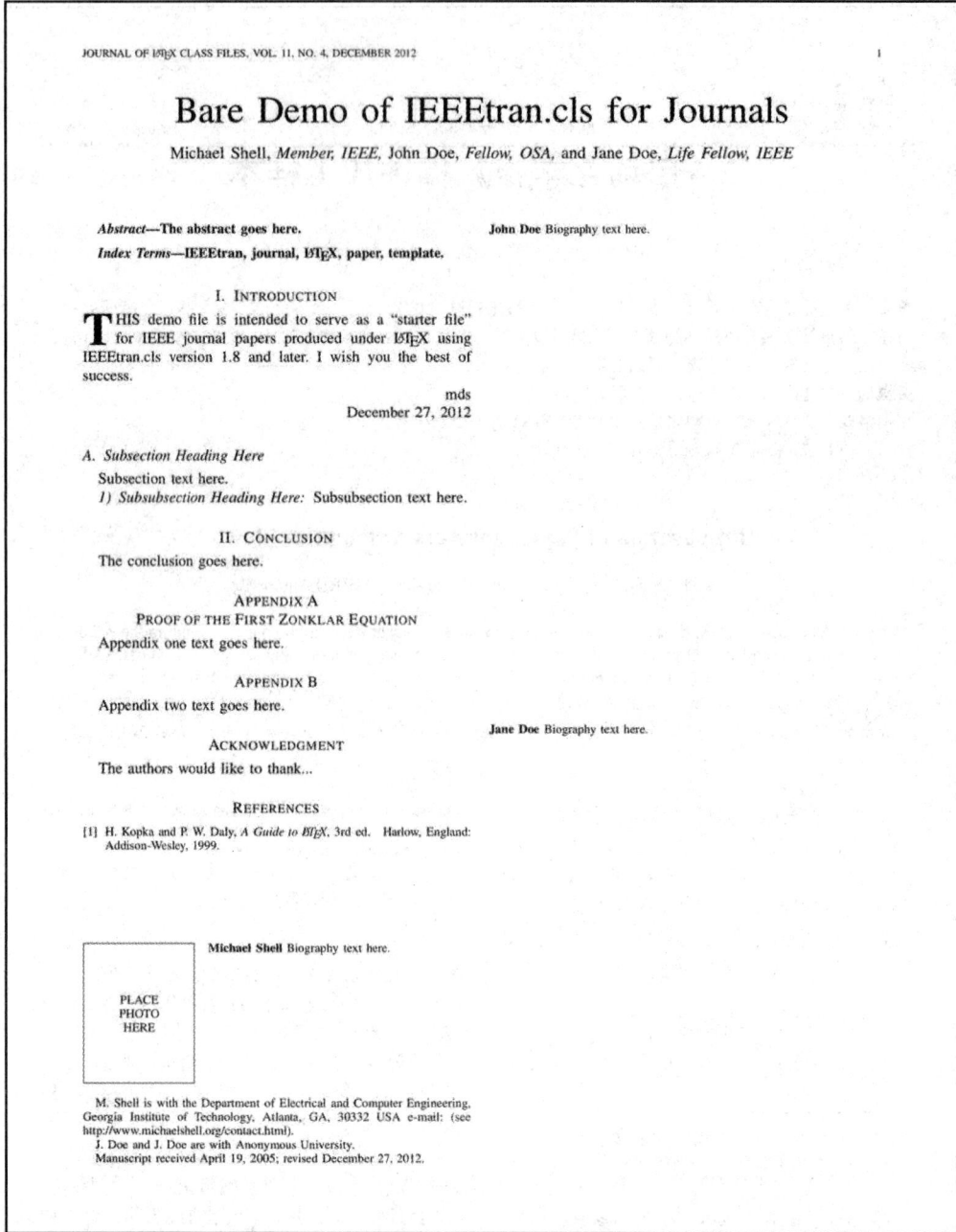

图 8-11　IEEE 期刊杂志论文的编排模板

有些期刊没有论文的编排模板，但在投稿过程中也应注意以下几个方面：

① 为了避免给读者阅读带来影响以及给排版造成麻烦，正文部分尽量不要使用脚注。

② 应采用 Times New Roman 字体、12 磅(相当于小四号)字、双倍行距、单面通栏排版。

③ 页面的录排顺序应当按照以下顺序进行。第 1 页放置论文题名、作者姓名、作者单位、地址，第 2 页放置摘要，第 3 页放置引言，其后的每一章节均从新的一页开始。

④ 选择合适的文字处理软件。鉴于 LaTex 软件具有强大的公式、符号等编排能力，在这里推荐使用 LaTex 软件录排文稿。

⑤ 对于论文中的图片、表格、页面设计、标题设计等，应严格按照拟投稿期刊编辑部的要求而定。

⑥ 满足页面的设计要求。一般情况下，科技期刊不会对文稿正文两端取齐排版做硬性规定，可以根据作者自身要求进行排版，只要不刻意使用连字符将单词进行连接，做到简洁美观即可。

⑦ 正文标题设置，正文标题的设计一般为 2 级，也允许使用 3 级或 4 级标题。至于每一级标题的字体和字号，则需严格按照所投期刊的要求设立。

⑧ 校对并仔细检查论文稿件，以消除录排差错。

⑨ 投稿前还应请一位或者几位同仁阅读稿件，以检查文稿中有无表述不清的地方。在情况允许的条件下，尽量对文字进行一定的润色，以提高文字的表达质量，增加论文被录用的概率。

(4) 投稿信的撰写。

在将稿件送往所投期刊时，作者往往希望能够提供一些信息，以帮助论文送审和取舍的决策，这些信息就可以写在投稿信(Cover Letter)中。投稿信有助于增加期刊编辑部对稿件的了解，有助于文稿被分发给合适的编辑或评审专家。投稿信通常需要提纲挈领、简明扼要、重点突出，最好不超过 1 页。它应简要说明以下内容：

① 列出所投稿件的题名和所有作者的姓名，并表明稿件的核心内容、主要发现和重要意义。

② 适当说明所投稿件为什么适合在该刊物上发表，以及稿件适宜的栏目。

③ 表明所投稿件的真实准确性，并且没有一稿多投的情况。

④ 若所投稿件属于系列论文，或者和其他已发表的论文有联系，则应当给予一定的说明。必要时，还应附上相关论文，以免发生误会。

⑤ 提供合适的推荐审稿人名单或需要回避的审稿人名单。

⑥ 提供通讯作者的姓名、详细地址、电话、传真号码以及 E-mail 地址等信息。

【例 8.2.3】 投稿信模板(中文)。

> 尊敬的编辑先生/女士：
> 　　您好！
> 　　本人受所有作者委托，在此提交完整的论文《论文题目》，希望能够在《期刊名称》发表，并且代表所有作者郑重申明：
> 　　(1) 关于该论文，所有作者均已通读并同意投往贵刊，对作者排序没有异议，不存在利益冲突及署名纠纷；
> 　　(2) 论文成果属于原创，享有自主知识产权，不涉及保密问题；
> 　　(3) 相关内容未曾以任何语种在国内外公开发表过，没有一稿多投行为；
> 　　(4) 今后关于论文内容及作者的任何修改，均由本人负责通知其他作者知晓。本人对上述各项说明负完全责任。
> 　　论文的主要内容与创新点在于：XXXXXX
> 　　非常感谢您审阅本论文，期待早日收到专家的审查意见。若对本论文有任何疑问，请及时与我联系。
> 　　此致
> 敬礼！
>
> 　　　　　　　　　　　　　　　　　　投稿人：XXXX
> 　　　　　　　　　　　　　　　　　　单　位：XXXX
> 　　　　　　　　　　　　　　　　　　联系方式：XXXX

【例 8.2.4】 投稿信模板(英文)。

> Dear Editors:
>
> We would like to submit the enclosed manuscript entitled "Paper Title", which we wish to be considered for publication in "Journal Name". No conflict of interest exits in the submission of this manuscript, and manuscript is approved by all authors for publication. I would like to declare on behalf of my co-authors that the work described was original research that has not been published previously, and not under consideration for publication elsewhere, in whole or in part. All the authors listed have approved the manuscript that is enclosed.
>
> In this work, we evaluated...... (简要介绍一下论文的创新性). I hope this paper is suitable for" Journal Name" The following is a list of possible reviewers for your consideration:
>
> 1) Name A, E-mail: xxxx@xxxx
> 2) Name B, E-mail: xxxx@xxxx
>
> We deeply appreciate your consideration of our manuscript, and we look forward to receiving comments from the reviewers. If you have any queries, please don't hesitate to contact me at the address below.
> Thank you and best regards.
> Yours sincerely,
> XXXXXX
> Corresponding author;
> Name: xxx
> E-mail: XXXX@XXXX

【例 8.2.5】 催稿信模板(英文)。

> Dear Prof. XXX:
>
> Sorry for disturbing you. I am not sure if it is the right time to contact you to inquire about the status of my submitted manuscript titled"Paper Title" (ID:文章稿号). Since submitted to journal three months ago, although the status of "With Editor" has been lasting for more than two months, I am just wondering that my manuscript has been sent to reviewers or not?
>
> I would be greatly appreciated if you could spend some of your time checking the status for us. I am very pleased to hear from you on the reviewer's comments.
> Thank you very much for your consideration.
> Best regards!
> Yours sincerely,
> xxxxxxx
> Corresponding author:
> Name: xxx
> E-mail: xxxx@xxxx

(5) 投稿方式。

期刊论文的投稿方式大体上有两种：网络投稿和电子邮件(E-mail)投稿。

① 网络投稿。随着时代的发展，网络在线投稿系统在科技期刊中的应用越来越广泛。网络投稿具有方便、快捷的特点，为编辑、读者和作者之间提供了多种信息交流的平台。网络期刊投稿可以让作者在线投稿、审查、实时追踪稿件处理状态，并能让作者第一时间收到用稿通知。同时，编辑也可以通过互联网在线阅读、审批来稿以及给作者发送邮件、对录用文件进行在线发表，从而实现投稿-采编-发布一体化。这样，投稿者和审稿者、编辑之间的交流变得更加密切，提高了编辑部的工作效率，适应了互联网时代文化传播的方式及速度，深受作者和期刊的欢迎。

网络投稿时首先要登录所投期刊网站，阅读投稿指南并按要求进行注册；其次，投稿时须按期刊要求填写全部作者和完整的稿件信息，防止因信息不全而被退稿；注意，投稿时须填写准确的电子邮件地址，因为投稿后，编辑部将通过电子邮件联系作者；最后需要实时关注稿件状态并和编辑部联系，按要求及时提供有关版权转让材料。

② 电子邮件投稿。尽管当前最流行的提交稿件方式是网络投稿，但是还有少数期刊由于各种因素没有建立网络投稿平台，仍然采用电子邮件投稿的方式。对于科技论文作者存在网络投稿困难的情况，一些具备网络投稿系统的期刊也允许其进行电子邮件投稿。电子邮件投稿时，须注明所投稿件的联系人以及通讯地址、电话、电子邮件等联系方式，但通常情况下，编辑部将仅通过电子邮件方式告知作者有关稿件的全部信息。

(6) 稿件审稿。

学术性科技期刊一般都建立了一套科学、完整、严密的审稿制度，通常采用"三审一定制"的审稿制度，即编辑初审、专家评审、主编终审、编委会审定。

① 编辑初审。编辑初审就是编辑人员对自己分管的稿件进行初步的评价和审查。编辑初审的要点包括：浏览全文，初步判定稿件是否属于科技论文的范畴；对比分析，初步确定稿件是否有一定的创新内容；阅读摘要、引言和结论，对稿件的发表价值、内容的科学性与逻辑性、研究成果的真实性进行检查，并指出稿件中存在的漏洞。编辑初审的结果有3 种：一是退稿；二是退修，即请作者对稿件进行修改或补充；三是送审，即将稿件送专家评审。

② 专家评审。专家评审是经编辑初审后，被认为有可能发表的论文进行专家审稿的过程，也叫送审。在进行专家评审时，为了使评审意见准确、公正、合理，一般都是匿名进行的。专家评审属于同行评议的一种，一般采取"单盲"评审或"双盲"评审。"单盲"评审中，审稿专家的姓名和单位对作者保密，但送审稿的作者姓名和单位对审稿专家公开；"双盲"评审中，审稿专家的姓名和单位与稿件作者的姓名和单位互不公开。此外，一篇稿件通常由两名以上审稿人进行评审，两人互不相知，互不见面，独立审稿，进一步保证稿件评审的公正、客观。专家评审的结果有 4 种：一是稿件的观点、方法和结论与其他文献雷同，缺乏创新性，建议退稿；二是稿件的表述不到位或有重要事项遗漏，建议退修后再审；三是不符合本刊的办刊宗旨或收稿范围，建议另投他刊；四是评审通过，建议录用。

退修就是当稿件有发表价值但是还存在些许不足时，将其退还给作者并要求作者做出更改后再行处理。退修的结果可能有：其一，修改后发表，即稿件得到肯定，只需要作者再按照要求进行较小的改动后即可发表；其二，修改后重审，即稿件内容大致得到肯定，但仍存在重要问题需要修改，作者按照要求修改后再次审稿。

作者收到审稿人关于论文的修改意见后，一定要平心静气，理性分析和理解审稿人的意见，找出问题的所在。在书面答复审稿人时，应注意以下几点：

a. 根据审稿人的意见进行回答，做到认真回复，不要模棱两可；

b. 对于审稿人要求增加的部分，尽量满足，如果确实存在一定的困难，可以进行说明；

c. 对于不认同的意见，要有理有据地进行回复，不能操之过急，不能与审稿人发生语言冲突；

d. 当审稿人提供了推荐的参考文献时，要仔细研究讨论，并将其增加到论文中，努力做到文章的严谨、合理。

【例 8.2.6】 修改信模板和修改说明(中文版)。

《期刊名称》稿件修改说明（稿件号*）**

《期刊名称》编辑部：

您好！首先感谢编辑老师和审稿专家的辛勤工作，你们的宝贵意见令作者获益匪浅！针对专家提出的修改意见，课题组进行了深入的研究和探讨，已经对整篇文章进行了修改，现在重新提交以供您审阅。为了方便您的二次审阅，我们摘录了所有的审稿意见，并逐条进行了回复。具体的修改说明如下所示：

一、编辑专家的评审意见
    问题1：****
    回复1：****
    问题2：****
    回复2：****

二、审稿专家1的评审意见
    问题1：****
    回复1：****
    问题2：****
    回复2：****

三、审稿专家2的评审意见
    问题1：****
    回复1：****
    问题2：****
    回复2：****

最后，再次感谢编辑老师和审稿专家的宝贵意见和建议。经过此次的修改工作，使得作者对xxxxxx问题，有了更为深入的理解和认识。在后续工作中，我们将针对专家提出的问题及文中尚存的不足之处，做进一步的重点研究。

作者：XXX

日期：XXX

【例 8.2.7】 修改信模板和修改说明(英文版)。

Dear Editors and Reviewers:

Thank you for your letter and for the reviewers' comments concerning our manuscript entitled "Paper Title"(ID:文章稿号). Those comments are all valuable and very helpful for revising and improving our paper, as well as the important guiding significance to our researches. We have studied comments carefully and have made correction which we hope meet with approval. Revised portion are marked in red in the paper. The main corrections in the paper and the responds to the reviewer's comments are as flowing:

Responds to the reviewer's comments:
Reviewer #1:
1. Response to comment: (……简要列出意见……)
Response: XXXXXX
2. Response to comment: (……简要列出意见……)
Response: XXXXXX
……
(逐条回答，不要遗漏。针对不同问题，适当使用下列礼貌术语)
We are very sorry for our negligence of……
We are very sorry for our incorrect writing……
It is really true as reviewer suggested that……
We have made correction according to the reviewer's comments.
We have re-written this part according to the reviewer's suggestion
As reviewer suggested that……
Considering the reviewer's suggestion, we have
(最后，要特意感谢一下这位审稿人的意见)
Special thanks to you for your good comments.
Reviewer #2:
XXXXXX
(写法同上)
Reviewer #3:
XXXXXX
(写法同上)
Other changes:
1. Line 60-61, the statements of "……" were corrected as "……"
2. Line 107, "……" was added
3. Line 129, "……" was deleted
XXXXXX

We tried our best to improve the manuscript and made some changes in the manuscript. These changes will not influence the content and framework of the paper. And here we did not list the changes but marked in red in revised paper.

We appreciate for Editors/ Reviewers' warm work earnestly, and hope that the correction will meet with approval.

Once again, thank you very much for your comments and suggestions.

③ 主编终审。主编终审也叫决审，一般由期刊的主编或副主编担任。终审者根据编辑初审的意见、专家评审的意见和作者的说明材料等进行进一步的评审，提出是否录用稿件的终审意见。

④ 编委会审定。稿件通过"三审"并拟录用后，由编辑部编制发排计划，呈报编委会做出最后审定。至于最终的稿件审定工作由谁完成，各个编辑部门做法不一。有的由编委开会讨论，集体审定；有的由常务编委开会讨论，然后集体审定；也有的由编委会主任或副主任审定。审定之后由审定人签字，最终确定稿件是否录用。

(7) 论文发表。

论文在经过"三审一定制"后，如果编委会决定采用稿件，经过编辑加工后再经作者校对，就可编排出版。科技论文具有很强的专业性，绝大部分作者的稿件都不可避免地存在一些问题，尤其是当作者撰写科技论文经验不足时，往往需要编辑花费大量精力于稿件的编辑加工处理上。

① 稿件编辑。编辑人员在加工稿件的过程中，不能删改稿件原有的内容，只能对稿件进行文字和技术上的修订和改正，且只有在得到了作者的承诺和委托之后才能对内容进行修改，这是由《中华人民共和国著作权法》所规定的，也是编辑加工的总原则。在进行科技论文的编辑加工过程中，提炼论文的创新性是编辑加工首要的关注点。期刊发表的文章是否有创新点，一般从题名、引言、结果与讨论四方面可以看出。其次，增强论文的可读性是编辑加工的落脚点，层次结构、章节标题、数据图表以及语言规范决定了一篇文章是否具有可读性。最后，还应考虑论文是否有较好的传播性。一篇优秀的文章，良好的可传播性同样是必不可少的，因此需对摘要、关键词等影响传播性的关键点进行反复斟酌。

编辑加工科技论文时，在内容方面，不仅需要对稿件中可能出现的政治性问题、保密性问题、学术性问题进行加工和处理，同时也需要对稿件中的名词、名称、数字等问题进行检查处理；在语言文字方面，需要对题名和标题层次、文章结构以及标点、字、词、语句等进行修订；在技术方面，应统一规范插图、表格、数学公式、化学式、量、单位、数字、字母以及参考文献的著录。

② 稿件的校对。论文经过审稿后，期刊编辑部会对稿件进行编辑加工并按照特有的版式对稿件进行重新排版，排版后会打印出校样，需要作者亲自校对该校样。这不仅体现出了期刊编辑部对作者创造性劳动的尊重，而且可以使作者对编辑加工的内容予以确认，同时也为作者提供了一次核对原稿和必要修改的机会，最终使编辑加工和校对后的论文尽善尽美。

【例 8.2.8】 论文校对反馈信件模板。

尊敬的编辑先生/女士

您好！

非常感谢编辑老师对作者论文（论文名称，稿件号）的校对工作，您的修改意见令作者受益匪浅。针对您提出的修改意见，作者逐条进行了修改，并对全文进行了详细的校对。具体校对与修改内容如下：

修改建议回复：

1. 第*页第*行，已将"******"修改为"*******"

2. 第*页第*行，已将"******"修改为"*******"

校对修改内容：

1. 第*页第*行，应将"******"修改为"*******"

2. 第*页第*行，应将"******"修改为"*******"

再次感谢编辑老师的辛勤劳作。经过此次修改，该论文的质量得到了进一步提升。在后续工作中，如果还有任何疑问，请随时联系。

此致

敬礼！

作者：XXXX
日期：XXXX

③ 科技期刊学术不端文献检测系统。在科研领域需要撰写大量的学术论文，为了保证论文的真实性、原创性、技术性，杜绝学术不端行为的发生，甄别学术不端行为是十分必要的。随着科学技术的进步和互联网技术的发展，一些研究机构开发了判断学术不端行为的软件，即学术不端文献检测系统，目前已被科技期刊广泛使用，作为论文发表前反剽窃行为的重要手段。

学术不端文献检测系统凭借其自身丰富的资源、先进的技术，以及对比分析、管理和自动生成等优势，被广泛应用于甄别论文是否存在抄袭等问题。因此，期刊编辑部在遴选稿件时，会对来稿进行学术不端行为检测，对重复率高于一定比例的稿件作退稿处理。论文在经过初审、外审、作者修改后会再次进行检测，以防止作者在修改论文的过程中出现新的学术不端行为，只有这样才能够使论文的学术价值得以保证。目前，科技期刊学术不端文献检测系统在检测精准度上具有显著优势，在学术论文领域中的权威性有明显的提高，得到了不同学术和科研领域的认可。此外，对于在学术不端文献检测系统中检测的一切期刊论文，都会运用数字资源版权保护技术进行保护，因此，每个用户使用系统进行检测都是安全、有保障的。

8.3 本科毕业设计(论文)

本科毕业设计(论文)是指大学本科毕业生申请学士学位要提交的论文，应能反映出作者已具备专业的知识和技能，具有从事科学技术研究或担负专门技术工作的初步能力。本科毕业设计(论文)是高等教育阶段的重要环节。在该环节中，学生需要将本科阶段所学到的专业知识与实际问题相结合，是一次对大学阶段学习情况的大考察。

8.3.1 本科毕业设计(论文)的内容

本科毕业设计(论文)要求学生能在专业基本技能和独立工作能力方面得到训练，如调研、查阅中外文献资料、方案的比较与论证、实验研究、工程设计、上机编程、数据分析与处理、撰写论文等。

本科毕业设计(论文)环节的整个过程包括：选题和布置任务书、查阅文献及外文翻译、撰写开题报告、开题，中期检查，撰写毕业设计(论文)和毕业答辩。

本科毕业设计(论文)应按照各个学校的《本科毕业设计(论文)模板》要求撰写。毕业设计论文对检测重复率均有要求，一般学校要求不得超过15%~30%等。

工科类专业学生的毕业设计(论文)需结合工程实际问题进行调研、方案论证(包括技术可行性、经济合理性、环保可行性、综合评价分析与比较)、方案设计等工作。具体需完成的内容如下：

(1) 工程设计类毕业设计，除毕业设计说明书外，工程图折合成 A0 号图纸不少于三张。

(2) 鼓励学生利用计算机辅助设计、计算与绘图，并提供相关成果。

(3) 工科软件设计类毕业设计，除毕业设计说明书外，还需提供软件文档(包括有效程序软盘和源程序清单、软件设计说明书、软件使用说明书、软件测试分析报告)和项目开发总结、计算机程序结果有效测试验证说明。

(4) 工科控制类毕业设计，除毕业设计论文外，还需提供硬件系统框图、软件文档(包括有效源程序清单、软件设计说明书、软件使用说明书、软件测试分析报告和项目开发总结、控制系统程序结果有效测试验证说明)。

毕业设计论文具有如下特征：

(1) 学生独立完成的成果。论文由学生本人独立撰写完成。论文需要一人一题，论文题目不能相同。

(2) 论文具有学术性和一定的创新性。撰写毕业论文是由指导教师指导、学生独立完成的环节。在该环节中，学生应该将所学的专业知识与实际问题相结合，通过自主学习、查阅资料等手段完成毕业论文的撰写。在论文内容上要求具有一定的工程实用价值与一定的创新性、学术性。

(3) 论文撰写具有规范性。毕业论文需要按照相关规范要求进行撰写。一般需要按照学校要求的统一格式进行撰写，并按照规定的顺序装订成册。装订顺序如下：

① 毕业设计(论文)封面。

② 毕业设计(论文)任务书。

③ 目录(论文全部章节标题以及页码)。

④ 中英文摘要。

⑤ 毕业设计(论文)(包括绪论、正文、总结、致谢和参考文献)等。

除此之外，毕业设计论文文档中还包括指导教师评议表、评阅教师评议表和答辩小组评议表等。

8.3.2 本科毕业设计(论文)的选题

本科毕业设计(论文)的选题应符合专业或大类培养目标，满足教学基本要求，尽可能进行有工程背景的毕业设计，使学生得到比较全面的训练。本科毕业设计(论文)的选题应满足以下条件：

(1) 题目符合专业培养特色与基本教学要求，能够全面训练学生的综合素养，巩固所学的专业知识，培养学生独立自主完成任务的能力。

(2) 题目应具有一定的工作量和适当的难度。在保证达到基本教学要求的同时，应当确保题目的工作量，确保学生在毕业设计期间能够顺利完成毕业设计，既不过早提前完成，又不能逾期未能完成。

(3) 毕业设计题目应既有理论分析又不能脱离实际，对于理工科专业还应包含工程实际内容。

(4) 毕业设计一人一题，每年题目不应重复。

(5) 毕业设计题目由指导教师提出，学院对毕业设计选题进行评审，要求工程设计类题目所占比例不低于50%，经学院毕业设计领导小组讨论审定，确定合适的题目。

毕业设计题目既可以教师和学生双向选择，也可以由教师制定、学生确定。教师在为学生选定毕业设计题目时，可以根据学生的兴趣、个人的特长、学科背景、学习成绩和就业方向等因素综合考虑确定。题目一经确定，一般不得随意变动。

学生在进行毕业设计和撰写毕业设计论文的过程中，应具有较高的素养、谦虚严谨的工作态度和勇于创新的精神，在老师的指导下，结合学科前沿和工程实际，很好地完成毕业设计任务，使毕业论文能反映自己的研究成果。

8.3.3 本科毕业设计(论文)的准备

本科毕业设计(论文)需要在以下几个方面进行准备：

(1) 文献材料的准备，主要指文献的搜集整理，完成开题报告。

(2) 毕业设计(论文)任务书解读。学生接到任务书后，可以深入到有关企业及科研单位收集资料，增加认识。

(3) 中英文翻译准备。学生在确定自己的毕业设计任务后，应认真查阅有关中、外文献和参考资料，紧扣毕业设计题目，完成共计 5000 字左右的英文翻译。

(4) 撰写开题报告。开题报告是开展研究的依据和撰写论文的基础，也是评定毕业设计成绩的根据之一。学生完成查阅文献以及调研工作后，应按"毕业设计(论文)工作进程表"规定的时间提交。开题报告是开展毕业设计(论文)的第一步，也是学生自行梳理个人毕业设计任务以及确定相应的研究方案的重要途径。开题报告中应确定研究方案、研究思路和所采取的方法，还应包括完成毕业设计任务所提供的研究成果形式等。

(5) 写作的准备。在初步完成毕业设计开题报告的同时，拟定毕业设计论文的写作提纲，确定论文内容与提纲之间的逻辑关系，并按照提纲写成初稿。一般工科毕业设计论文，第一章是概述，介绍该课题的研究背景与研究意义；第二章是关于设计方案的介绍；第三章是设计方案的分析、计算和综合比较等；第四章是所设计的关键技术的详细论述；第五章是总结。

8.3.4 本科毕业设计(论文)的写作过程

本科毕业设计(论文)要求学生在规定时间内完成相关工作，写作过程中涉及的主要工作和时间安排如表 8-1 所示。

表 8-1　本科毕业设计(论文)主要工作和时间安排表

时间	工作任务	学生需要完成的工作	教师指导意见	完成进度与改进措施
第 7 学期	选题，进行毕业设计准备	1. 完成毕业设计所需要的课程学分要求。 2. 准备一个笔记本,用于记录研究、交流笔记。 3. 了解目前行业的发展前景，确定自己的职业规划，与老师交流沟通，确定毕业设计题目。 4. 给指导老师留联系方式，方便与指导老师沟通	制订工作计划	
第 8 学期第 1 周	选题完成，接受任务，进入开题阶段	1. 与毕业设计指导老师交流，确定毕业设计题目，接受毕业设计任务书，根据毕业设计任务书的要求确定研究内容。 2. 确定调研提纲,搜集资料的主题、关键词	使用文献检索工具，进行文献搜集、整理和总结	

时间	工作任务	学生需要完成的工作	教师指导意见	完成进度与改进措施
第8学期 第2周	开题准备，调研，搜集文献资料	1. 上知网、专利局等搜集文献资料，一般中文文献20篇，外文文献10篇。 2. 到相关企业、单位进行实地调研。 3. 从英文文献中选择1～2篇，与指导老师商定翻译的内容，完成5000字英文翻译。 4. 完成文献综述，即研究主题的背景、现状和发展趋势，整理参考文献，形成研究方案		
第8学期 第3周	撰写开题报告，完成翻译，准备开题答辩	1. 基于文献综述和自己的研究方案，与指导老师交流形成开题报告初稿，按照学校的统一格式要求(5000字)撰写。 2. 开题报告交老师审核，准备开题答辩 PPT	撰写开题报告	
第8学期 第4周	开题	1. 完成开题答辩 PPT，内容包括背景、研究的意义、现状、趋势；自己的研究方案、研究路线、研究方法、最终的成果(结合毕业设计任务书要求确定)；进度计划等。 2. 开题答辩。 3. 根据开题答辩的意见与指导教师交流，进一步完善研究方案和内容		
第8学期 第5周	设计阶段	1. 根据研究方案开展设计，绘制原理图、功能简图，进行概念解读、分析等初步工作。 2. 根据老师意见进行修改完善，综合运用所学知识、技术和工具，解决实际问题		
第8学期 第6周	设计阶段	1. 根据研究方案开展进一步的详细设计，完成装配图的草图绘制、数字化模型的构建、程序的主程序开发等任务。 2. 根据教师意见进行修改完善		

时间	工作任务	学生需要完成的工作	教师指导意见	完成进度与改进措施
第 8 学期第 7 周	设计阶段	1. 根据研究方案开展进一步的详细设计,比如装配图、主要程序的详细设计等。 2. 根据教师意见进行修改完善		
第 8 学期第 8 周	设计阶段	1. 根据研究方案开展进一步的详细设计。 2. 根据教师意见进行修改完善		
第 8 学期第 9 周	设计阶段	1. 根据研究方案开展进一步的详细设计,包括程序的初次测试,硬件的选型,软件系统的第一次测试等。 2. 根据教师的意见进行修改完善。 3. 毕业设计涉及实物的同学,开始进行实物的制作等		
第 8 学期第 10 周	中期检查	1. 根据研究方案开展进一步的详细设计,包括总装配图一张、零件图等,程序进行测试,硬件的选型,软件系统的测试等。 2. 提供图样、数学模型等成果,根据教师意见进行修改完善。 3. 毕业设计涉及实物的同学,进行实物的制作。 4. 接受中期检查,根据检查意见进行整改,加快进度		
第 8 学期第 11 周	设计阶段,撰写毕业论文提纲	1. 根据研究方案开展进一步的详细设计,并不断完善设计质量,与毕业设计任务书的要求进行核对。 2. 根据教师意见进行修改完善。 3. 毕业设计涉及实物的同学,完成实物的制作等		
第 8 学期第 12 周	设计阶段,开始撰写毕业论文	1. 根据研究方案开展进一步的详细设计,并不断完善设计质量,与毕业设计任务书的要求进行核对完成全部工作量。 2. 提供图样、数学模型等成果,确定毕业设计论文提纲。 3. 毕业设计涉及实物的同学,完成实物的制作		
第 8 学期第 13 周	完善设计,完善毕业论文初稿	1. 与毕业设计任务书的要求进行核对,完善毕业设计质量和内容,完成全部工作量。 2. 毕业设计涉及实物的同学,完成实物的制作等。 3. 按照毕业设计提纲撰写毕业设计论文		

续表三

时间	工作任务	学生需要完成的工作	教师指导意见	完成进度与改进措施
第8学期 第14周	毕业论文定稿	1. 与毕业设计任务书进行核对，进一步完善毕业设计的质和内容，完成全部工作量。 2. 毕业设计涉及实物的同学，完成实物的制作等。 3. 与指导老师讨论，确定论文终稿。 4. 毕业论文的装订顺序：封面、任务书(双面打印)、目录、中文摘要、英文摘要、正文、致谢、参考文献(要求至少近三年的期刊文献20篇，格式规范)。 5. 提供全部毕业设计成果(图样、数学模型、程序等毕业设计任务书要求的成果)，交指导教师审阅，按照指导教师意见进行修改。 6. 进行论文查重(重复率小于25%)，进行程序测试等工作。根据查重和测试结果修改论文和完善毕业设计		
第8学期 第15周	完善毕业设计任务，毕业设计资格审核，准备答辩	1. 与毕业设计任务书的要求进行核对，进一步完善毕业设计的质量和内容，完成全部工作量。 2. 按照毕业设计提纲撰写毕业设计论文。 3. 根据查重结果进行论文完善和程序测试。 4. 提供全部毕业设计成果(图样、数学模型、程序等毕业设计任务书要求的成果)交指导教师审阅，获得指导教师的评语，同意答辩。 5. 提供全部毕业设计成果(图样、数学模型、程序等毕业设计任务书要求的成果)交评阅教师审阅，获得评阅教师的评语，同意答辩。 6. 毕业设计涉及实物的同学，提交学院实物作品等。 7. 申请答辩资格检查。获得批准，准备答辩。 8. 毕业设计成果装袋归档，准备答辩PPT		
第8学期 第16周	做好答辩准备，答辩	1. 毕业设计成果装袋归档(归档要求见学院的相关规定)，交答辩秘书。 2. 答辩		

8.3.5　本科毕业设计(论文)的评阅

本科毕业设计(论文)的最终成绩由三部分组成：指导教师论文评阅成绩、评阅教师论文评阅成绩、毕业设计(论文)答辩成绩。指导教师和评阅教师论文评阅成绩需严格按照特定要求和规范，从论文的选题、论点和方法等方面进行评阅。一般理工科各专业毕业设计(论文)成绩评定标准大致如下：

1. 成绩为"优秀"的毕业设计(论文)

(1) 按期完成任务书中规定的项目；能熟练地综合运用所学理论和专业知识；立论正确，分析、设计、计算、实验正确、严谨，结论合理；独立工作能力较强，科学作风严谨，毕业设计有一些独到或创新之处，水平较高。

(2) 毕业设计论文材料条理清楚、通顺，论述充分，逻辑性强，符合技术用语要求，符号统一，编号齐全，书面符合"毕业设计(论文)基本规范"的要求；图样完备、整洁、正确；源程序完整，演示正确，如确实不具备演示条件时应加以说明。

(3) 答辩时，思路清晰，论点正确，回答问题基本概念清楚，对主要问题回答正确。

2. 成绩为"良好"的毕业设计(论文)

(1) 按期完成任务书中规定的项目；能较好地运用所学理论和专业知识；立论正确，分析、设计、计算和实验正确，结论合理；有一定的独立工作能力，科学作风好；毕业设计有一定水平。

(2) 毕业设计论文材料条理清楚、通顺，论述正确，符合技术用语要求，书面符合"毕业设计(论文)基本规范"的要求；图样完备、整洁、正确；源程序完整。

(3) 答辩时，思路清晰，论点基本正确，能正确回答主要问题。

3. 成绩为"中等"的毕业设计(论文)

(1) 按期完成任务书中规定的项目；能基本正确地运用所学理论和专业知识，但在非主要内容上有欠缺和不足；立论正确，分析、设计、计算和实验基本正确；有一定的独立工作能力；毕业设计水平一般。

(2) 文字材料通顺，但论述有个别错误或表达不甚清楚，书面基本符合"毕业设计(论文)基本规范"的要求；图样完备，但质量一般或有小的缺陷；源程序基本完整。

(3) 答辩时，对主要问题的回答基本正确，但分析不够深入。

4. 成绩为"及格"的毕业设计(论文)

(1) 在指导教师的具体帮助下，能按期完成任务；独立工作能力较差且有一些小的疏忽和遗漏；在运用理论和专业知识中，没有大的原则性错误；论点、论据基本成立；分析、设计、计算和实验基本正确；毕业设计基本符合要求。

(2) 文字材料通顺，但叙述不够恰当和清晰；语句、符号方面存在少量的问题，书面基本达到"毕业设计(论文)基本规范"的要求；图样质量不高，工作不够认真，个别错误明显；源程序不完整。

(3) 答辩时，主要问题经启发后回答基本正确。

5. 成绩为"不及格"的毕业设计(论文)

(1) 任务书规定的内容未按期完成；或基本概念和基本技能未掌握；在运用理论和专业知识时出现不应有的原则性错误；在方案论证、分析、设计和实验等工作中的表现反映其独立工作能力差，毕业设计未达到最低要求。

(2) 文字材料不通顺，书面未达到"毕业设计(论文)基本规范"的要求，质量较差；图样不全，或有原则性错误；源程序不全。

(3) 答辩时，对毕业设计的主要内容阐述不清，基本概念模糊，对主要问题的回答有错误，或回答不出。

8.3.6 本科毕业设计(论文)的答辩

毕业论文的最后形式是通过毕业设计(论文)答辩。

1. 答辩准备

首先要通过毕业答辩资格审查，一般由学院负责组织对学生的答辩资格审查工作，凡具备下列条件之一者，取消毕业设计(论文)的答辩资格：

(1) 毕业设计(论文)工作量达不到任务书规定者。

(2) 毕业设计(论文)答辩前答辩资料不完整者。

(3) 在毕业设计(论文)期间严重违反校规校纪者。

(4) 毕业设计(论文)经检测不合格者。

(5) 毕业设计期间，连续请假时间超过一周者或累计请假时间超过全部毕业设计(论文)时间 1/3 者。

(6) 指导教师认为不具有答辩资格者。

学生在答辩前需准备以下材料：

(1) 答辩 PPT(20 页左右)；

(2) 开题报告纸质版；

(3) 英文翻译纸质版(中文原文在前，翻译内容在后)；

(4) 毕业设计(论文)任务书纸质版；

(5) 毕业设计(论文)纸质版；

(6) 指导过程记录表纸质版；

(7) 将所有纸质版资料装订成册，具体份数按要求准备。

除上述材料以外，学生在答辩前需要充分熟悉论文内容以及答辩 PPT 中的内容。由于答辩时间有限，学生在答辩前还应自行对答辩进行模拟演练，并记录好答辩用时，避免答辩时发生超时、忘词、过度紧张等现象的发生。

2. 答辩过程

毕业设计(论文)答辩程序为：学生报告毕业设计(论文)的主要内容；演示或展示必要的

可视化资料；答辩小组成员审查、提问或质询；学生回答或解释问题等。每个学生的答辩时间不少于 30 分钟，其中学生汇报 15～20 min，回答问题 15～20 min。具体内容由学院(系)根据学科专业特点自行规定。

学生在毕业答辩前应做好充分准备，注意如下事项：

(1) 认真组织、提炼论文的要点和创新点，做好相关图、表、文字和答辩 PPT 的准备(一般控制在 20～30 页之内)。

(2) 按照指定时间、地点准时参加毕业设计答辩。着装要正式，注意仪表整洁，答辩过程中要举止文明、语言得体。一般开始时介绍题目和自己的姓名，结束时总结毕业设计论文的主要内容，并明确表示介绍完毕，表示感谢。

(3) 答辩时应尽可能将毕业设计有关的结构图、流程图、成果和实验调试结果等进行现场展示。对于老师们已经明白的内容，简单介绍。

(4) 论文要点介绍完毕后，要听清楚老师的问题后再回答；当没有听清楚时，可以请老师重复一遍，力求回答问题不出差错。

答辩委员会或答辩小组根据答辩前评阅学生毕业设计中的问题以及学生宣讲中的问题进行提问，考查学生是否独立按时完成任务书规定的要求，对学生的独立工作能力、创新精神、科学态度和工作作风，完成毕业设计的质量和水平，答辩的自述、回答问题的深浅和正确程度，论文撰写是否符合学院规定和专业要求等评定成绩。

8.4 硕士学位论文

硕士研究生教育属于国民教育序列中的高等教育。硕士学位论文的基本要求：学生广泛查阅资料，接触学科前沿，综合分析透彻，了解本领域国内外学术动态；论文的选题应在学术上或对社会发展具有一定的理论意义或实践价值；论文研究成果要有所发现、有所创新，能够表明作者已具备独立从事科学研究工作的能力或综合运用科学理论、方法和技术解决实际问题的能力。学位论文应在导师指导下，由硕士研究生本人独立完成。

8.4.1 硕士学位论文的内容

硕士学位论文的主要内容通常包括 14 个部分，依次是文本封面、中文文本扉页、英文文本复印件和扉页、论文的国家原创性版权声明及所发表使用的国家授权文件说明、摘要、abstract、关键字(中英文)、目录、正文、结论、参考文献、附录、攻读硕士学位期间发表的学术论文、致谢。不同学校、不同专业的硕士论文要求可能会有细微差别。研究生需严格按照自己学校的规定，认真准备每一部分的内容。

8.4.2 硕士学位论文的选题与准备

在硕士学位论文的写作中，科研选题是一个非常重要的基础环节，将直接决定一篇论文的好坏。如果一篇论文选题冷门、无意义，那么不管论文内容有多丰富，也不会有什么太大的学术价值。因此，选题时应该做充分的准备，注意以下原则：

(1) 选题应与科技前沿接轨。硕士学位论文要求具有一定的创新性与前沿性，因此，在选题的过程中，应大量查阅中英文文献，了解拟选择课题依然存在的前沿问题，并以此为中心展开相关的科学研究。

(2) 选题要有可发展性。课题具有可发展性对高水平论文的持续产出具有极大作用。

(3) 选题应有可行性。在进行选题时，必须要结合主观和客观条件进行可行性分析，做到量力而为、难易适中、扬长避短，选择适合自身实际情况的选题。

硕士学位论文可借助以下工具辅助选题工作的开展与进行：

(1) 查阅有关领域的检索工具，这些工具各高校都有。

(2) 利用二次收录检索平台进行科技发展趋势分析。例如，利用 Web of Science 数据库平台了解 SCI 收录期刊反映的科技动态，包括影响因子、立即指数等相关信息。

(3) 科学使用 ISI(Institute for Scientific Information)提供的选题工具。例如，ISI 能对正在开展的工作进行量化分析，以保证用户的科学研究同科学发展的趋向是一致的；也会介绍有关最杰出人物的研究状况、有关领域的研究热点和发展趋向。

(4) 利用各类数据库查找相关资料，对学术领域的动态进行研究。

8.4.3 硕士学位论文的开题报告与中期检查

与硕士学位培养相关的环节包括开题报告和中期检查。开题报告主要包括选题意义、综述、研究内容和研究方法、可能取得的研究成果及时间安排。开题报告的目的是确定选题有意义，同时保证能够在规定的时间范围内完成。中期检查主要是对科研进度进行检查，并根据工作现状对此后的工作进行安排，主要起督促作用。

1. 硕士学位论文的开题报告

开题报告的撰写需要进行文献的搜集整理和吸收，在前人研究的基础上，结合自己的选题完成开题报告，具体应包括下列内容：

(1) 研究背景与立项意义。主要包括选题背景(包括选题来源、选题名称)、文献综述(包括选题依据、应用背景和国内外研究现状、发展动态、课题研究目的、意义等)。

(2) 研究内容。主要研究内容：拟解决实践中的问题和研究内容；可行性分析及论证；技术可行性论证、资料来源或实验设备的可行性。

(3) 研究手段及条件。拟采取的研究方法、技术路线、实施方案及所需研究条件和实验条件；预期达到的目标，可能取得的创新之处；所需经费，包括经费来源及开支预算。

(4) 拟解决的主要难点、问题。分析研究过程中预计可能遇到的困难或问题，提出相应的解决方法和措施。

(5) 研究进度与计划。根据开题报告中的研究内容，分阶段规划每项研究内容的研究期限以及取得的研究成果。

在上述开题报告内容的基础上，用户可采用如图 8-12 所示的开题报告撰写思路。

研究对象
研究背景与研究意义　} 研究背景与立项意义
研究内容　→　研究内容
研究方案与技术路线　→　研究手段及条件
拟解决的关键问题　→　拟解决的主要难点、问题
研究进度安排　→　研究进度与计划

是否满足硕士毕业任务要求

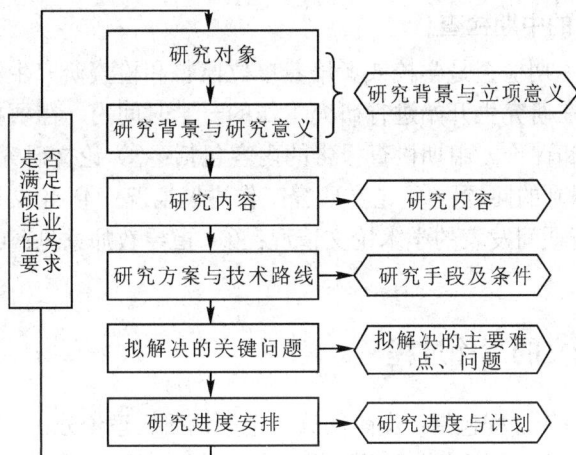

图 8-12　硕士学位论文开题报告的撰写思路

撰写完开题报告后需进行开题答辩，根据开题报告和开题答辩的内容，评审组对学生的开题情况进行评价。表 8-2 所示为某学校对硕士研究生论文开题报告的评分标准。

表 8-2　硕士研究生论文开题报告评分标准

评审项目	权重	分值范围	评 分 标 准	得分
选题依据(A)	30%	80～100 分	选题有较强的应用背景、实用价值和较深的理论研究内涵	
		60～79 分	选题有一定的应用背景、实际应用价值和较深的理论研究内涵	
		60 分以下	选题缺乏应用背景和实用价值	
理论基础和专业知识(B)	20%	80～100 分	较好地掌握坚实宽广的理论基础和系统专业知识	
		60～79 分	基本掌握坚实宽广的理论基础和系统专业知识	
		60 分以下	未能掌握坚实宽广的理论基础和系统专业知识	
选题难度及先进性(C)	30%	80～100 分	研究课题属本应用领域发展方向并居前沿位置，具有自己独特的思考，研究课题具有较强的先进性	
		60～79 分	研究课题属本应用领域的发展方向，并具有一定的先进性	
		60 分以下	研究课题属本应用领域的发展方向，但先进性不明显，难度欠佳	
文字表达(D)	10%	80～100 分	条理清晰，分析严谨，文笔流畅	
		60～79 分	条理较好，层次分明，文笔较流畅	
		60 分以下	写作能力较差	
口头报告(E)	10%	80～100 分	报告严密、逻辑性强、表达清晰	
		60～79 分	基本概念清晰、层次分明、表达较清楚	
		60 分以下	表达较差	
总分			总分 = 0.3A + 0.2B + 0.3C + 0.1D + 0.1E	

2. 硕士学位论文的中期检查

硕士学位论文的中期检查是学校或者培养单位监督和检查研究生在完成论文期间的阶段性评价工作。一般在研究生开始进行研究工作的一半时间内，需要提交中期进展报告，由学院进行中期检查和评价。中期检查报告的内容包括：① 论文研究工作的阶段性成果；② 论文研究工程中遇到的问题；③ 论文研究工作进展情况；④ 论文研究工作下一步进度安排；⑤ 研究生在研期间发表的学术论文情况；⑥ 指导教师意见；⑦ 学院意见；⑧ 研究生院意见。

8.4.4 硕士学位论文的写作过程

硕士学位论文的写作过程包括：文献阅读、选题调研、理论分析、实践研究、论文撰写和论文答辩等环节。一般硕士研究生用于完成硕士论文的实际工作时间在一年半到两年之间。

1. 硕士学位论文的内容结构

硕士学位论文是整个研究期间最重要的论文，要对开题以来的研究工作有完整的认识，同时能够评估研究工作的创新性。相对于其他公开发表的论文来说，学位论文要求文献综述更为详尽，研究方法与结果的展示更加细致，实验结果的分析更加深入。

硕士学位论文的内容结构一般比较固定，包含一些具有特定功能的主体要素，如图 8-13 所示。

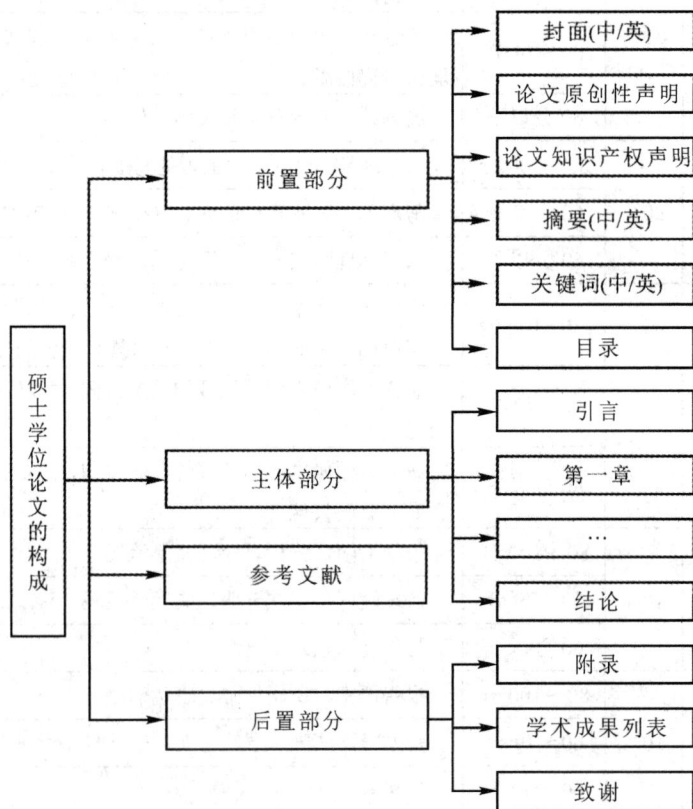

图 8-13 硕士学位论文的内容结构

2. 硕士学位论文的内容规范要求

(1) 论文封面。

硕士学位论文封面排版格式如图 8-14 所示(以长安大学为例)。其中包含分类号，论文编号，论文题目、指导教师、申请学位级别、学科专业名称、论文提交日期、论文答辩日期以及学位授予单位。

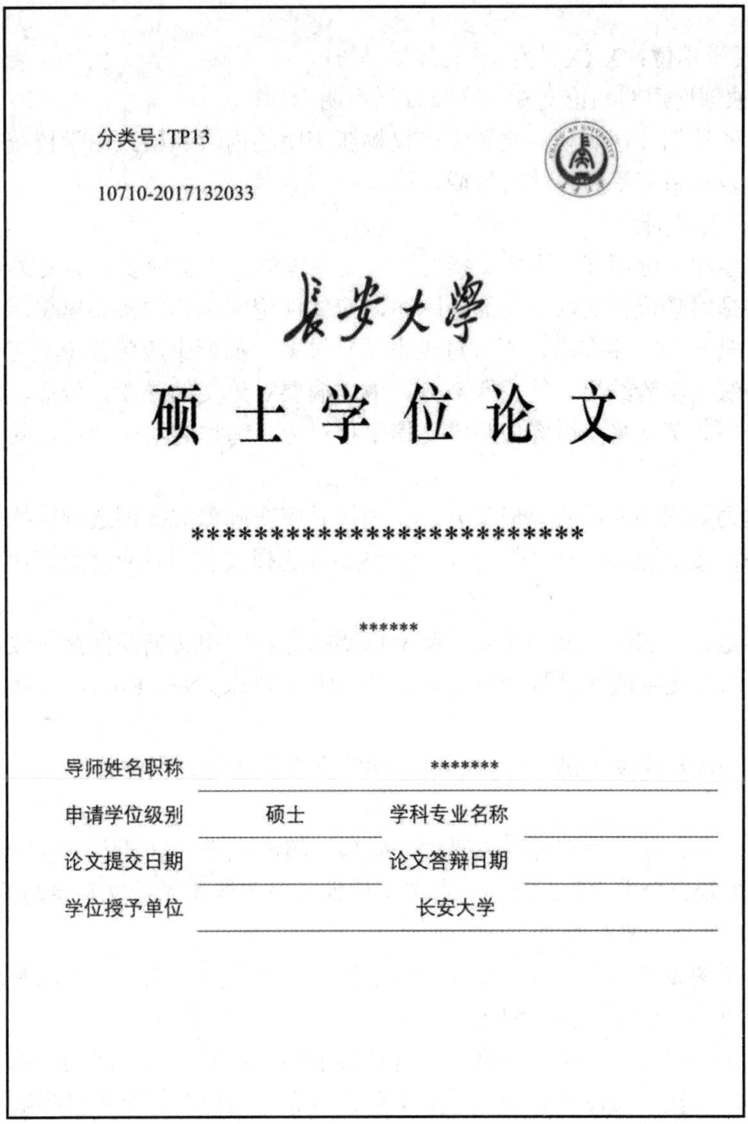
分类号: TP13

10710-2017132033

長安大學

硕 士 学 位 论 文

****

******

导师姓名职称　*******

申请学位级别　硕士　学科专业名称

论文提交日期　论文答辩日期

学位授予单位　长安大学

图 8-14　长安大学硕士学位论文封面

① 分类号：根据研究生的学科专业对照《中国图书馆分类法》选取。

② 论文编号：为“10710(学校代码) + 学号”。

③ 论文题目：应准确、鲜明、简洁，能概括整个论文中最主要和最重要的内容，且不能使用缩写、符号、公式。论文题目中所用到的词应考虑到为检索提供特定实用的信息(如关键词)，一般不宜超过 35 个汉字，若语意未尽，可用副标题补充说明。副标题应处于从属地位，一般可在题目的下一行用破折号“——”引出。

④ 指导教师：指导教师的署名应以研究生院批准招生的为准，一般只能写一名指导教师，如有经主管部门批准的副指导教师或联合指导教师，可增加 1 名指导教师。

⑤ 申请学位级别：填写申请的学位是硕士还是博士。

⑥ 学科专业名称：填写录取时的学科专业名称，一般填写二级学科。

⑦ 论文提交日期(论文送审评阅时间)、论文答辩日期均需准确填写，一律用阿拉伯数字。

⑧ 学位授予单位：XXX 大学。

(2) 论文独创性声明和论文知识产权权属声明。

学位论文的独创性声明和论文知识产权权属声明的内容和格式由学校统一规定，必须由作者、指导教师亲笔签名并填写日期。

(3) 摘要和关键词。

论文的摘要和关键词部分由中文摘要、中文关键词、英文摘要、英文关键词组成。

中文摘要是对学位论文内容的简短陈述，应体现论文工作的核心思想。硕士学位论文的中文摘要一般在 700 字左右，不宜过少也不宜过多。摘要中应包含论文工作内容的研究目的、研究方法、实验结果、结论四部分。中文摘要对论文的导读、传播、检索等都有着极为重要的作用。英文摘要内容应与中文摘要相对应，写作时应注意语言的流畅性、语法的正确性。

中文关键词是摘要的重要组成部分，在选择时应在确保关键词选词精练的同时，保证其能充分反映论文主题，且个数在 3～8 个。注意，选择关键词时应避免使用自创的非正式词语。

英文摘要是为了国际交流的需要。英文摘要的内容与中文摘要保持一致，要符合英语语法，语句通顺，文字流畅。英文和汉语拼音一律为 Times New Roman 字体，字号与中文摘要相同。

英文关键词应与中文关键词保持一致，并符合英文表达习惯与语法。

(4) 目录。

目录按章、节、条序号和标题编写，一般为二级或三级。目录中应包括绪论(或引言)、正文、结论、附录、参考文献、附录、攻读学位期间发表的学术论文和参与的科研项目等。

(5) 图表清单及主要符号表。

如果论文中图表较多，可以分别列出清单置于目录之后。图的清单应有编号、图题和页码；表的清单应有编号、表题和页码。

论文中常用的符号、标志、缩略词、首字母缩写、计量单位、名词、术语等的注释说明，如需汇集，可集中在图和表清单后的主要符号表中列出，符号表排列顺序按英文及其他相关文字顺序排出。

(6) 主体。

论文主体一般应包括绪论(或引言)、正文、结论等部分。

论文主体部分分章节撰写，每章应另起一页。章节标题要突出重点、简明扼要、层次清晰，字数一般在 15 字以内，不得使用标点符号。标题中尽量不采用英文缩写词，对必须采用者，应使用本行业的通用缩写词。层次以少为宜，根据实际需要选择。三级标题的层次对理工类建议按章(如"第一章")、节(如"1.1")、条(如"1.1.1")的格式编写；对社科、文学类建议按章(如"一、")、节(如"(一)")、条(如"1、")的格式编写，各章题序的阿拉伯数字用 Times New Roman 字体。

①　绪论。绪论(或引言)一般作为第一章，是论文主体的开端。绪论的内容应简要说明研究工作的目的、范围、相关领域的前人工作和知识空白、理论基础、研究设想、研究方法和实验设计、预期结果和意义等。内容应言简意赅，不要与摘要雷同，不要写成摘要的注释。一般教科书中有的知识，在绪论中不必赘述。此外，硕士学位论文的绪论一般在 5000 字以上，不宜过少，否则无法将论文内容表述完整，不能充分发挥作用。

②　正文。正文是论文的核心部分，占主要篇幅。由于研究工作涉及的学科、选题、研究方法、工作进程、结果表达方式的不同，正文可以包括如下相关内容：调查对象、实验和观测方法、仪器设备、材料原料、实验和观测结果、计算方法和编程原理、数据资料、经过加工整理的图表、形成的论点和导出的结论等。总而言之，正文部分应确保结构鲜明、逻辑合理、重点突出、创新性强等特点。

③　结论。学位论文的结论单独作为一章，但不加章号。结论是整篇论文的总结，是整篇论文的归宿，作为单独一章可以不加章号。结论不是正文中各章节小结的简单重复，而要求精练、准确、完整地阐述自己的创造性工作或新的见解及其意义、作用。在结论或讨论中可提出尚待解决的问题，进一步研究的设想，方案的改进以及其他与论文工作有关的建议等。如果不可能导出应有的结论，也可以没有结论而进行必要的讨论。

(7)　参考文献。

学术研究应精确、有据、坦诚、创新和积累，其中精确、有据和积累需要建立在正确对待前人学术成果的基础上。对学位论文中包含的其他人已经发表或撰写过的材料，或为获得其他教育机构的学位证书而使用过的材料，或与作者一同工作的指导教师和同事对本研究所做的任何贡献，均应在论文中做出明确的标引和说明，且均应加标注说明列于参考文献中，以避免论文抄袭现象的发生。

参考文献的数量：硕士学位论文，一般应不少于 30 篇，其中，期刊文献不少于 80%，国外文献不少于 5 篇，均以近 5 年的文献为主。专业硕士学位论文的参考文献数量可参照执行。

(8)　附录。

附录作为论文主体的补充项目，并不是必需的。下列内容可以作为附录编于论文后：

①　为了整篇论文材料的完整，但编入主体部分又有损于编排的条理和逻辑性，这一材料包括比主体部分更为详尽的信息、研究方法和对技术更深入的叙述，建议可以阅读的参考文献题录，对了解主体部分内容有用的补充信息等。

②　由于篇幅过大或取材于复制品而不便于编入论文主体部分的材料。

③　不便于编入论文主体部分的、罕见的珍贵资料或需要特别保密的技术细节和详细方案(这种情况可单列成册)。

④　对一般读者并非必要阅读，但对本专业同行有参考价值的资料。

⑤　某些重要的原始数据、过长的数学推导、计算机程序、框图、结构图、注释、统计表、计算机打印输出文件等。

(9)　攻读学位期间取得的研究成果。

硕士学位论文需列出攻读硕士学位期间发表(含录用)的与学位论文相关的学术论文、

发明专利、著作、获奖项目等，书写格式与参考文献格式相同。

(10) 致谢。

致谢的对象应是参加过部分工作者，承担过某项测试任务者，对研究工作提出过技术协助或有益建设者，提供过实验材料、试样、加工样品或实验设备、仪器的组织或个人，在论文的撰写过程中曾帮助审阅、修改并给予指导的有关人员，帮助绘制插图、查找资料等有关人员。致谢应谦虚诚恳，切忌使用浮夸之词。

3. 硕士学位论文的格式规范要求

(1) 论文的文字及书写。

① 论文的文字。研究生学位论文一般用中文撰写，采用国家正式公布实施的简化汉字和法定的计量单位。也可以用英文撰写，但须同时提交用中文撰写的详细摘要。此外，来华留学生学位论文的目录、主体部分和致谢等可用英文撰写；但封面、独创性声明和权属声明应用中文撰写，硕士生须同时提交 3000 字左右的中文详细摘要，外语专业的学位论文的目录、主体部分和致谢等应用所学专业相应的语言撰写，但封面、独创性声明和权属声明应用中文撰写，摘要应使用中文和所学专业相应的语言对照撰写。

② 论文的书写。学位论文一律采用 A4(70 g)幅面白色纸张，封面、封底采用白色布纹纸张，中、英文扉页、独创性声明和使用授权书采用单面印刷，从中文摘要开始采用双面印刷。

③ 字体和字号(各个高校要求不尽相同)。

章标题：三号黑体居中；

节标题：四号黑体居左；

条标题：小四号黑体居左；

主体部分：小四号宋体；

页码：五号宋体；

数字和字母：Times New Roman。

(2) 论文页面设置。

① 页边距及行距。学位论文的上边距：25 mm；下边距：25 mm；左边距：30 mm；右边距：20 mm；章、节、条三级标题为单倍行距，段前、段后各设为 0.5 行(即前后各空 0.5 行)；主体部分为 1.5 倍行距，段前、段后无空行(即空 0 行)。

② 页眉。页眉的上边距为 15 mm，页脚的下边距为 15 mm。页眉内容：页眉标注从论文主体部分开始(绪论或第一章)，页眉用五号宋体，居中排列。奇偶页不同：奇数页页眉为章序及章标题，例如："第四章 路基病害类型及分布规律"，偶数页页眉为"长安大学硕士学位论文"。格式为页眉的文字内容下画一条横线，线长与页面齐宽。

③ 页码。论文页码从"主体部分"开始，直至"致谢"结束，用 5 号阿拉伯数字连续编码，页码位于页脚居中。封面(中、英文扉页)、学位论文的独创性声明和权属声明不编入页码。摘要、目录、图表清单、主要符号表用小 5 号罗马数字连续编码，页码位于页脚居中。

(3) 名词术语。

科技名词术语及设备、元件的名称，应采用国家标准或部颁标准中规定的术语或名称。

标准中未规定的术语要采用行业通用术语或名称。全文名词术语必须统一。特殊名词或新名词应在适当位置加以说明或注解。

采用英语缩写词时，除本行业广泛应用的通用缩写词外，文中第一次出现的缩写词应该用括号注明英文全称。

(4) 物理量名称、符号与计量单位。

文中所用的物理量、符号与单位一律采用国家正式公布实施的《中华人民共和国法定计量单位》及计量类国家标准。

(5) 图、表及其附注。

图和表应安排在主体部分中第一次提及该图、表文字的下方。当图或表不能安排在该页时，应安排在该页的下一页。

① 图。图包括曲线图、结构图、示意图、图解、框图、流程图、记录图、布置图、地图、照片、图版等。图应具有"自明性"，即只看图、图题和图例，不阅读正文，就可理解图意。图的编号应采用阿拉伯数字分章依续编号，如"图3.2"。

图题应明确简短，五号宋体加粗，数字和字母为五号 Times New Roman 加粗，图的编号与图题之间应空半角2格。图的编号与图题应置于图下方的居中位置。图内文字为5号宋体，数字和字母为5号 Times New Roman。曲线图的纵横坐标必须标注"量、标准规定符号、单位"，此三者只有在不必要标明(如无量纲等)的情况下方可省略。坐标上标注的量的符号和缩略词必须与正文中一致。

照片图要求主题和主要部分的轮廓鲜明，如用放大/缩小的复制品，必须清晰、反差适中。照片上应有表示目的物尺寸的标度。

② 表。一律使用三线表，与文字齐宽，上下边线，线粗1.5磅，表内线，线粗1磅。如表8-3所示。

表8-3　调查问卷样本情况

个人背景资料		人　数	百分比/%
教育程度	高中及以下	91	30.6
	本科	125	42.1
	硕士及以上	22	7.4

表的编排，一般是内容和测试项目由左至右横读，数据依序竖读。表应有自明性。表的编号应采用阿拉伯数字分章依序编号，如"表2.5"。

表题应明确简短，5号宋体加粗，数字和字母为5号 Times New Roman 加粗，表的编号与表题之间应空半角2格。表的编号与表题应置于表上方的居中位置。表内文字为5号宋体，数字和字母为5号 Times New Roman。如某个表需要转页接排，在随后的各页上应重复表的编排。编号后跟表题(可省略)和"(续)"，如"表2.1 路基各边界热流密度(续)"。此外，续表应重复表头和关于单位的陈述。

③ 附注。图、表中若有附注时，附注各项的序号一律用"附注＋阿拉伯数字＋冒号"的形式，如"附注1："。附注写在图、表的下方，一般采用5号宋体。

(6) 公式。

文中公式的编号采用阿拉伯数字按章编排，用圆括号括起写在右边行末，其间不加虚线。如第一章第 1 个公式序号为 "(1.1)"；附录 A 中的第 1 个公式为 "(A1)" 等。文中引用公式时，一般用 "见式(1.1)" 或 "由公式(1.1)"。

(7) 注释。

学位论文中有个别名词或情况需要解释时，可加注说明。注释用页末注(将注文放在加注页的下端)，而不用篇末注(将全部注文集中在文章末尾)和行中注(夹在论文主体部分中的注)。注号用阿拉伯数字上标标注，如 "注 1"。

(8) 保密论文。

鼓励对学位论文进行去密处理，减少不必要的保密学位论文数量。去密处理时一般应去掉应用背景，以及与保密项目相关的技术指标和关键数据，使论文变成纯理论和技术的研究，达到可以在论文评审人员范围内公开或阅读的程度。对于技术和方法的保密，应该通过申请专利来保护，而不是把学位论文变为保密论文。

确实需要保密的论文由指导教师根据论文的情况提出并填写《***涉密学位(毕业)论文定密审批表》。校保密工作委员会按照国家规定的保密条例进行审批。保密审批通过的论文需在封面直接把相应的 "密级☆" 及 "保密期限" 标注在右上角，密级由低到高可分为 "秘密""机密""绝密" 三级。

8.4.5　硕士学位论文的评阅

1. 硕士学位论文的评审过程

学生在完成硕士学位论文的撰写工作后，需完成论文评审工作才能申请答辩。目前，全国大多数高校均采用研究生学位论文评审系统进行评审工作，以确保论文评审工作的公正与公平。某高校的硕士学位论文评审过程如下：

(1) 系统提交。硕士学位论文一般在研究生论文评审系统中提交。一般情况下，硕士研究生需维护科研信息，在其中提交学术论文、专利、学术会议等成果，上传原文(SCI、EI 论文需将检索证明与原文合并成 1 个 PDF；中文期刊需将杂志封面、目录、原文合并成 1 个 PDF)。在学校一学院两级审核工作完成后，学生可提交自己的学位论文进行查重。

(2) 论文查重。学生提交的学位论文可经过专业的文献平台(如 CNKI 论文查重系统等)完成论文相似性检测。按照学校相似性检查管理办法，硕士学位论文要求在 "去除本人已发表文献复制比" 的情况下重复率在 15％以下。在 15%～30%之间者，不能进入送审程序，须对论文进行修改，3 个月后重新申请学位；在 30％～50%之间者，不能进入送审程序，须对论文进行重大修改，6 个月后重新申请学位。超过 50%者，学位办公室向导师提供《文本复制检测报告单》，重新撰写论文，12 个月后重新申请学位。

(3) 论文送审。目前大多数学校采取匿名评审的方式进行论文评审。匿名参加评审的硕士学位论文，须事前作隐名处理后方可提交，所呈现的学位论文中均不得保留或者显示研究生本人及其相关指导教授的真实姓名，并且隐去了所有可能直接反映出导师和研究生个人信息的内容，如："致谢" 应当予以删除，"攻读硕士学位期间的研究成果" 只能保留正式发表过的论文的主要题目和刊物的名称、卷、期。

对于硕士学位论文评阅的结果，当其中有 1 份评阅结论被确定为 "不同意答辩" 时，研究生需要按照评阅意见认真修改论文，填写 "硕士学位论文修改说明表"，经研究生导师签字确认后，增加 1 份匿名评阅。当 2 份评阅的结论均被确定为"不同意答辩"时，不得进入答辩环节，此次硕士学位申请将被暂停。申请人必须对其学位论文进行修改，自收到评阅意见之日起三个月以后，可重新向院校提交送审申请。在再次审查中，仍然依据本办法继续执行。

2. 硕士学位论文的评审标准

为了进一步提高硕士学位论文的评价标准，大多数评审老师均会从以下方面对论文进行评审。表 8-4 所示为一般硕士学位论文评价指标体系。

表 8-4　硕士学位论文评价指标体系

检查项目	满分分值	评分标准	得分
选题	10	选题有较强的应用背景、实用价值和较深的理论研究内涵	
文献综述	20	对国内外文献资料掌握全面、分析到位，有自己的见解	
技术难度与工作量	20	研究课题属本应用领域发展方向并居前沿位置，具有自己独特的思考，研究课题具有较强的先进性	
设计内容与方法	10	设计方案合理、设计结构正确、设计依据翔实可靠、设计方法体现先进性	
知识水平	20	综合应用基础理论、专业知识、科学方法和技术手段，具备分析和解决工程实际问题的能力和水平，较好地掌握坚实、宽广的理论基础和系统专业知识	
成果评价	10	具有一定的创新性、先进性、实用性、较好的经济效益和社会效益	
论文写作	10	概念清晰、结构合理、层次分明、文理通顺、书写规范、报告严密、逻辑性强、表达清楚、分析严谨、文笔流畅	
合计			
专家评语			

8.4.6　硕士学位论文的答辩

1. 硕士学位论文的答辩准备

硕士学位论文答辩是指研究生完成硕士学位论文后，持研究生导师对论文审阅并同意的评阅意见、开题报告、学位论文、公开发表的与研究内容有关的科技论文，向所在学校提出答辩申请。

研究生院组织对硕士研究生的学位论文全部盲评或者抽查盲评。论文通过查重和外审专家的评审后，达到答辩要求，学校聘请相关专家组成答辩委员会。

国家规定"学位论文的学术水平由答辩委员会确定，为优秀、良好、合格、不合格四个等级。答辩委员会对学位论文的学术水平进行评定时应参考校内外评阅人的评审意见，并对优秀比例进行严格的控制，一般为答辩人数的1/3左右。"

一般学术委员会规定在学位论文评阅结果中，评价等级出现 C 或 D 者，评价结论出现"较大修改"者，均不能评价为优秀。

2. 硕士学位论文的答辩过程

研究生在完成论文后，也要充分做好答辩前的准备。一般硕士学位论文答辩人报告论文的时间不少于 20 分钟。硕士答辩委员会提问，答辩人回答问题的时间不少于 30 分钟。

答辩人报告学位论文的主要情况，重点报告论文的主要观点、创新之处和存在的问题，以及其他需要补充说明的内容，时间应不少于 30 分钟；研究生在答辩中必须有论文摘要的外语陈述。研究生陈述完毕后，答辩委员会提问，答辩人回答问题。答辩委员会应着重与答辩人共同探讨问题，避免对论文进行泛泛的评论。论文答辩时应允许旁听者提问，提问后，可给答辩人一定的准备时间。答辩委员会应重点考察答辩人回答所提问题的科学性、准确性。

学位论文答辩的程序如下：

(1) 答辩开始前由学位评定委员会负责人或委员宣布答辩委员会主席及成员名单。

(2) 答辩委员会主席宣布答辩开始并主持论文答辩。

(3) 导师介绍答辩人的基本情况，包括答辩人的简历、执行培养计划、从事科学研究、论文写作等情况及论文的主要学术价值。

(4) 答辩人报告学位论文的主要情况(时间不少于 20 分钟)。

(5) 答辩委员会主席宣读或简要介绍导师和评阅人对论文的评审意见。

(6) 答辩委员会提问，答辩人回答问题(时间不少于 30 分钟)。

(7) 答辩委员会举行会议，作出答辩评价，进行投票表决，主要议程如下：

① 评议学位论文水平及答辩情况。答辩委员会应根据学位论文的评价项目和评价要素，对论文本身及答辩情况作出科学评价。

② 在对答辩情况充分交换意见的基础上，以无记名投票方式作出是否建议授予学位的决定。经答辩委员会全体成员 2/3(含 2/3)以上同意者为通过。

③ 讨论并形成答辩决议书。答辩决议书需由答辩委员会主席、委员分别签字。答辩决议必须有对论文不足之处的评语和修改要求，否则无效。

④ 审查"XXX 学位论文原始资料审核表"并由答辩委员会主席签署意见。

(8) 答辩委员会主席向答辩人当面宣读答辩委员会决议并宣布表决结果。

(9) 答辩委员会主席宣布答辩结束。

本 章 小 结

本章首先从学术规范的角度介绍了撰写学术论文的注意事项。其次，介绍了学术性科技论文选题、写作、修改定稿和投稿发表等相关过程，并给出了实例解析，进一步方便读者理解。此外，针对本科生与硕士研究生，详细介绍了本科毕业设计(论文)和硕士学位论文的写作要求，便于读者顺利完成本科以及硕士研究生阶段的学位论文撰写工作。

习　　题

1. 学术剽窃的概念是什么？
2. 毕业设计(论文)的基本要求是什么？
3. 如何进行毕业设计(论文)选题？选题途径有哪些？
4. 毕业设计(论文)写作的主要内容包括哪些？
5. 毕业设计(论文)主要包括哪些基本要素？
6. 毕业设计(论文)答辩前，需要做好哪些准备？
7. 什么是硕士学位？硕士学位论文的开题报告应该如何撰写？一般包括哪些内容？应该如何准备？

第九章 其他类型的科技文献写作

科技写作涵盖的范畴极为广泛，除了常见的科技论文写作之外，还包含开题报告、项目申请书、发明专利、软件著作权、个人简历、求职信、推荐信和同行评议等多种形式，在科技交流中也具有举足轻重的作用。

9.1 开 题 报 告

一份好的开题报告可以看作一份课题的预演报告，为学生提供明确的、可操作的程序，是课题研究的必要条件，同时也是对课题的再论证和再设计。开题报告可以反映并影响研究者的研究进程、思路及成果，能够进一步明确研究思路，完善实施方案，明晰研究技术线路。

9.1.1 开题报告概述

开题报告是对选题的一种文字说明材料，这是一种新的应用写作文体。它是随着现代科学研究活动计划性的增强和科研选题程序化管理的需要而产生的。由于开题报告是用文字体现的可行性论证的总构想，因而篇幅不必过大，但要把计划研究的课题、如何研究、理论适用等主要问题写清楚。开题报告一般图文表并茂，这样既能避免遗漏，又便于评审者在评阅时一目了然、把握要点。

开题者把自己所选课题的概况向有关专家、学者、科技人员进行陈述，然后由他们对科研课题进行评议，以便对所选课题的研究价值、科学意义以及可行性等内容进行评判。开题报告主要回答三个方面的问题：

(1) 研究的内容是什么？

(2) 为什么开展此项研究？

(3) 怎样开展此项研究？

开题报告对选题来说是一个科学训练的过程，作为研究性学习选题阶段的一种主要文字表现，它实际上成了连接选题过程中备题、开题、审题及立题这四大环节强有力的纽带。通过撰写开题报告，开题者可以把自己对课题的认识、理解程度和准备工作情况加以整理、概括，以便更明确地表达研究课题的研究目标、步骤、方法、措施、进度、条件等，可以为评审者提供一种较为确定的开题依据，并对立题后的研究工作产生直接的影响，也可以作为课题研究工作展开时的一种暂时性指导，或作为课题修正时的重要依据等。由此，开题报告可以系统地锻炼研究者的文献检索与阅读能力、文献综述能力、分析问题与从事研究的初步能力、论文的书面表达能力、学术报告的口头表达能力等。综上，在开始课题研究前撰写一份好的开题报告是十分重要的。

9.1.2　开题报告的构成

一般而言开题报告没有固定的模板，各个学校都有自己规定的格式，表 9-1 是一个开题报告的典型模板。但总体来说，一个完整的开题报告通常包含以下七个方面。

(1) 课题名称。课题名称指某一研究项目的正式名称。课题名称要求表述准确、规范、简洁。准确是指课题名称要把课题研究的问题和对象交代清楚；规范是指所用的词语、句型要规范科学，似是而非的词不能用，口号式、结论式的句型不能用；简洁是指名称不能太长，能不要的字就尽量不要。

(2) 课题意义。课题意义主要交代为什么要进行该课题的研究。重点阐述课题所要解决的问题和课题的独创之处，回答研究将在哪些方面有新的突破，展望研究成果的理论意义、实际意义和科学价值。在研究目的及意义中，一般先指出实际生活中存在的问题，需要我们去研究、解决，再阐述课题的理论和实际意义。

(3) 研究现状。研究现状是对当前课题研究现状的高度概括和综合阐述，需要学生熟悉与课题相关的国内外文献，挑选对该研究有重要作用的文献。研究现状可按国内外研究现状区分，也可根据不同研究问题，把大问题分解为若干个小问题来逐个阐述。

(4) 研究内容。研究内容是课题所研究的具体问题，要更具体、更明确，在较大型的研究中还要列出所含的子课题。常用的表述思路是从历史研究、现实研究再到方法研究三个维度来安排研究问题的序列。基本内容包括：

① 研究的对象和问题；

② 与课题有关的理论、名词、术语、概念等。

(5) 研究方法与步骤。研究方法与步骤是指在研究中发现新现象、新事物或提出新理论、新观点，并揭示事物内在规律的工具和手段。具体的研究方法有调查法、观察法、实验法、文献研究法、实证研究法、定量分析法等。在一个课题中研究方法不宜过多，一般两三种即可。研究步骤是指课题研究在时间和顺序上的安排，包括时间分配、研究内容的阶段安排、人员分工和职责等。

(6) 预期成果。预期成果是一些关于结果的假设，或者希望得到一个什么样的结果，包括预期形式及使用范围。其形式包括研究报告、调查报告、实验报告、论文、专著等。

(7) 主要的参考文献。参考文献是文中引用的有具体文字来源的文献集合，是开题报告的必要组成部分。列参考文献时，需要注意以下几点：

① 不要遗漏对开题报告有重要价值的参考文献；

② 凡引用他人的学术观点或学术成果，都需列入文献中；

③ 参考文献应按开题报告中出现的次序列出；

④ 参考文献应按规范标注。

表 9-1 开题报告模板

课题名称	基于 PLEXE 的智能网联汽车队列仿真研究				
课题来源	XXX	课题类型	XXX	指导教师	XXX
学生姓名	XXX	学　号	XXX	专　业	XXX

一、课题意义

随着全球汽车保有量的日益增长，交通拥堵、事故多发、环境污染等问题愈加严重……智能网联汽车因其在缓解道路拥堵、提高行车安全、降低燃油消耗等方面的显著优势，是将来智能交通系统中的一个重要方向，各国政府和科研机构均投入大量资源开展智能网联汽车的研究工作。

然而，受基础设施条件以及试验成本的限制，目前的测试验证仍然以计算机仿真为主。目前，可用于智能网联汽车队列控制仿真的软件平台主要有 Veins、VISSIM 等。虽然上述仿真软件对智能网联汽车队列控制的研究起到了一定的促进作用，但在实际使用过程中普遍存在以下问题……

PLEXE 是一款基于 Veins 的智能网联汽车队列的仿真平台，具有……显著优点。因此，PLEXE 成为当前智能网联汽车队列控制研究中应用较为广泛的一款仿真软件。

本项目针对智能网联汽车队列的仿真问题，开展基于 PLEXE 的智能网联汽车队列仿真研究……

二、国内外研究现状

(1) 国外研究现状……

(2) 国内研究现状……

三、研究内容、方法及手段，预期成果

(1) 研究内容：

① 了解 PLEXE 的基本构成和工作原理……

② 针对智能网联汽车队列控制的仿真需求，对 PLEXE 进行二次开发……

③ 在 PLEXE 下对智能网联汽车队列的编队、换道、转弯等行为进行仿真研究……

(2) 方法及手段：

对于本课题，拟采用 XXX 法与 XXX 法开展相关研究。其步骤可总结如下：

① 首先，……

② 其次，……

③ 最后，……

(3) 预期成果：

① 在开源软件 PLEXE 下进行二次开发，使其满足智能网联汽车队列仿真要求；

② 在 PLEXE 下对智能网联汽车队列进行仿真……

③ 提交研究论文一份。

参考文献

[1] 李克强，戴一凡，李升波，等. 智能网联汽车(ICV)技术的发展现状及趋势[J]. 汽车安全与节能学报，2017, 8(1): 1-14.

[2] 闫茂德，张倩楠，刘小敏. 智能网联汽车变车距队列控制与仿真[J]. 计算机仿真，2020, (1): 126-130.

[3] M Segata，S Joerer，B Bloessl, et al. PLEXE: A Platooning Extension for Veins[C]. Vehicular Networking Conference. 2014.

[4] ……

9.1.3　开题报告的撰写要点

在开题答辩中，答辩组老师会从硬性要求与非硬性要求两个层面来判断学生的开题报告是否合格，并围绕这些要求提出完善意见。

1. 硬性要求

硬性要求是指决定开题报告是否合格的规范标准。主要有以下几点：

(1) 选题是否符合专业要求。论文的选题必须与专业的培养要求相一致，凡不符合专业培养要求的选题一律视为不合格，应重新选题和开题。

(2) 选题意义是否得到了有力论证。本要求可以从开题报告的选题背景与意义、国内外研究现状、研究目标与研究内容来进行评判，如果选题意义仅是材料的堆砌，则无法得到有力论证，同样需要重新开题。

(3) 选题是否具有可行性。选题的可行性一般从研究基础、研究目标与研究内容、研究方法等内容出发审议得出。如果题目太大，学生显然无法完成的选题，或者是其没有能力完成的，则必须重新开题。

2. 非硬性要求

非硬性要求是指在已经具备开题"硬性条件"的基础上，对其是否能够做得更好而提出的要求。主要有以下几点：

(1) 研究现状的把握情况。对这部分内容的审议主要看学生对文献的掌握是否充分，对文献资料内容的介绍是否具体，对文献资料的研究内容是否有自己的归纳评议，是否阐明了研究现状与本人要做的研究之间的关系等。

(2) 参考文献的准备情况。对这部分内容的审议主要看开题报告是否包括著作、论文等各类参考文献，是否包括对本研究有重要指导意义的学术论著，是否包括反映最新研究成果的文献，是否具有一定时间跨度的文献，是否包括国内外的参考文献等。

(3) 开题报告的撰写情况。对这部分内容的审议主要看开题报告的写作格式是否符合要求，各项内容是否完备，各项内容的填写是否具有针对性，文字表达是否准确、简练，是否有条理等。

9.2　项目申请书

大学生在校期间，各个学校为学生提供了多种参与科研项目的机会，并给予一定的科研经费支持。大学生科研立项最大的意义在于调动大学生开展专业学习和科学研究的主动性、积极性，激发大学生的科研兴趣、创新思维和创新意识，提高创新实践能力。因此，如何撰写一份合格的项目申请书对学生而言也至关重要。

9.2.1　项目申请书概述

项目申请书的撰写要系统地阐述所申报项目的研究意义、研究方法、可行性等核心内容，从而论证项目获得资助的必要性。每个项目的申请书都应按照要求撰写，虽没有统一格式，但内容框架类似。通常情况下，项目申请书主要从以下六个方面着手：

(1) 申请的科研项目具有重要意义。

(2) 科研项目的目的切合实际。

(3) 科研项目的研究方法切实可行。

(4) 参与此科研项目的人员具备完成此项目研究的能力。

(5) 申请人或申请人所在机构具备开展此科研项目所需要的设备。

(6) 申请的资金数额合理。

项目申请的竞争非常激烈，因此一份好的项目申请书十分重要。认真撰写项目申请书，更有可能获得评议人的认可，从而更容易通过申请。

9.2.2 项目申请书的构成

不同科研项目对申请书有不同的写作要求。如一些大学内部的基金申请书仅几页，而一些重大的基金申请书则对篇幅有严格的要求。但无论篇幅长短，好的基金申请书一般由三部分组成：基本信息、正文、附件。

1. 基本信息

项目申请书的基本信息要求简明扼要，能尽可能多地在有限字数内提供申请人以及所研究内容的基本信息，以使评阅人在读完基本信息后，就知道哪个单位、哪个人申请的什么项目。具体包括以下七个方面：

(1) 申请人基本信息；

(2) 依托单位信息；

(3) 合作单位信息；

(4) 项目基本信息；

(5) 项目关键词；

(6) 项目摘要；

(7) 项目预算。

2. 正文

项目申请书的正文是项目所研究内容的载体，不仅需要文笔通顺、逻辑性强，还应把研究背景、研究的意义、研究的创新性、研究思路、研究方案、工作条件等内容有效地传递给评审专家，充分反映申请人的学术水平、学术积累等。简而言之，申请书的正文就是科技写作、学术内容、学术积累的统一。具体的内容包括以下八个方面：

(1) 项目的立项依据。立项依据包括所申请项目的研究意义、国内外研究现状及发展动态分析。要结合科学研究发展趋势来论述本项目研究的科学意义，以便让评审专家明晰对所申报项目进行资助的必要性。此外，还应附上研究现状介绍中的主要参考文献目录。

(2) 项目的研究内容、研究目标，以及拟解决的关键科学问题。作为项目申请书的主体，要求思路清晰，逻辑性强，能准确地展示出本项目要做什么、达到什么样的目标以及研究过程中会解决什么技术难题。

(3) 研究方案。研究方案主要用于阐述上述研究内容的解决方法，具体包括研究内容中每一项的技术路线、实施手段以及关键技术说明等。

(4) 研究计划。根据项目执行周期，将研究内容分割成若干个研究阶段，并通过研究计划明确每一阶段的主要研究内容及预期研究成果。若申请资助的项目是教育或服务性质的，还需要提供活动计划。

(5) 研究基础。前期工作积累要客观地向评审专家展示清楚自己做过什么工作，取得过什么成绩，申请项目的前期工作进展，并附上有关已投稿的文章和被接纳的证明材料，加强评审专家的信任。

(6) 预期研究成果。明确本项目将会取得的研究成果，通常以论文、专利、软件著作权、研究报告以及实物等形式进行体现。

(7) 项目经费预算。按照所申报项目的经费预算要求，并结合项目实施过程中预期的资金使用情况，合理编制项目经费预算。

(8) 项目组成员的资历(提供履历)等。

此外，若项目申请书篇幅较长，通常还要制作标题页和摘要。基金申请人还可视情况添加一些其他材料，包括但不限于申请信、目录、表格列表、图片列表、申请科研项目的社会经济影响、推广研究成果的计划、已有实验设备或器材的相关信息等。

3. 附件

附件的作用是对正文进行补充说明或作为参考辅证。有些基金申请书还会提供附录，以便评审专家查阅。附录中可以给出已被录用但尚未发表的论文，项目合作人的证明信，或者开展该科研项目的一些细节材料。

9.2.3　项目申请书的撰写要点

项目申请书的撰写主要分为准备和撰写两个阶段。

1. 项目申请书的准备工作

作为项目申请书的主笔或课题申报者，必须认真阅读填写申请书的注意事项，查找优秀的项目申请书并认真学习，按要求尽可能地在申请书中提供全面的信息，履行规定的手续。

从项目题目角度来说，一是要根据选题范围和要求确定选题。二是收集资料，整理分析该领域的国内外研究现状，在前人研究的基础上找到自己的创新点，明确该项目的价值和意义。

从项目成员的角度来说，项目申请书的主笔或课题申报者应根据项目的需求，组建项目组，根据成员的实际情况安排分工。

从课题论证的角度来说，需要收集资料，完成选题背景、研究对象、研究目的、研究内容、可行性分析等内容的素材准备工作。

2. 项目申请书的撰写工作

撰写项目申请书时，要依据项目申请的截止日期合理安排完成时间，并在可能需要帮助的情况下，请专业科技写作人员或相关编辑人员进行帮助。在开始写作后，要仔细阅读项目申请的所有规定，并认真遵守：要提供申请所需的所有信息，并且严格遵守申请书长度和其他方面的格式要求，否则项目申请书可能在形式审查过程中就被退回，根本无法得到评议人的审阅。因此，在递交项目申请书之前要再对照申请要求检查一遍。

项目申请书的写作应条理清晰，清楚易懂。评议人没有时间对某份申请书反复琢磨，因而那些思路清晰的项目申请书更容易获得青睐。同时，清楚易懂的项目申请书也为评议人理解内容提供了很大的便利。要写出清楚易懂的项目申请书，就要组织好各部分的内容，先给出方案概貌，再提出方案细节。尽量使用简单的非技术性语言，不用冗言赘语，擅用但不滥用标题、黑体和斜体等格式。必要时，使用表格、图片或其他视觉辅助工具，并保证这些辅助工具制作精良，摆放正确。

许多项目申请书都有标准申请表格，可以通过网络下载，填写后的申请表可以通过项目申请系统在线提交。

总之，项目承担人在撰写和提交项目申请书时要按照要求填写。如果项目申请书中含有大段的文字，则要编排好这些文字的格式以便评议人阅读。

9.3 发明专利

专利是国家专利主管机构授予申请人在一定时间内享有的不准他人以制造、使用或销售其专利产品或者使用其专利方法的权利。专利分为发明专利、实用新型专利与外观专利三种。本书主要介绍发明专利的撰写方法。

9.3.1 发明专利概述

发明专利是指前所未有、独创、新颖且实用的专利技术或方法，具有创造性、新颖性以及实用性等基本特点。发明包括方法发明和产品发明、发现及抽象的非发明。专利是受法律保护的发明创造。一旦该项发明创造向国家审批机关提出专利申请，经依法审查合格后即向专利申请人授予在规定时间内对该项发明创造享有的专有权。

发明专利是受到专利法保护的一种专利。在我国，《专利法》规定，可以获得专利保护的发明创造有三种(表9-2)：发明专利、实用新型专利和外观设计专利。

表 9-2 专利的类型及特点

名　称	要　求	特　点
发明专利(20年)	对产品、方法及其改进提出的新的技术方案	具有突出的实质性特点和显著进步
实用新型专利(10年)	对产品形状、构造及其结合提出的实用方案	具有实质性特点和进步
外观设计专利(10年)	对产品形状、图案、色彩或者其结合所做出的富有美感并适合于工业上应用的新设计	具有实质性特点和进步

通常，专利具有创造性、新颖性、实用性、排他性、时效性、区域性等特点，其详细定义如表9-3所示。

表 9-3　专利的性质及其定义

使用范围	性质	定　　义
在申请中的三性	新颖性	申请日以前没有同样的发明或者实用新型，未在国内外出版物上公开发表过，未在国内外公开使用过，或者未以其他方式为公众所知
	创造性	与申请日以前的技术相比，该发明或实用新型有突出的实质性特点和显著的进步
	实用性	该发明或者实用新型能够制造或者使用，并且能够产生积极效果
在使用中的三性	排他性	在一定区域范围内，其他任何人未经许可都不能对其进行制造、使用和销售等
	区域性	一种有区域范围限制的权利，它只在法律管辖区域内有效
	时间性	专利只在法律规定的期限内才有效，一般专利有效期为 15 年

9.3.2　发明专利的构成

任何一篇发明专利都应包含权利要求书、说明书与说明书附图、说明书摘要与摘要附图几部分。

1. 权利要求书

权利要求书是整篇发明专利中最重要的部分，属于专利的核心，是申请人要保护的内容。按照发明方案内容，权利要求书一般包含一个独立权利要求以及一系列从属权利要求，其中从属权利要求是对独立权利要求的展开说明。通常情况下，权利要求 1 主要描述本发明实际实行步骤中涉及的独立权利要求，后续权利要求 2、3、4 等是将权利要求 1 中的步骤进行展开具体说明，属于从属权利要求。

2. 说明书与说明书附图

说明书内容较多，主要包含技术领域、背景技术以及发明内容等几部分。

(1) 技术领域：本发明所在的领域可以概括来写，比如手机的技术领域是电子信息，数据传输方法属于通信领域，人脸识别方法为图像处理以及模式识别技术领域等。

(2) 背景技术：介绍本发明所在技术领域的发展现状以及需要解决的问题，与论文中的绪论相似。

(3) 发明内容：这部分内容可以把权利要求书中的内容搬过来，稍微改一下格式，最后另起一段介绍本发明的优点及有益效果。

说明书附图的主要目的在于帮助读者理解说明书中的内容。例如发明人在说明书中用一个具体的例子来解释本发明的技术方案，就可以结合说明书附图进行说明，以达到通俗易懂、简洁明了的目的。在说明书附图部分还需添加附图说明，以进一步阐述每张说明书附图要表达的意思。

3. 说明书摘要与摘要附图

说明书摘要包括整篇发明专利的概述及期望达到的技术效果。一般先说明本发明属于什么技术领域，再简要概述本发明的框架，最后总结一下本发明的用处及优点，一般不超过 300 字。摘要附图是对说明书摘要的进一步补充与解释，一般可选取说明书附图中最具代表性的一张。

9.3.3　发明专利的撰写要点

发明专利的撰写过程中，需要注意以下事项。

1. 关于专利名称

专利名称应注意以下要求：

(1) 名称应简明、准确地表明专利请求保护的主题。

(2) 名称中不应含有非技术性词语，不得使用商标、型号、人名、地名或商品名称等。

(3) 名称应与请求书中的名称完全一致，不得超过 25 个字。

2. 关于权利要求书

权利要求书的撰写需要注意以下几点：

(1) 每一个权利要求由一句话构成。要简洁、精练，突出需要保护的关键点，只允许在该项权利要求的结尾使用句号。

(2) 有固定的格式。如第 1 条就是："一种……，其特征是……。"……部分就是发明专利的相关内容。

(3) 除第一条权利要求外，其他的权利要求为从属权利要求，它们的书写格式为："根据权利要求 N 所述的……，其特征是……。"(其中 N 为权利要求书中的条款编号)。从属权利要求应当用附加的技术特征，对所引用的权利要求作进一步的限定。

(4) 权利要求书应当以说明书为依据，说明要求保护的范围。权利要求书应使用与说明书一致或相似语句，从正面简洁、明了地写明要求保护的发明权利。

(5) 权利要求书应尽量避免使用功能或者用途来限定专利；不得写入方法、用途及不属于发明专利保护的内容；应使用确定的技术用语，不得使用技术概念模糊的语句，如"等""大约""左右"等；不应使用"如说明书……所述"或"如图……所示"等用语。

(6) 权利要求书中使用的科技术语可以有化学式或数学式，必要时可以有表格，但不得有插图。

3. 关于说明书与说明书附图

说明书中有一些常用的固定格式，在写作过程中需要严格遵守。

(1) 所属技术领域，需要简要说明本专利所属技术领域或应用领域，目的是为便于分类、检索及其他专利活动的进行。例如 "本发明专利涉及一种……，尤其是……(或者：其特征是……)"。

(2) 背景技术，需指出目前研究现状，引证文献资料。可以指出当前研究成果的不足或有待改进之处。在背景技术中，还应提供一至几篇与本发明密切相关的对比资料，简述其主要发明内容，并客观地指出其不足之处，如提供不出具体的文献资料，也应对现有技术的水平、缺点和不足作一介绍。

（3）发明内容尽可能满足如下要求：

① 技术方案应当清楚完整。说明书中的技术方案应说明具体发明的构造特征或技术特点，指出发明人是如何解决技术问题的，必要时应说明技术方案所依据的科学原理。

② 撰写技术方案时，机械产品类的发明专利应描述必要零部件及其与整体结构的关系；电路类的发明专利应描述电路的连接关系；机电结合类的发明专利还应写明电路与机械部分的结合关系；涉及分布参数的发明专利，应写明元器件的相互位置关系等。

【例9.3.1】 发明专利示例句式。

a. 为了克服……的不足，本发明专利……(要解决的技术问题)。

b. 本发明专利解决其技术问题所采用的技术方案是……。

添加说明书附图时，应注意以下几点：

（1）每一幅图应当用阿拉伯数字顺序编号，如：图1、图2、…、图N。

（2）附图中的标记应与说明书中所述标记一致。附图标记应使用阿拉伯数字编号，申请文件中表示同一组成部分的附图标记应当一致。

（3）有多幅附图时，各幅图中的同一零部件应使用相同的附图标记。

（4）附图中不应含有中文注释。

（5）附图应使用制图工具按照制图规范绘制，剖视图应标明剖视的方向和被剖视图的布置。剖面线间的距离应与剖视图的尺寸相适应，不得影响图面整洁(包括附图标记和标记引出线)。图中各部分应按比例绘制。

（6）图形线条为黑色，图上不得着色。应使用制图工具和黑色墨水绘制，线条应当均匀清晰、足够深，不得着色和涂改，不得使用工程蓝图。

（7）附图应当尽量竖向绘制在图纸上，彼此明显分开。当零件横向尺寸明显大于竖向尺寸必须水平布置时，应将附图的顶部置于图纸的左边，一页图纸上有两幅以上的附图，且有一幅已经水平布置时，该页上其他附图也应水平布置。一幅图无法绘在一张纸上时，可以绘在几张图纸上，但应另外绘制一幅比例缩小的整图，并在此整图上标明各分图的位置。

（8）附图的大小及清晰度：应保证附图缩小到三分之二时仍能清晰地分辨出图中的各个细节，并适合于用照相制版、静电复印、缩微等方式大量复制。

4. 关于说明书摘要与摘要附图

说明书摘要应点明发明专利的名称、技术方案要点以及主要用途。摘要全文不超过300字，不得使用商业性的宣传用语。建议先写好《说明书》中所属技术领域中一段，然后再对这段文字进行高度概括，控制在300字以内放于此处即可。

摘要附图是对说明书摘要的补充说明，通常只有一张，其绘制要求与说明书附图要求相同。发明人也可以从说明书附图中筛选一张作为摘要附图。

9.4　软件著作权

计算机软件著作权是指软件的开发者或者其他权利人依据有关著作权法律的规定，对软件作品所享有的各项专有权利。就权利的性质而言，它属于一种民事权利，具备民事权利的共同特征。

9.4.1　软件著作权概述

软件著作权全称是计算机软件著作权，是计算机程序及有关文档(说明书、流程图、程序、用户手册等)从软件完成或部分完成之日起就自动产生的权利。受著作权保护的软件必须由开发者独立开发，即必须具备原创性，同时，必须是已固定在某种有形物体上而非存在于开发者的头脑中。

软件经过登记后，软件著作权人享有发表权、开发者身份权、使用权、使用许可权和获得报酬权。相关法律规定，除开发者身份权之外，著作权的其余各项权利的保护期(有效期)为二十五年，保护期满前，软件著作权人可以申请权利续展二十五年，但保护期最长不得超过五十年。

9.4.2　软件著作权登记表的构成

软件著作权登记表的构成如下。

(1) 软件名称栏。

① 全称：申请著作权登记的软件的全称。各种文件中的软件名称应填写一致。

② 简称(没有简称不填此栏)。

③ 分类号：按照国家标准 GB/T 4754—2017 中的代码确定的分类编号。

④ 版本号：申请著作权登记的软件的版本号。

(2) 开发完成日期栏：指软件开发者将该软件固定在某种有形物体上的日期。

(3) 首次发表日期栏：指著作权人首次将该软件公之于众的日期。发表是指以赠送、销售、发布和展示等方式向公众提供软件。未发表的软件不填此栏。

(4) 软件开发情况栏(根据实际情况选择)：① 独立开发；② 合作开发；③ 委托开发；④ 下达任务开发。

(5) 原始取得权利栏：原始取得权利指独立开发软件取得的权利。填写的内容应与上栏提供的证明文件证明的事项一致。选择此栏的，不填写继受取得权利栏。

(6) 继受取得权利栏：在三种继受的方式中根据实际情况选择(原始取得权利的不填写此栏)：① 继承；② 受让；③ 承受。

(7) 权利范围栏：权利范围是指著作权人取得的权利是全部还是部分。取得部分权利的，应当注明具体权项。

(8) 软件用途和技术特点栏。

① 登记软件的适用行业和用途、主要功能的简要说明(不超过 600 字)；

② 登记软件的开发和运行的硬件环境、软件环境、分类号、软件版本号；

③ 登记软件的编程语言及版本号，程序量；

④ 登记软件的创作目的、主要功能和技术特点；

⑤ 登记软件的零售价或者报价；

⑥ 登记软件的全称、开发完成日期、发表日期；申请人、版权所有人及其地址，前两人若不是同一人，说明关系；

⑦ 著作权利范围：全部还是部分；

⑧ 签署委托代理书；

(9) 申请者栏。

① 个人申请者：除填写各项内容外，应提交身份证(或其他身份证明，如护照等)的复印件。

② 法人申请者：名称栏应填写单位全称。身份证件号栏应填写企业法人登记号或事业法人代码证书号，同时加注联系人的姓名、电话。应提交企业法人登记证书或事业法人代码证书的复印件。

③ 法人分支机构和法人内部组成部分应由法人开具证明。

(10) 代理者栏。

① 个人代理者：除填写各项内容外，应提交与软件申请者签订的委托代理授权书。

② 法人或其他组织代理申请者：名称栏应填写单位全称。身份证件号栏应填写企业法人登记号或事业法人代码证书号，在电话栏中加注联系人的姓名。应提交与软件申请者签订的委托代理授权书。

(11) 软件鉴别材料交存方式栏，鉴别材料是指软件程序和文档。交存方式有三种：① 一般交存；② 例外交存；③ 封存。

(12) 申请人保证声明栏：申请人应认真核对申请表格各项内容、应提交的证明文件和鉴别材料是否真实，符合申请要求；明确因提交不真实的申请文件所带来的法律后果。核实无误后，个人申请者签名或者加盖名章；法人或其他组织申请者，由单位加盖公章。签章应为原件，不得为复印件。

9.4.3　软件著作权说明书的撰写要点

在向中国版权保护中心提交软件著作权登记申请时，软件使用说明书是必须提交的软件著作权登记材料之一。软件著作权说明书的撰写，要注意以下要点：

(1) 软件全称、简称和版本号在所有界面的截图要保持一致，否则在申请过程中要求重新提供说明书，再次截图和整理文档耗时耗力。

(2) 软件著作权说明书的主要内容是功能介绍，配有软件界面截图加以说明，截图时要全屏截图，否则在申请过程中会要求重新提供说明书。

(3) 写明软件运行环境，以方便用户准确匹配设备。

(4) 中国版权保护仅接受单一版本软件著作权登记申请，如所开发的软件产品有电脑端、网页版、苹果手机版、安卓手机版、小程序版等，申请软件著作权时，只能选择其中之一来截图提交申请材料。

(5) 软件著作权人一致性，即截图上出现的企业名称必须为企业全称。

(6) 嵌入式软件的设备有显示屏的，截图可以是显示屏截图；也可以有设备操作按键照片，按键功能结合显示屏信息截图整合为说明书。

(7) 嵌入式软件的设备没有显示屏的，软件著作权登记申请的说明书中表达软件功能的内容主要由软件框架图、软件功能标准流程图、软件功能说明、输入输出项组成。

(8) 软件著作权登记申请说明书中截图上出现的时间一定要吻合，即出现的时间在提交申请日期之前和在开发完成日期之后。

9.5　个人简历

个人简历是求职者说明个人基本情况、教育背景、工作经历、所获荣誉等的书面材料。对于大学生而言，个人简历是对过去生活经历的精要总结，在一定程度上是一个人过去经历的浓缩。

9.5.1　个人简历概述

个人简历通常作为求职信的附件，一起呈送给用人单位，以此让用人单位全面了解自己的优势，从而为面试创造机会，最终达到就业目的。简历是求职的敲门砖，很多企业都是通过简历来初步筛选所需人才。另外，简历中的表达、书写方式也能反映出一个人的思维模式和社会观念，客观上也能反映求职者的表达能力，这也是企业考察一个人是否符合公司和岗位要求的重要标准之一。

个人简历有三种形式：表格式、时间顺序式、学习工作经历式。

(1) 表格式：即用表格的形式列出自己的基本情况和学习、工作经历，使人一目了然。

(2) 时间顺序式：即按年月顺序列出自己的学习、工作经历，条理清楚。

(3) 学习工作经历式：即根据需要，有选择地列出自己的学习、工作经历，充分表现自己的技能、品德。对于即将毕业的大学生来说，采用表格式和时间顺序式比较合适。

9.5.2　个人简历的构成

一般来说，简历内容主要包含以下六个方面。

(1) 个人资料：包含个人的姓名、性别、出生年月、联系方式以及联系地址等信息。

(2) 教育背景：要求学生依次从最高学历写至学士学位，包括受教育时间、受教育高等院校名称、所学专业以及取得何种学位。

(3) 校园经历：包含在校期间参与的校园活动、任职情况、负责何事、参与时间等信息。

(4) 职业能力：要求学生如实撰写有关的能力培养，包括但不限于相关技能、软件技能、论文专利、任职经历等。需要详细描述时还可以具体写出在某一岗位负责何种项目或具体工作内容。

(5) 科研项目：需要学生列出近年来主持或参与的科研项目(基金)，以及个人所承担的角色信息。

(6) 各种荣誉：需要学生列出近年来本人所获得的各项荣誉，包括荣誉获得时间、荣誉名称、荣誉等级、本人排名等信息。

9.5.3　个人简历的撰写要点

在撰写简历时要客观真实，切忌自吹自擂。一旦被发现简历与实际情况不符，职业生涯很可能会被断送。一份好的简历需要集中呈现个人的专业背景，但通常不需要提供婚姻状况、健康状况、兴趣爱好等个人信息，也不要列出身份证号等个人身份信息。

同时，在撰写简历时还要注意下面三个问题：

(1) 简历通常是逆序编排的，即项目内容按照时间由近及远排列。

(2) 如果有曾用名，可以放在名字后面的括号内。如果有英语名字，同样可以放在母语名字后面的括号内。

(3) 要提供一种相对固定的联系方式，以便对方联系。

下面是一个可供参考的个人简历模板。

基本信息

姓　　名：　***		性　　别：　男		照片
出生年月：　***		籍　　贯：　*******		
专　　业：　自动化		政治面貌：　中共党员		
电子邮箱：　********@163.com		联系电话：　***********		
通信地址：　西安市未央区长安大学渭水校区***信箱			邮政编码：710064	

教育背景

长安大学	自动化专业	学士学位	2017.09—2021.06

主修课程：电子电路、电机及拖动基础、电力电子技术、自动控制原理、现代控制理论……

专业特色："双一流"世界一流学科建设高校、国家首批"211"工程大学、"985"工程优势平台。

专业排名：X/XX

校园经历

XXX 学生会	负责 XXX	主席	2019.06—2020.06
XXX 班	负责 XXX	班长	2018.06—2019.06
XXX 社团	负责 XXX	成员	2017.09—2018.06

职业能力

- 相关技能：一次性通过大学英语四级、六级(XXX、XXX)
- 软件技能：熟练掌握 MS Office 系列办公软件，MATLAB，[…]
- 论文专利：国家实用型专利 1 项

科研项目

项目 1

- 项目描述，XXX
- 主要职责，XXX

项目 2

项目描述，XXX

主要职责，XXX

奖励荣誉

2018、2019、2020 年获长安大学"校三好学生"，并获一等奖学金；

2020 年在陕西省第十六届高等数学竞赛中获得二等奖。

自我评价

[1] 做事认真、踏实、负责；

[2] 较强的学习能力和适应能力；

[3] 良好的团队协作精神。

9.6 求 职 信

求职时，除了简历还可能要附一封求职信。多数用人单位都要求求职者先寄送求职材料，他们通过求职材料对众多求职者有一个大致的了解后，再通知面试或面谈人选，因此，求职信写得好坏将直接关系到求职者是否能进入下一轮的角逐。

9.6.1 求职信概述

求职信是求职人向用人单位介绍自己情况以求录用的专用性文书，它通过表述求职意向和对自身能力的概述，引起对方的重视和兴趣。求职信同样是自我介绍的良机，有助于展示个人的表达和工作能力，并表达申请意愿。求职信可以弥补简历的不足之处，达到锦上添花的效果。通常，可以将一些无法在简历中充分说明的个人专长或才能在求职信中进行详细说明。求职信作为新的日常应用类文体，使用频率极高，其重要性也愈加明显。

9.6.2 求职信的构成

一般而言，求职信可以分为四部分。

(1) 基本情况。基本情况包括姓名、就读学校、专业名称、毕业时间等信息。简述基本情况主要是为引起对方的兴趣看完材料，并自然进入主体部分。

(2) 主体。主体部分是求职信的重点，简明扼要讲述自己的情况，突出自己的特点，并使自己的描述与所聘职位要求一致，切勿夸大其词或不着边际。

(3) 结尾。结尾部分留下应聘人的联系方式，并表明自己对所聘职位的迫切心情。语气要肯定、热情、诚恳、有礼貌，请用人单位尽快答复并给予面试机会。通常结束语后面应写表示祝愿或敬意的话，如"此致""敬礼""祝您身体健康、工作顺利、事业发展"等。

(4) 落款。落款包括署名和日期。署名应写在结尾祝词下一行的右后方。日期写在署名下面。若有附件，可在信的左下角注明，例如"附1：个人简历""附2：成绩表"等。

9.6.3 求职信的撰写要点

撰写求职信时，需要注意以下几点：

(1) 在书写求职信称呼时，要用姓名称呼对方且务必拼写正确。若不清楚对方性别或者职位信息，可通过其他渠道获得正确无误的信息后再书写。对于正式信函，称呼之后通常加冒号，不加逗号或点。

(2) 在求职信的开头，要说明拟申请的职位以及自己能够胜任该职位的核心资质。例如："我刚刚获得 XXX 大学 XXX 学士学位，现在申请上周刊登在网站上的 XXX 一职"。

(3) 在求职信的中间，要详细说明自己的资质情况，可以请对方参照简历。若需要证明自己的资质符合职位要求时，可以对简历中所列内容进一步说明。例如：可以介绍自己所学的专业课程或自己擅长的技术，也可以详细阐述自己之前的工作经验。

（4）在求职信的结尾，语气要充满自信，但不要自负。需要特别注意的是：在求职信中不要提薪水问题。当对方明确表达聘用意向后，再谈薪水问题较为适宜。

下面是一个典型的求职信模板，供读者参考。

求　职　信

尊敬的××：

您好！

我是来自×××大学×××专业的×××。首先向您致以真诚的问候和良好的祝愿！非常感谢您在百忙之中审阅我的求职材料。作为一名应届毕业生，我应聘……岗位。本人有如下优势：

1. 优势1：……，[……]；

2. 优势2：……，[……]；

3. 优势3：……，[……]；

综上所述，我认为自己的专业背景满足担任……的要求。我希望尽快收到能否面试的答复。

最后，衷心祝愿贵单位事业发展蒸蒸日上！

求职者：×××
日期：××年××月××日

9.7　推　荐　信

9.7.1　推荐信概述

推荐信是一种向用人单位或学校推荐人才的书信，是一种应用写作文体。推荐信根据推荐单位的不同，存在多种类型，每种类别的推荐信虽然涉及的专业术语所有不同，但其本质都是向用人单位介绍被推荐人的技能或特点，以帮助用人单位考查被推荐人的品格与能力。

推荐信一般分为两类：学术推荐和非学术推荐。

（1）学术推荐信适用于攻读学位或申请奖学金等情况。例如学生申请学术奖学金或申请攻读研究生学位时，可邀请学校老师(一般为熟悉该生情况的授课老师)为他们写推荐信，向用人单位介绍该生的基本情况、能力与性格等方面的信息。

（2）非学术推荐信指与雇佣有关的书面推荐信，主要由了解求职者的技能、性格特征的人书写。他们通常是老师、前一个雇主、直属上司，甚至是同事。

推荐信可以是个人写给个人，个人写给单位，也可以是单位写给单位。一般由第三人称写给对方，也有向某单位、部门自荐的。

9.7.2　推荐信的构成

推荐信由以下几部分构成。

(1) 第一部分：应简明扼要地指出因为什么事推荐什么人，通常只用一句话说明情况。例如"我是 XXX 大学的 XXX 教授，诚恳地推荐 XXX 大学的 XXX(被推荐人姓名)，前往 XXX 大学的 XXX 专业攻读研究生"。

(2) 第二部分：介绍如何认识被推荐人的。例如，"我认识 XXX(被推荐人姓名)已经一年多了。大三时，她上过我的 XXX 课程。自六月起，她也一直在我的实验室从事研究工作，并且干得很好……"。

(3) 主体部分：对被推荐人做出客观的评价。评价时要具体，不要只说被推荐人是个优秀的学生，要给出被推荐人取得过的成绩、排名、学术或专业特长以及性格特点等信息。

(4) 结尾部分：对全文进行总结，并再次强调推荐内容。例如："总之，我认为 XXX(被推荐人姓名)是一名优秀的候选人，我热情地推荐他。"随后附上推荐人的签名，在签名下面要提供推荐人的姓名、单位、头衔等信息。

9.7.3 推荐信的撰写要点

在撰写推荐信的过程中，需注意以下几点：

(1) 具体的例子好于空洞的叙述。例如，许多推荐信都常写道："推荐人在上课期间积极表达自己的观点，并在下课后继续与老师讨论学术问题"，但在后续并未给出任何支撑该观点的实例。

(2) 切忌过分夸大被推荐人的能力。有些推荐信语言过于夸张，反而失去了说服力。在读了此类推荐信后，容易使用人单位产生这个学生的水平很高，他/她不需要再学习的错觉。因此，对被推荐人的夸奖应当从实际出发，切不可言过其实。

下面是一个典型的推荐信模板，供读者参考。

推 荐 信

尊敬的 XXX 大学的老师们：

XXX 同学是长安大学 2017 级自动化专业的学生，我作为 XXX 同学的授课教师，曾教授其《现代控制理论》《先进控制技术》等课程，对 XXX 同学有较为深入的了解，对其介绍与推荐如下：

XXX 同学学习成绩优异，专业基础知识牢固，……

XXX 同学在课余时间积极参加各类竞赛活动，……

此外，XXX 同学也注重……

鉴于 XXX 同学优秀的学习能力和良好的科研潜质，作为其任课老师，我特此推荐该生攻读贵校硕士研究生，相信其在贵校能够充分发挥自身优势，取得更为优异的成绩。在此，予以推荐，希望审核通过。

推荐人：

职　称：

单　位：

电　话：

时　间：　　年　月　日

9.8　同行评议

如果科技工作者公开发表或出版过自己的学术成果，便有机会收到同行评议的邀请。同行评议的作用在于为期刊编辑部提供评议论文在该领域的专业意见，能有效地帮助编辑判断该评议论文的水平，同时也能帮助论文或图书作者提高作品质量。

9.8.1　同行评议概述

同行评议(Peer Review)是科技期刊遴选论文、维护和提高学术质量的重要途径之一。科技期刊采取的同行评议形式主要有：

(1) 单盲评审(作者姓名对审稿人公开，但审稿人姓名不对作者公开)；

(2) 双盲评审(作者姓名和审稿人姓名互不公开)；

(3) 公开评审(作者姓名和审稿人姓名互相公开)。

在学术界，科技论文的同行评议一般是一种相互的无酬服务。这是因为科技工作者在评议他人论文的时候，他人也在积极地评阅你的论文。这种相互评阅的方式，能帮助科研人员们改进其论文中的不足，了解其研究领域中的最新动向，并锻炼个人的科学评论技巧，因此，科技工作者通常会积极响应某期刊或基金组织的同行评议邀请。此外，积极参加某些期刊的同行评议，有可能会成为这家期刊的编辑委员会成员，进而成为这家期刊的编辑，接触到更多的科技前沿理论，提高个人的科技水平。

当然，有时可能不得不拒绝同行评议邀请。譬如，如果科技工作者感觉自己在截止日期前没有足够的时间完成同行评议，就应该婉言拒绝编辑的邀请，并尽可能向编辑推荐其他的合适人选。又或者当科技工作者觉得自己不具备为某文章提供同行评议所需的知识和能力时，应该直接拒绝同行评议邀请，避免给出不恰当的评议意见。

9.8.2　同行评议的内容

科技论文同行评议是对论文内容的评价，具体需要评议的内容包括：

(1) 判断论文的内容是否新颖、重要。对论文内容创新性和重要性的评价包括选题是否新颖、结果是否具有新意、数据是否真实、结论是否明确等。

(2) 判断论文的实验描述是否清楚、完整。实验部分应提供足够的细节以便他人重复或允许有经验的审稿人根据实验描述来判断数据的质量。此外，评阅人还应根据自己的学识来评判稿件中的实验或理论工作是否完善，测量中是否有缺陷或人为因素，以及采用的技术对于作者要表达的数据是否合适、数据是否具有代表性等。

(3) 阐述论文的讨论和结论是否合理，包括问题的提出、研究动机与论文整体研究思路。如论文中的讨论是否紧扣作者本人的实验结果，结论是否合理。如果认为论文作者外推的数据不足以支持结论，应给出适当的建议，包括是否需要获得更多的证据或数据，或删除论据不足的推测部分，甚至建议对数据或结果的其他可能性进行解释。

(4) 判断论文参考文献的引用是否必要、合理。有关参考文献的评审方面主要有：参考文献的各著录项、作者姓名、论文题名、期刊名、出版年、卷期号、页码等应正确无误，并且要与正文中的引用保持内部一致性，所引用的参考文献应确有必要。作者如果在论文中声称自己的工作取得突破或很大进步，评审人则要注意检查作者是否合适地引用了论证的文献，尤其是他人的关键工作。

(5) 判断论文的文字表达与图表使用是否正确。论文中的文字表达应遵循简洁、清楚的原则，然而，评议人不应将自己的文风强加给作者，但可指出表达不清楚的地方，或建议作者删除稿件中过量的修饰词并使用更为清楚、明晰的词汇。具体的内容包括：

① 论文篇章结构的组织应条理清楚，合乎逻辑。

② 摘要应具有自明性，并且要高度概括论文的主要内容。

③ 引言应简明地阐述论题并提供相关的背景信息、材料与方法。

④ 结果与讨论应视具体内容予以取舍或合并，力戒重复。

⑤ 图表必要且具有自明性，争取使评阅人和读者无须参照正文就能读懂图表。此外，应避免正文和图表不对应，重复同样的数据或内容等情况。

9.8.3　同行评议的撰写要点

科技论文同行评语的主要任务就是评价论文的内容。在撰写同行评议的过程中，首先应明确该论文所述的研究工作质量是否很高？如果不是，研究工作的主要不足是什么？论文是否给出了所有应该给出的内容?文章里是否有多余的内容？

在明确上述问题的基础上，结合科技论文同行评议的主要内容，即可开始同行评议的撰写工作。但在评论的过程中，应注意以下几点：

(1) 不要对文章的写作细节发表评论。科技论文同行评议的主要任务并不是指出每个标点的错误和拼写错误，这些工作会由编辑部的文字加工编辑进行纠正；好的同行评议要能评价文章总体上的清楚程度、准确程度和正确程度，指出意思含糊不清的段落，提出更适于论文内容的结构，点评论文中图片和表格设计上的优劣。如果论文中的某些措辞专业性太强以致文字加工编辑很难做出正确的修改，那么评议人应该给出修改建议。

(2) 撰写评议意见时，要意识到这个评阅意见是供编辑和文章作者共同参考的，编辑与论文作者都是充满感情的人，尤其是论文作者很关心自己的文章，很在乎别人对自己论文的评价，很愿意听到关于自己论文的建设性意见。所以，在给出意见的时候，措辞要讲究策略，不能冷嘲热讽。

(3) 撰写评议意见时，应先肯定文章的优点，然后给论文作者提出可行的建议，最后以鼓励性的话语结束评议。尽管评论一般都是针对每个部分或每个段落给出的，也可以时不时给出一些对全文的赞誉。

9.8.4　同行评议结果的应对要点

为了有效地与编辑和审稿人沟通、维护自己的学术观点，作者在处理同行评议意见时应尽量注意以下几点：

(1) 作者无须为了使论文得到发表而过于盲从评阅人的意见，对于不合理或难以认同的建议，在稿件的修改中可不予接受，但一定要向编辑和评阅人说明理由。

(2) 如果同行评议意见中的批评源于误解，也不要将误解归于评阅人的无知、粗心和恶意；相反，作者应反思自己如何更清楚地表达，以免其他的读者再发生类似的误解。对于偶尔收到的粗心或不合适的评议，要尽量避免言辞过激的回应(即使这种辩护是有理的)。

(3) 尽量逐条回复评阅人的意见。如果评阅意见没有按条目列出，就先按条目将其分开并加注序号，然后再分别回答。如果有认识或观点上的分歧，应尽可能地使用学术探讨性的证据和语言来解释评阅人的错误(尽管有时评阅人并不是这样)，以便编辑在必要的时候将其转达给原评阅人或另请他人进一步评议。

(4) 寄回修改稿时，应将标有修改注记的原稿附上，以便编辑清楚地识别出作者是如何回复意见的。此外，应附寄一份按条目列出的作者修改说明，以便编辑处理或再次送审。

本 章 小 结

本章围绕其他类型的科技写作这一主题，分别介绍了开题报告、项目申请书、发明专利、软件著作权、个人简历、求职信、推荐信、同行评议八种类型科技写作，并给出了写作建议和写作模板，便于读者未来应对各种场景。

习　题

1. 开题报告主要由哪几部分构成？撰写一份开题报告。
2. 项目申请书的写作过程中要注意哪些事项？
3. 发明专利有哪几种类型？专利申请书主要由哪几部分构成？
4. 什么是软件著作权？如何撰写一份软件著作权？
5. 个人简历的写作要点有哪些？
6. 求职信的作用和意义是什么？撰写一份求职信。
7. 请以申请某学校硕士研究生为背景，撰写一份推荐信。

参 考 文 献

[1] 康桂英. 网络信息资源检索与科技论文写作[M]. 北京：电子工业出版社，2021.

[2] 张俊慧. 信息检索与利用[M]. 北京：科学出版社，2015.

[3] 孙平，伊雪峰. 科技写作与文献检索[M]. 北京：清华大学出版社，2013.

[4] 邓发云. 信息检索与利用[M]. 北京：科学出版社，2017.

[5] 王细荣，丁洁，苏丽丽. 文献信息检索与论文写作[M]. 上海：上海交通大学出版社，2017.

[6] 王红军. 文献检索与科技论文写作[M]. 北京：机械工业出版社，2018.

[7] 郑霞忠，黄正伟. 科技论文写作与文献检索[M]. 武汉：武汉大学出版社，2012.

[8] 张虎芳. 科技文献检索与科教论文写作[M]. 北京：中国石化出版社，2017.

[9] 张言彩. 文件检索与毕业论文写作[M]. 西安：西安电子科技大学出版社，2017.

[10] 花芳. 文献检索与利用[M]. 北京：清华大学出版社，2014.

[11] 金耀，刘小华. 图书馆利用与文献检索教程(科技版)[M]. 北京：科学出版社，2013.

[12] 刘婧. 网络信息资源检索与利用[M]. 北京：电子工业出版社，2018.

[13] 郭倩玲. 科技论文写作[M]. 2 版. 北京：化学工业出版社，2016.

[14] (美) BARBARA G，ROBERT A D. 任治刚，译. 科技论文写作与发表教程[M]. 8 版. 北京：电子工业出版社，2018.

[15] 张孙玮，赵卫国，张迅. 科技论文写作入门[M]. 5 版. 北京：化学工业出版社，2017.

[16] 赵鸣，丁燕. 科技论文写作基础[M]. 北京：科学出版社，2013.

[17] 郭爱民，李金丽. 研究生科技论文写作[M]. 2 版. 沈阳：东北大学出版社，2016.

[18] 高莉丽. 浅析科技论文写作的道德规范[J]. 广西大学学报(哲学社会科学版)，2009，31(4)：138-141.

[19] 夏镇华. 科技论文撰写参考[M]. 北京：国防工业出版社，2009.

[20] 梁福军. 科技论文规范写作与编辑[M]. 2 版. 北京：清华大学出版社，2014.

[21] 赵秀珍，杨小玲，虞沪生，等. 科技论文写作教程[M]. 北京：北京理工大学出版社，2005.

[22] 李兴昌. 科技论文的规范表达：写作与编辑[M]. 北京：清华大学出版社，1995.

[23] 新闻出版总署科技发展司，新闻出版总署图书出版管理司，中国标准出版社. 作者编辑常用标准及规范[M]. 2 版. 北京：中国标准出版社，2003.

[24] 郑福裕. 科技论文英文摘要编写指南[M]. 北京：清华大学出版社，2003.

[25] 郭爱民. 图书报刊质量问题面面观：常见编校差错例析[M]. 西安：西安交通大学出版社，2006.

[26] 高烽. 科技论文写作规则和写作技巧 100 例[M]. 北京：国防工业出版社，2006.

[27] 钟似璇. 英语科技论文写作与发表[M]. 天津：天津大学出版社，2004.

[28] 李旭. 英语科技论文写作指南[M]. 北京：国防工业出版社，2005.

[29] 吴江梅，黄佩娟，马平. 英语科技论文写作[M]. 北京：中国人民大学出版社，2013.

[30] ZHANG L，SHI Y，CHEN T，et al. A new method for stabilization of networked control systems with random delays[J]. IEEE Transactions on Automatic Control, 2005, 50(8): 1177-1181.

[31] 闫茂德，宋家成，杨盼盼，等. 基于信息一致性的自主车辆变车距队列控制[J]. 控制与决策，2017，32(12)：2296-2230.

[32] ZUO L，SHI Y，YAN W S. Dynamic coverage control in a time-varying environment using Bayesian prediction[J]. IEEE Transactions on Cybernetics, 2019, 48(1): 354-362.

[33] LI J C，CAO Q，HOU X Y. Ru-AI codoping to mediate resistive switching of NiO：SnO_2 nanocomposite films[J]. Applied Physics Letters，2014，104(11)：113511.1-113511.4.

[34] ZHANG H，LUN S，LIU D. Fuzzy H_∞ filter design for a class of nonlinear discrete-time systems with multiple time delays[J]. IEEE Transactions on Fuzzy Systems，2007，15(3)：453-469.

[35] YAN M，SHI Y. Robust discrete-time sliding mode control for uncertain systems with time-varying state delay[J]. IET Control Theory & Applications，2008，2(8)：662-674.

[36] POLLARD T D. Mechanics of cytokinesis in eukaryotes[J]. Current Opinion in Cell Biology, 2010, 22(1): 50-56.

[37] 李军浩，韩旭涛，刘泽辉，等. 电气设备局部放电检测技术述评[J]. 高电压技术，2015，(8)：116-134.

[38] 刘小平. 论文排版实用教程：Word 与 LaTeX[M]. 北京：清华大学出版社，2015.

[39] 刘海洋. LaTeX 入门[M]. 北京：电子工业出版社，2013.

[40] 王伊蕾，李涛. LaTeX 科技论文写作简明教程[M]. 北京：清华大学出版社，2015.

[41] YAN M D, MA W R, ZUO L, et al. Dual-mode distributed model predictive (DMPC) strategy control for platooning of connected vehicles with nonlinear dynamics[J]. Internarational Journal of Control, Automation and Systems, 2019，17(12)：3091-3101.

[42] 全国信息与文献标准化技术委员会. 学位论文编写规则：GB/T 7713. 1—2006[S]. 北京：中国标准出版社，2006.

[43] 肖东发，李武. 学位论文写作与学术规范[M]. 北京：北京大学出版社，2009.

[44] 刘春燕，安小米. 学位论文写作指南[M]. 北京：中国标准出版社，2008.

[45] 孙君，权金华. SCI 与科技论文收录[J]. 科技情报开发与经济，2006，26(6)：15-17.

[46] 孙君，习雅娜. EI 与科技论文收录[J]. 情报探索，2006，(6)：47-49.

[47] 林德明，姜磊. 科技论文评价体系研究[J]. 科学与科学技术管理，2012，33(10)：11-17.

[48] 杨远芬. 科技论文评价方法实证比较研究[J]. 科技管理研究，2008，(8)：57-59.

[49] 齐世杰，郑军卫. 科技论文定量评价方法研究进展[J]. 情报理论与实践，2017，40(10)：140-144.

[50] 党兰学. 科技期刊论文被学位论文引用的文献计量分析[J]. 中国科技期刊研究，2013，24(2)：291-294.

[51] 吴雷，孙莹莹. 基于 h 指数和 g 指数的高等学校学术表现评价应用研究[J]. 经济研究

导刊，2013，(17)：245-247.

[52] 夏冬，任波，谢黎. 科技论文检索工作中 SCI 数据库的使用探究[J]. 图书情报导刊，2016，1(12)：107-112.

[53] 黎娅，廖萍. 浅谈科技论文写作中的常见问题[J]. 科技传播，2019，11(7)：24-25+212.

[54] 陈竹，李洁，王华菊，等. 材料类英文科技论文写作中常见短句的易错表达及修改[J]. 编辑学报，2019，31(S1)：144-149.

[55] 刘锋，张京鱼. 农业科技期刊英文论文引言结构与内容特征及写编建议[J]. 中国科技期刊研究，2017，28(12)：1134-1140.

[56] 陈兵奎，王淑妍，蒋旭君，等. 锥形摆线啮合副加工方法[J]. 机械工程学报，2007，43(1)：147-151.